"十三五"国家重点出版物出版规划项目

现代土木工程精品系列图书

应对突发公共卫生事件的 医疗建筑设计

张姗姗 刘 男 武 悦 张宏哲 著

U0223155

哈尔滨工业大学出版社

内 容 简 介

  本书以我国城市发展和建筑工程建设领域的迫切需求为切入点,聚焦现代城市发展过程中医疗建筑设计面临的新问题。对当前我国突发公共卫生事件的现状与应对机制进行剖析,结合医疗救助与建筑设计的相关理论,建构突发公共卫生事件的应对系统;分析系统间医疗建筑机构的应急职能,确立层级关系,明确系统内在机制和运行模式;着重从医疗建筑网络化的角度出发,构建真实空间网络、虚拟空间网络、中介空间网络三位一体的防控突发公共卫生事件的医疗建筑网络体系,提出基于疾病预防与治疗结合的新型网络预防模式和医疗建筑的布局与规划设计方法。进而探讨医疗建筑网络应对突发公共卫生事件能力的评价体系,提取模型评价指标,构建模型运算系统,运用防控突发公共卫生事件的医疗建筑网络评价模型,评测典型城市的医疗建筑网络的防控能力,模拟城市突发公共卫生事件暴发时医疗建筑体系的反应过程,针对预防突发公共卫生事件中医疗建筑规划与建筑设计领域的专业技术问题,提出相应设计策略与方法。

  本书适合城市规划、建筑设计、政府管理、公共安全科技相关领域的专业人员阅读参考,也可作为高等院校相关专业的教材或参考书。

图书在版编目(CIP)数据

应对突发公共卫生事件的医疗建筑设计/张姗姗等著. —哈尔滨:哈尔滨工业大学出版社,2019.1
ISBN 978 - 7 - 5603 - 7049 - 1

Ⅰ.①应…　Ⅱ.①张…　Ⅲ.①医院-建筑设计
Ⅳ.①TU246.1

中国版本图书馆 CIP 数据核字(2017)第 282723 号

策划编辑	王桂芝　张凤涛	
责任编辑	刘　瑶　宗　敏	
出版发行	哈尔滨工业大学出版社	
社　　址	哈尔滨市南岗区复华四道街 10 号　邮编150006	
传　　真	0451 - 86414749	
网　　址	http://hitpress.hit.edu.cn	
印　　刷	哈尔滨艺德印刷有限责任公司	
开　　本	787mm×1092mm　1/16　印张15　字数 362 千字	
版　　次	2019 年 1 月第 1 版　2019 年 1 月第 1 次印刷	
书　　号	ISBN 978 - 7 - 5603 - 7049 - 1	
定　　价	68.00 元	

前　言

"人类的历史即其疾病的历史。"

——Folke Henschen

人类在灾害和疾病面前总是软弱和无助的，
总是希望在那些威胁到来之前能有所准备，
因此，我们有所思考，并开始了研究……
为了让我们足够坚强——在灾难来临的时候……

近些年来，在世界范围内突发公共卫生事件频频发生，从 SARS 疫情肆虐到埃博拉病毒蔓延，突发公共卫生事件给人类生命安全带来前所未有的威胁。我国人口数量众多，分布不均衡，流动性大，而医疗卫生资源相对有限，因此极易遭受突发公共卫生事件的影响。如何增强应对能力、控制影响范围、减少损失程度，不仅是我国近年来必须面对的新课题，更成为我国综合国力的表征之一。

面对接踵而至的挑战，我国相继出台了各类应急管理政策。与此同时，医疗建筑蓬勃发展，各地疾病预防中心、传染病医院等公共卫生建筑陆续兴建，政策制定、组织建设、人员配备等都有了长足的发展。然而，我国应对突发公共卫生事件机制尚不健全，危机管理及评价体系还不完善，应急救治能力也不均衡。在应急医疗方面存在规划布局和医疗建筑功能不合理以及技术支撑不全面等方面的问题。因此，应对突发公共卫生事件系统的建设和完善成为我国面临的迫在眉睫的严峻课题。

在这种背景下，想要提高应对突发公共卫生事件的能力，不仅需要系统的理论研究和具有可行性的指导对策，更需要有效的城市规划与建筑设计对策，为大量的建设提供技术支持。笔者根据多年从事医疗建筑理论研究及设计实践的积累，从应对突发公共卫生事件的视角，以医疗建筑为研究对象展开多层面的理论研究，将危机管理学、城市灾害学和公共卫生学的理论进行综合应用，形成该研究的内在逻辑和系统的理论基础。本书的目的在于提出理论性的指导对策，并有针对性地建构出防控突发性传染病的医疗建筑体系的具体操作模式。同时促进国家"坚持公益性、调动积极性"的新医改政策在疾病防控领域的具体应用，构建层级分明的医疗建筑网络，完善医疗建筑设计方法。其最终的社会意义是探讨从建筑领域出发解决"以人为本"社会问题的新途径。

本书始于笔者主持完成的两个国家自然科学基金项目的研究成果,是针对目前出现的重要社会问题的专业理论研究著作。

本书通过多学科交叉分析方法,对预防医学、急救医学中相关理论进行系统梳理和解读,从而构建出公共卫生专业技术系统。在此基础上,将灾害学、卫生学和管理学的最新研究成果引入建筑学中,提出预防与治疗结合的新型预防模式,进一步总结归纳医疗建筑的应急策略,并运用实证解析研究法对城市建设中大量的应急设施规划及公共卫生建筑和医院进行剖析。对建筑实例进行分析论证,将研究得出的结论形成系统的专业理论,一方面针对突发公共卫生事件研究城市规划与建筑设计领域的相关技术问题,提出可行的技术对策;另一方面从医疗建筑网络化的角度出发,对应对突发公共卫生事件的医疗建筑网络体系下的医疗建筑规划设计提出优化设计方法。

诚如香港科技大学丁学良教授所说,"疾病和传染病对人类的影响比战争与暴力都要剧烈,因为它直接打击了文明的核心——人类本身",人类面临的是来自突发公共卫生事件的一场持久战争,而医疗建筑也需要持续发展更新。笔者结合我国国情,借鉴国外先进设计经验,基于政策方针、行政管理、医学卫生、公共安全等理论的研究,提出一些新理念、新原则、新模式、新策略,以更好地应对实践中面临的问题。希望本书的内容能够为建筑设计师、城市规划师拓展新思路,为城市决策者、医院管理者提供新视角。同时也希望本书可为完善建筑设计理论、促进我国医疗建筑的发展尽微薄之力,为我国应对突发公共卫生事件系统的建立奠定理论基础,为应对突发公共卫生事件的城市防灾规划和医疗建筑的应急设计提供理论依据。

限于作者水平,书中难免有疏漏之处,敬请专家、读者提出宝贵建议。

张姗姗

2018 年 8 月

目　　录

第1章 突发公共卫生事件的概述

1.1 突发公共卫生事件的基本概况

1.1.1 突发公共卫生事件的概念

1. 突发公共卫生事件

突发公共卫生事件(Acute Public Health Event)是指突然发生、造成或者可能造成社会公众健康严重损害的事件,这些事件的后果均会对人类的健康权、生命权造成损害。突发公共卫生事件分为原发性事件和次生性事件两类。原发性突发公共卫生事件指重大传染病疫情、群体性不明原因疾病、重大食物和职业中毒以及其他严重影响公众健康的事件,如各种已有传染病和新的传染病不仅存在和延续并仍不断出现。原发性突发公共卫生事件的构成如图1.1所示。

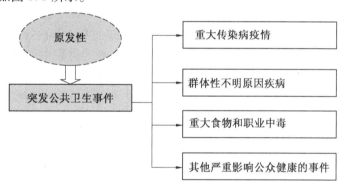

图1.1　原发性突发公共卫生事件的构成

次生性突发公共卫生事件是指因自然灾害或人为事故造成的大量人员伤亡,以及由灾难诱发的疾病和身心伤害等。病因可能由生物因素、物理因素或化学因素引起,也可能由人为因素造成。其中包括:①自然灾害,如地震、飓风、火山爆发、水灾、旱灾、寒潮和酷热等,迄今尚很难为人类所征服;②人为灾害,如空难、海难、火灾、爆炸、道路交通事故、核泄漏,以及战争和生物、化学、核辐射的恐怖威胁等(图1.2)。

突发公共卫生事件可依据危害大小、发生区域和波及范围等分为4级:一级为特别严重突发公共卫生事件;二级为严重突发公共卫生事件;三级为较重突发公共卫生事件;四级为一般突发公共卫生事件。突发公共卫生事件一般具有突如其来、不易预测,发生在公共卫生领域且具有公共卫生属性,对社会公众健康造成或可能造成严重损害3个特征。

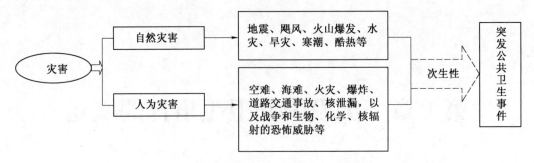

图 1.2　次生性公共卫生事件的构成

2. 公共卫生体系

公共卫生体系(Public Healthcare System)是由在辖区范围内提供基本公共卫生服务的所有公、私和志愿机构或团体构成的组织。政府公共卫生机构是公共卫生体系的重要组成部分,在建设和保障公共卫生体系运行的过程中发挥着关键的作用。公共卫生体系包括:①医院、社区卫生服务中心等医疗服务机构,负责提供个体的预防和治疗等卫生服务;②公安、消防等公共安全部门,负责预防和处理威胁大众健康的公共安全事件;③环境保护、劳动保护、食品质量监督等机构,保障健康的生存环境;④文化、教育、体育等机构,为社区创造促进健康的精神环境;⑤交通运输部门,方便公共卫生服务的提供和获取;⑥商务机构,提供个体和组织在社区中生存和发展的经济资源;⑦民政部门、慈善组织等。完善的公共卫生体系还包括行政指挥协调系统、专业技术系统和法律保障系统。

3. 医学模式

医学模式(Medical Model)是人们在医学科学的发展过程中和医疗服务实践中的某一时期形成的健康观,是人类在与疾病抗争和认识生命自身的过程中得出的对医学总体的认识。人们按照唯物论和辩证法的观点以及方法,分析、观察和处理与人类有关的疾病和健康问题,形成对疾病和健康问题的科学观。医学模式的核心是科学的医学观,即运用科学发展的观点研究医学的属性、功能、结构和发展规律。

一般认为人类医学发展过程经历 3 个主要阶段:①古代神灵医学模式与自然医学模式阶段;②近代以后机械论医学模式与生物医学模式阶段;③现在正在向生物-心理-社会医学模式转变。1977 年,美国精神病学家和内科专家恩格尔首先提出了"生物-心理-社会"的整体医学模式概念。整体医学模式除了生物学观点外,还必须考虑人的心理和社会生活关系。

4. 医疗建筑

医疗建筑(Healthcare Architecture)是为人类健康服务的建筑,根据其功能可划分为综合医院、专业医院以及疗养性医院等。本书研究的医疗建筑是其中的一部分,是指在应对突发公共卫生事件体系中具备疾病预防、疾病治疗、传染病控制与治疗、应急救治等功能的建筑。

1.1.2　突发公共卫生事件的发展

公共卫生事件从古至今一直威胁着人类的健康和发展,随着科技的发展,医学获得了进步,先进的医疗手段层出不穷,尤其在公共卫生事件的防治领域,已取得了令人惊叹的突破。

公元前 429 年,雅典与斯巴达之间爆发战争,战争期间,瘟疫猛然降临。由于缺乏隔离措施,疫病在军队和百姓中迅速蔓延,导致雅典近一半人口死亡。虽然最终人们用到处燃起火堆的办法控制了疫情,但本想称霸希腊半岛的雅典从此一蹶不振。古罗马帝国也分别在公元前 180 ~ 前 165 年和公元前 266 ~ 前 211 年两次暴发瘟疫,前一次瘟疫导致其约 1/4 人口的死亡,第二次瘟疫成为其衰落的主要原因之一。中世纪时期,欧洲鼠疫盛行。公元 540 年,从尼罗河口到整个欧洲,疫病夺走了欧洲 1/4 人口的性命。时间推进到 1348 年,欧洲再次遭受了鼠疫的侵袭,暴发了臭名昭著的黑死病,造成大量人员的伤亡。黑死病不久蔓延至全球,疫病所到之处十室九空,夺走了约 2 000 万人的生命,直到 1894 年,抗生素和鼠疫杆菌广泛应用,鼠疫才得以控制。此后,12 ~ 13 世纪麻风病流行于欧洲大陆;200 年之后,梅毒又间接造成了法国战争的失败;美洲的天花、鼠疫和流感导致人口数量约减少 90%;17 ~ 18 世纪夺走欧洲约 1.5 亿人生命的天花,再次将人类陷入令人恐惧的噩梦中。虽然通过医疗卫生的发展,人类一次次战胜了病魔,但疫病一再出现,受感染人数不断增多,传染速度也不断加快。

进入 20 世纪中期之后,世界范围内公共卫生事件致死的死亡率从百年前的 50% 下降到了 10% 以下,在这样的局面下,大众普遍认为公共卫生事件很难对人类形成较大的困扰,但现在看来这一判断显然是过于乐观了。进入 21 世纪之后,世界范围内的各类传染病频繁出现,登革热以及结核病等再次复苏,更为新型的疫病也持续涌现,对人类的生存造成极大的威胁。

1997 年,中国香港第一次宣布禽流感病毒入侵人类,此后,中国各地及欧洲地区均发现了被感染的病例,疫情在世界范围内引起高度重视。2003 年 11 月,由高致病性 H5N1 禽流感病毒引起的疫情在韩国、越南和泰国等地大规模暴发,2008 年前 4 个月,全球确诊病例为 378 例,死亡 238 例,死亡率高达 63%。在短短的几年中,禽流感病毒迅速变异,如已发现 H5N1、H9N2、H7N7 病毒的多种变异毒株,且经过自身与人类流感病毒的搭配重组,演变成为新型的病毒,具备了更为复杂的致病特性,构成世界范围的威胁。

从 2003 年 1 月广东省首次发布关于 SARS(非典型肺炎)的消息,到 3 月末,疫情以极为迅猛的速度扩散开来,不仅感染者的数量剧增,分布地区也从中国扩大到了东南亚,除此之外,欧美也纷纷出现了大量的病例。不到一年的时间,世界范围内总计出现 SARS 病人 8 000 余例,不治而亡的人数也超过了 700 人。中国的发病率和死亡率分别占世界的 92% 和 88%,由此可见,中国防控突发性传染病医疗建筑网络体系建设形势十分严峻。

埃博拉病毒疫情于 1995 年 1 月在扎伊尔最早暴发。依照 WHO(世界卫生组织)的相关数据显示,世界范围内已经有大约 1 100 人感染了该病毒,其中将近 800 人死亡。最近一次的暴发出现在 2014 年的 2 月,并且势头凶猛。WHO 有关报告显示,到 2014 年年底,几内亚、马里以及美国等国家一共出现了患者 17 000 余人,其中超过 6 000 人不治身亡。随后该疫情得到了一定程度的控制,患病人数的增速变慢。在此期间,世界范围内的人道主义机构纷纷伸出了援助之手,不计其数的资源以及资金被投入其中,其共同的目标在于战胜这一可怕的病毒。2014 年 8 月,WHO 指出埃博拉疫情已经变成了世界性的公共卫生事件,各国应当对此做出最高等级的防备,任何国家一旦出现此类疾病的患者,应当即刻转为紧急状态,以避免其对本国人民造成更大的生存威胁。该组织还和遭受此类病毒侵袭的国家共同出资1亿美元,希望能借此构建出一套完善而有效的应对体系。而在某些组织看来,这些投入是远远不够的,更大量的各项应对资源应当紧急输送至受灾地,以防止出现疫情大规模蔓延的情况。2014年9月,习近平主席表示,现阶段,非洲地区的埃博拉传播范围以及程度均在增强,这给整个世界带来了极大的威胁。为了支援几个受灾严重的国家抗击疫情,并且助其构建一个较为完善的预防及医治体系,中国决定经历两次扶助之后,再一次向其输送2亿元人民币的援助,并且向WHO等相关组织提供一定数额的资金支持。

除此之外,为了防止此类疫情扩散至中国境内,相关部门制定了诸多应对措施,如在境外、途中以及口岸设置多重防线,以期形成严密的防守,避免感染者进入我国国土范围之内:

①境外防线。

要求各个疫情暴发的国家持续进行严格的离境检查,避免携有病毒者进入中国境内。

②途中防线。

一方面,进一步要求各个航空集团在飞机航行过程中增强宣传的力度,确保出现相关病症的人得到及时的发现和隔离;另一方面,政府相关部门也拍摄了各种语言版本的埃博拉防治宣传片,在飞机航行过程中进行多次播放,进一步强化乘客的安全意识。

③口岸防线。

在入境前接受中国方面的严格疫情监测,一旦出现相关病症立即采取转运、隔离等一系列的应对措施。

人类不断在公共卫生事件中得到教训,在多次失败后找寻应对公共卫生事件的方法。736年,奥瑟玛修士开办了人类历史上首个麻风病院,此后便出现严格的隔离检疫制度。到了13世纪,这类医院已有近2万所,且医院中的医生均穿长袍,佩戴手套和面具,在鼻腔中塞入浸有醋液的海绵。世界上第一次进行海港检疫是在1377年,该制度要求凡是来自疫区的人均要在海港外的其他地方待上一个月之久。这些防控突发性传染病的基本原理和方法被沿用至今。1546年,传染病的概念在弗拉卡斯托罗的《论传染》一书中被最早提出。此书对人们能够经常见到的传染病进行了讲述。书中明确指出传染的3种途径,分别是人与人之间传播、传染源传播以及通过介质传播。

西方医学之父希波克拉底曾认为,很多发热性疾病均是由沼泽地区的微小动物所引起的。1862年,巴斯特应法国皇帝的请求去查看葡萄酒变酸的原因,他发现葡萄酒的发酵和传染病传播过程非常相似,在这次巧合之下,巴斯特意识到接触性传染病和感染性传染病的发病原因均是由微小生物造成的。1905年,诺贝尔生理学或医学奖颁给了德国医学家罗伯特·科赫,因为他发现传染病是由病原细菌感染造成的,这个发现史无前例。1939年和1945年的诺贝尔生理学或医学奖均颁给了发现和制造抗生素的科学家,因为许多危害人类健康的传染性疾病均是因抗生素的应用而得到了控制。20世纪疫苗的大规模使用,为治疗和控制传染病的传播提供了基本的保障,同时在预防传染病的传播手段上,人工消毒和消灭活的传播源成为重要的控制方法。

中国历史上也有过很多对于瘟疫的有效救治手段。早在殷商时期,中国已有对于传染病人的隔离和收治机构。春秋时期的《论语》记述了传染病的隔离策略。湖北出土的秦简记载了收容麻风病人的疫迁所。东汉时期,军队设立传染病收容机构——庵庐。六朝到隋唐这段时间的一些寺院病坊以及后来宋代设立的一些收容所,对当时的传染病防控起到了很好的作用。元、明两代曾在全国各地设立救治疫病的惠民药局。明朝有"值万历戊子岁大疫,出秘方,全活不可胜计"的记载。清朝时,有专门的机构对传染性病人进行救治,并且把适用的方法进行记录,如对传染病致死的尸体进行深埋,将传染性病人与正常人隔离的做法等。民间常以慈善机构应对疫情。早在东汉末年,一代名医张仲景就撰写了《伤寒论》,这是我国传染病治疗的重要著作之一。明代医师吴有性在《瘟疫论》中提出了戾气是疫病传染的原因。

在漫长的历史长河中,人类与公共卫生事件的斗争从未停止。因为人类和微生物是相生相克的共存关系,所以人类和公共卫生事件的战争会一直存在并持续下去。现代社会不断向前发展,全球生态系统不断变化,中国城市化进程不断深入,现代医学、管理学等不断进步,在这个进程中,不仅需要完善的预防保健体系,还需要科学的防控突发公共卫生事件医疗建筑网络评价体系。

1.1.3　突发公共卫生事件的应对

1. 循证医学与循证设计

循证医学(Evidence-Based Medicine, EBM),意为"遵循证据的医学",又称实证医学,在中国香港及中国台湾等地也被称为证据医学。EBM 的创立者之一 David 在 2000 年再次将其概念更新为"严谨、精确并且合理地借助现阶段能够取得的最为先进的成果,并且与医务人员的业务能力以及从医经验相结合,并且将患者的想法以及判断纳入考虑的范畴之内,将三者整合为一体从而形成的医治方案"(图 1.3)。

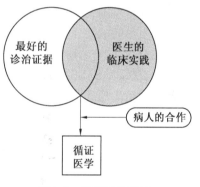

图 1.3　循证医学图示

对于 EBM 而言,其主要理念在于医疗选择应当以现阶段最为先进的成果作为基石,进而与医生自身的从医经验结合到一起,在此前提之下方能做出最终的决策。EBM 与古已有之的传统医学具有极大的差异。后者通常是以自身的经验作为主导,并且参考相关的零散理论来制定医治方案,其结果为:部分具有实效的方法由于未被熟知而在临床当中受到了忽视,但是某些疗效极差的手段鉴于理论层面的宣扬却得到了普遍的应用。EBM 不仅看重医者自身的从医经验,与此同时,也会借用现阶段最为先进的理论成果,做到两者并重。然而,EBM 并不是要代替现在主流的医治方式,而是强化每一个方案均应当以最为先进的科学指导作为基石这一理念。

不明突发公共卫生事件,其解决的关键是通过实验检验手段破解事件源,在这一点上与循证医学着重强调科学研究及科学证据理念是一致的。许多不明突发公共卫生事件暴发后,由于其病毒是新兴未知病毒或传统病毒的变异,救治手段在很大程度上是依靠经验医学的临床经验,以传统医疗手段减缓病患的临床病情,发热就退烧,干咳即止咳,而这种缺少针对传染病毒科学研究证据的治疗方式往往治标不治本。所以循证医学医疗模式应用于突发性传染病救治研究,将有助于加快控制与救治感染病患。世界范围内的专业人员在 EBM 领域进行了诸多探索,其中晁军、谢辉的《英国医院建筑的循证设计初探》探讨了 EBM 相关理论出现的成因,详尽地阐述了其中蕴含的核心理念,并列举了它在实际中的应用;D. Kirk Hamilton 的 *EVIDENCE-BASED DESIGN HELPS TO SOLVE KEY DESIGN ISSUES*,Roger S. Ulrich 的 *EVIDENCE-BASED DESIGN：PROVIDING SCIENTIFIC EVIDENCE TO DECISION MAKING IN DESIGN PRACTICE*,Gerard Vincent 的 *EVIDENCE-BASED DESIGN ENHANCES QUALITY OF DESIGN DECISIONS* 分别从决策的设计、制定以及运用层面对其进行了探讨;吕志鹏的《聚焦"以人为本"的循证设计》探讨循证设计的发展以及应用;潘迪的《医疗建筑的循证设计研究》,荆子洋、方圆和赵长亮的《循证设计支持下的可持续医疗建筑设计》,官东的《医疗建筑的循证设计分析》均提出循证设计原则,指出此法在医院建筑设计中的具体应用。

2. 医院感染控制设计

医院感染(Nosocomial Infection,NI)又称医院获得性感染(Hospital Acquired Infection),是指住院患者或医院工作人员在医院内获得的感染。NI 在医院建立之初即已存在,而且随着各项技术的迅猛发展反而变得更为突出。在我国,国家卫生健康委员会要求一、二、三级医院的感染率分别不得超过 7%、8% 及 10%,相关数据显示,通常情况下这一参数的变动范围为 5% ~ 15%。NI 的出现不仅对病人造成了难以忍受的痛苦,甚至还会引发对生命的威胁,同时,也带来了极大的经济负担。针对此点,现阶段世界范围内的各大医院对 NI 的防治研究都极为关注,并且投入巨额的财力用于相关的探索。

在 2003 年 SARS 疫情中,医院感染是最核心的传染方式之一,患者间、医护人员间以及医患之间均形成严重的交叉感染。SARS 疫情之后,医院内部管理及设施布置引起相关专家的重视。应对突发性传染病,相关医疗建筑的研究主要基于医疗建筑管理及运营、医疗建筑设计两个方面。

陈翠敏从 NI 管理的层面对其形成因素进行了详尽的阐述,并且提出了与之对应的方案,即建立检测体系,构建消毒供应部门可溯源的管理平台,制定抗菌药物运用的监控措施;吴修荣、孙伯英、龚华东从医院管理角度探讨了循证医学应用于医院感染控制流程的建立;李冬梅、武迎宏在《现代化网络技术在医院感染管理中的作用》中就应用网络技术推进医院感染管理信息化进程进行了论述;温朝阳等人探讨了 MRSA(耐甲氧西林金黄葡萄球菌)的医院感染控制方法,为降低该病症的发生概率提供了科学的依据;吴莉莉则在《甲型 H1N1 流感医院感染控制及管理的探讨》一文中探讨了甲型 H1N1 流感流行期间医院加强感染控制的方法;刘爱梅、于春艳也在《实现医院感染控制工作的持续改进预防医院感染》中从医院管理角度研究控制医院感染的方法。

从医院建筑设计角度研究感染控制方面,郝晓赛在《医学社会学视野下的中国医院建筑研究》中较为系统地论述了作为历史指标的传染病与中国医院建筑演进,着重强调了"隔离"在医院设计中的重要作用,并对其进行了分级。《从医院安全管理和感染控制角度审视医院建筑规划与设计》《医院建筑的科学设计与使用》《医院建筑与医院感染》和

《论传染病区建筑与感染控制》等文章从控制医院感染的方面剖析了医院建筑当中蕴含的知识,讨论了医院建筑设计过程中的合理性、高效性、安全性;朱雪梅等人探讨了医院环境对医源性感染的影响;王芳在《医院建筑室内过渡空间设计》中从医院流线设计角度研究医院感染,提出了合理设置过渡空间的方法。

1.2　我国突发公共卫生事件的防控体系研究

1.2.1　国内外突发公共卫生事件的防控体系对比

医疗体系指的是由医务服务的输出者以及相关机构构成,并为有医治需求的人员带来较为完善的治疗的组织形式。目前,针对医疗体系的研究主要有以下几个角度:医疗建筑组成、医疗经费来源及分配、医疗体系建设与管理。本书从建筑学角度探讨医疗建筑的网络结构,侧重于医疗建筑组成研究。

在全世界范围内,欧洲、美国、日本等发达国家因医疗改革启动较早,均取得了各自的特色性成果,相对来说更为成熟,更具参考价值。如法国的医疗保障体系被认为是当今世界最好的,一般由医院承担其医疗保健服务,同时坚持将预防、医疗以及康复结合起来的准则,医疗部门中包括公立、私立两种类型的医院,虽然后者的数量要远高于前一种,但在全国范围内的医务服务方面,前者依然占据着主导地位;英国也是一个医疗服务体系比较完善的国家,是全民福利型医疗体制模式,医疗卫生系统由国家卫生服务体系(National Health Service, NHS)全权负责,全民公费医疗;美国则是一个有着松散架构,且与自由市场机制相适应体系的国家;日本的医疗卫生系统代表了目前亚洲各国的主流,分为医疗系统和保健系统两部分,其中医院分为国有和民营两类。主要发达国家医疗类型及其职能范围与特色见表1.1。

改革开放以来,随着中国与世界的更深层次的融合以及沟通,我们逐步认识到了医改对于自身发展的意义,并将其视为体制是否健全的核心指标之一。然而不得不承认,我们和最先进的医疗体系之间尚存在较大差距,但随着我国相关体制的逐步规范化以及完善化,彼此之间的鸿沟正在被逐步缩小。其实在中华人民共和国成立之初,我国就已经构建了以预防为核心的医疗系统,历经 30 年改革,整个体系也逐步转变为医治主导模式。现阶段,依照我国相关部门的相关分级规定,医院根据任务及功能的差距分成一、二、三共三个服务等级。一级医院通常指的是向社区输出较小规模的医治、复原服务等方面的单位。二级医院则是为相比前者更大的区域带来综合性医治服务并且进行一定程度研发的单位。三级医院则意味着向多个地区输出较高水平医务服务并且配备特定领域的专项医治的单位,同时还要承担研发及教学等方面的任务。而基层医院通常指的是一级医院及其以下等级的医疗部门,如乡镇卫生院、乡村卫生室及社区医院等。

全世界范围内的专家学者在医疗体系领域做了很多的探索。如刘晓莺在《发达国家医疗体制及保障制度述评》中总结了英国、美国、新加坡具有代表性的 3 种医疗体制;李颖、杨一帆编译的《意大利的医疗卫生体系》,彭珊、徐利编译的《芬兰的医疗卫生体系》以及 Gerard Vincent 撰写的《法国的医疗保健体系:现状、变化和挑战》中分别探讨了欧洲发达国家的医疗卫生体系现状,为我国的医疗卫生体系构建提供了参考。同时不乏一些研究日本医疗卫生的著作,如《日本的医疗卫生体系》挖掘了日本现有医疗体系深层次问题并就其体系未来发展给出了建议。针对我国医疗卫生体系的研究及建议在潘旭临的《重建中国医疗卫生体系》以及仇雨临的《中国医疗保障体系的现状与完善》中也有被提及。

表 1.1 主要发达国家医疗类型及其职能范围与特色

国家	医疗类型		职能范围与特色
法国	公立医院	大学医院中心	具有较为先进的器械以及救治方法,主要针对不同类型的疑难病症
		中心医院	通常设立于大型城市中,是当地医务系统当中的核心力量,承担着该片区域内的重病以及疑难症状的医治工作,除此之外,还要负责相关院校的实习培训
		地方医院	通常设立于城镇中,器械以及救治方法均相对一般,实力参差不齐,承担着该片区域内的常见病症的防治任务
		专科医院	涵盖了儿科、妇产科、口腔医院等诸多类型,负责特定病症的医治工作
	私立医院		全国范围内的医保服务中约有 1/3 是由私立医院所输出的,它们对于大众的健康起到了极为关键的作用
英国	NHS 体系	城市综合全科医院	当城市行政管理区属全科诊所满足不了救治要求时,转诊到这里
		城市行政管理区属全科诊所	当社区医疗服务满足不了救治要求时,转诊到这里
		社区医疗服务保健体系	市民患病之后,首先要到私人医生或是社区诊所进行医治(后者是全天候不停业的),假如病情较为严重,超出了其能力范围,再将病人输送至更高一级的医院
美国	政府	联邦政府医院州及地方政府医院	共同组成了美国医疗市场的核心,彼此之间有着激烈的竞争,独立运营,营利抑或是亏损皆由自己负责。医院是医疗服务体系的中心,而对于美国医院来说,其最为突出的特征在于类型丰富的医治方式。美国的所有医院基本上均采用管与办分离的方式。承办医院的人员对专业性的各类医院管理企业进行全权委托,对其进行全面系统的管理与经营
	营利性医院	诊所、护理之家、康复医院、临终关怀医院、家庭护理	
	非政府非营利性医院	医学院附属医院、教学医院、教会医院等	
日本	医疗系统	国有医院	非营利性的单位,其核心目的在于"提升质量、服务公开、运营稳定"
		民营医院	中等以下规模。大部分是由社会出资以营利机构为主导所创立的卫生机构;少数为非营利机构,享受政府补助
	保健系统		地方自主、居民参与型的卫生保健计划运行模式;对于日本公共卫生管理而言,其最为突出的特点在于多元化的服务措施以及医务人员的构成,其中涵盖了各种偏远区域的医治体系以及与之对应的全方位保险制度

1. 美国的突发公共卫生事件的防控体系

美国的疾病控制工作主要由联邦及地方的卫生机构负责,同时通过疾病预防控制中心进行公共卫生预防网络的建设。这些机构的职责是发现、报告以及救治病例。一旦发生较为严重的公共卫生威胁,总统可以视其危险程度来判定有无必要宣布整个国家步入"危急状态",并且宣布采取已经预先制定好的一系列流程。然而,不论跨入"危急状态"与否,美国均有一套已经成型的、较为完善的保障体系,任何一个州一旦陷入"危机状态",皆能在较短时间之内得到政府的支援,进而防止其对卫生控制造成干扰。

近年来,突然暴发的西尼罗热和炭疽恐怖事件使美国有机会检验并完善其医疗应急反应系统。联邦医疗援助的一个重要职能是在疾病暴发早期及时发现并发出预警。在这个国家,任何一个地方的卫生部门均要在每天向疾病预防控制中心(Centers for Disease, CDC)汇报各类病症的患者数量。通常来说,CDC 的传输途径是从低级向高级,最终汇集到国家一级进行综合性的整合及梳理。对于联邦医疗援助而言,其另外一个职能是疾病暴发以后进行及时调整并提出相应的应对措施。CDC 会对新发病例进行连续追踪,同时将疾病的传播形态及时发布出来。此外,疾病预防控制中心还将与其他研究组织共享疾病研究信息,从而保证各研究部门可以取其精华。除此之外,还包含了技术以及资金等诸多方面的援助。虽然应急措施仅在州长或是总统宣布之后方能付诸实践,然而对于 CDC 而言,其核心目标在于疾病的预防,而非威胁发生之后的后续处理。CDC 能够尽可能早地察觉疾病的暴发,主要依靠以下机制:①国家重点疾病监督及控制系统,这一系统主要负责对各种危险疾病病例的报道;②卫生保健工作者全国监督及控制系统,这一系统主要负责对卫生保健工作者在职位中所遭遇的感染疾病进行预防;③世界新增传染病预警网及危机 ID 网(Emergency ID Net)这两个体系,借助这两者能够从世界范围内的各大合作医院获得所需的信息,进而辅助 CDC 预防疾病的扩散并且提供医治的最新手段。

2. 法国的突发公共卫生事件的防控体系

法国在 20 世纪末期出现了供血污染的现象,在此之后,整个卫生系统的构建发生了极大的变化,相关部门与该领域中的专家合作制定了一套较为完善的防御体系,并且在资源配置及职能方面进行了深层次的整合。其主要机构包含:①国家卫生安全委员会,核心职责是针对有一定概率会对公众卫生产生威胁的事件进行收集和梳理,将相关部门的工作协调起来,并且每隔一定时间向总理进行报告;②国家公共卫生监测所,卫生部门直属机构,成立于 1998 年,核心职能是紧密地关注大众的健康情况,搜寻、检测以及研究任何一个有较大概率会对公共卫生形成威胁的事件;③法国环境安全署,它的主要作用是搜集及梳理有可能会对生活品质造成影响的威胁信息,并向相关单位反映具体情况,除此之外,还要提出与之对应的建议,为百姓提供指导;④重大自然灾害预防部际委员会;⑤法国食品卫生安全署;⑥法国健康产品安全署;⑦全国艾滋病研究署;⑧核安全防护研究所。

至今,法国在全国范围内已经形成了 37 个传染病控制机构,它们担任着检测以及汇报等一系列工作,核心责任是:判定病源;探索医治手段;关注病情的变动;在最短的时间内向卫生部门报告;探索导致此类威胁的原因并提出相关建议。为了确保疾病的高效控制,随时了解情况的变动并在最短的时间内制定合理的方案,该国的法律规定,现阶段有 26 种传染病必须汇报,但其类型并非固定。对于最为严重的 26 种传染病,国家相关部门会为每一个种类构建与之对应的检测系统,由各地的卫生单位予以执行,并且要将信息进行详尽的整合并报告。对于这 26 种之外的其他类型病症,法国构建了以医院以及实验机构为核心的检测体系,以期掌握相关疾病的实时动态,从而避免其暴发。除此之外,该国还构建了"Sentinelles 网络",借助它不仅医院能够获得各类传染病所引发的实时伤亡数字,而且医生还可以利用特定的网站,每隔一定时间向该平台报告自身所处诊所的状况。此网络由专人操作,发展至今已经拥有超过 1 500 名会员。

3. 日本的突发公共卫生事件的防控体系

在日本,通常将突发的公共卫生问题称为"健康危机"。这是 1996 年日本政府在加强医药品管理的通知中首次提出的。在此之后,该国又先后暴发了"沙林"案件以及歌山的大规模食物中毒事件,尤其是 1996 年的出血性大肠杆菌的蔓延事件,造成了 12 人不治而亡,上千人受到影响。上述案例使得当地政府不得不将此类事件归入了"健康危机"的范围之内,并且将其置于全国应急处理系统的构建中。同年厚生省还设立了"健康危机应对室",这意味着该国处理卫生危机相关体系构建的全方位展开。在 1997 年,厚生省又颁布了"健康危机应对方案",并于 2000 年借助对相关文件的修订拓展了该国保健所在突发公共卫生事件处理中的职权,其中明确了遍布各地的保健所应当在处理卫生危机的过程中起到核心性作用。2001 年,日本又颁布了更新后的"地方健康威胁处理方案",其核心目标是借助一系列的措施来提高保健所处理公共卫生危机的能力,进而避免恶性事件的再次发生,这对于维持国家安定以及确保百姓健康都是至关重要的。

淳于森泠、程永明、骆兰的《日本政府应对突发公共卫生事件的组织创新》评述了日本突发公共卫生事件应急管理体系的组织结构与运行机制,以及其在组织创新中实现的低成本高效率,为我国应急管理体系的建立提供了参考。

1.2.2　我国突发公共卫生事件的防控体系建立

我国在经过 SARS 疫情之后,更加重视突发公共卫生事件防控并采取了一系列新措施,于 2006 年颁布了《国家突发公共卫生事件应急预案》。北京市卫生局表示,目前北京已建成传染病防治网络。在该领域中,大批学者进行了相关的探索,并取得了诸多成就。《医疗机构传染病预检分诊管理与突发事件应急预案编制手册》在 2005 年出版,此手册较为详尽地阐述了医疗单位检测传染病的管理方案以及具体的程序,对相关操作的规范化起到了至关重要的作用。程红群探讨了在公共卫生问题的处理过程中医院救援水平的判定标准以及与之对应的改善手段。龚海燕构建了医疗部门的传染病防治体系,指出了国内在此领域中现存的漏洞,并且提出了改进的方法。除此之外,朱海燕等人则探讨了甲型 H1N1 流感的危机应对方案。

目前中国的医疗体系应对突发公共卫生事件的反应机制还不健全,体现在处理突发危机的力度不足、相关的应急方案不细致、面对突发性卫生事件时防控医疗设施应对能力弱、处理突发事情的能力相对落后以及医疗体系转化能力差等方面。一些城市中虽然有着完备的医疗设备,但在应对突发公共卫生事件的时候却不能及时整体应对,丧失了对突发公共卫生事件的控制及救治的关键时机。

除此之外,现阶段医疗建筑体系的建设政策在实质上是鼓励医治部门追求最大收益的,基本上都是在确认有病之后才会予以救助。虽然预防相对于治疗而言,其成本更低,但是在利益的驱使之下,预防方面的工作往往排在次席,所以一旦出现 SARS 等急性高威胁的病症,现阶段医疗建筑体系防控突发公共卫生事件的弱点就显露出来了。

医疗体系是控制公共卫生事件最基本的医疗建设基础,中国在建设医疗体系上主要关注对突发公共事件的监控、信息传输及救治措施等方面。2003 年国家开启了应对突发公共卫生事件的救治设施的建设,该体系的建设经历了 3 年,前后耗资 114 亿元。通过 3 年的努力在主要城市完成了初步的建设工作,改善了农村卫生保健体系,建立了相关宣传系统,并得到了有关财政经费保障。这次突发公共卫生事件体系的完善,提高了人民对于突发公共卫生事件危害性的认识,健全了传统的应急机构,加强了疾病预防控制体系的能力。

目前,中国的医疗体系建设在机制、软件、制度、政策等方面都有了长足的进步。在人口超过 100 万的城市中构建大型的医治机构、救治中心与传染病医院;在省一级城市构建专业针对中毒以及相关防治的医院,在每个区域中构建大型的中毒以及辐射紧急救助基地。然而,在医治部门的设立方面,对于大多数小型城镇的医治机构、疫情应对医院、中毒以及辐射紧急救助基地等而言,应对紧急事件的协调作战水平以及专业程度方面还明显不足,所以应借助医治部门的合理布设、高效管理及标准流程的设定,实现防控突发公共卫生事件的医疗建筑网络体系的进一步完善,保障各级城市的应急医疗救治水平得到较大幅度的提高。同时,需要提升综合医院应急能力的发展水平,依靠相应的标准以及流程来保障其面对危机时能够做到有条不紊,对每个区域范围内专门负责急救的部门进行统一化管理,确保一旦出现突发事件,就能做到有序协调以及合理配置。目前我国医疗体系存在如下问题:

(1)应急机制的构建。

医疗单位和急救部门之间协调程度不足,一旦出现突发事件,很难形成及时高效的救治,效率相对偏低。

(2)应急预案系统。

各个地区均构建了较为健全的应急系统,其中涵盖了演习训练方案、医疗单位和急救部门的相关预案等一系列内容,但存在实际经验较少的缺陷,仍需实践的检验和修正。

(3)医疗急救服务体系。

各大中城市尽管已经构建了相应的医疗救治机构,但其配备的装置往往不够先进,运行效率也相对较低,还存在经费不足、人员配置不够合理,尤其是服务系统尚不健全等问题。

(4)应急水平。

不可否认的是,我国现阶段仍然存在着东西部以及城乡地区间的医疗水平差距大的问题,而且在信息的获取量、运用的设备以及管理的效率方面也都存在着较大的差别,所以应当给予相对落后的地区更多的扶持。此外,全国范围内普遍存在着培训方式单一、应急延时较高以及储备不足等缺陷。

(5)评价体系。

不同单位自身各自具有独立的评定方式,互相之间没有形成统一标准,缺乏有效的衡量模型,急需构建一个更为完善而且涵盖范围较广的评判系统,用以指导相关建设。

1.2.3　防控体系下我国的医疗建筑研究现状

"十三五"规划与"十二五"规划相比,在医疗方面更加注重整合模式,强调医疗服务体系的建设,推进全科医生,发展智慧医疗,构建网络模式。从 2003 年暴发 SARS 疫情之后,防控突发性传染病的医疗建筑的研究力度不断加大,一系列应对突发公共卫生事件的文章开始出现。本书从基础理论、系统建构及设计策略 3 个层面展开应对突发公共卫生事件的医疗建筑的理论研究,并提出相应的设计策略。另外,贾静的《突发公共卫生事件的应急医疗设施选址问题研究》及王成新的《基于 GIS 的城市医疗设施布局研究——以长沙市开福区为例》从医疗设施选址布局及医疗资源分配角度展开研究,为完善城乡医疗服务体系提供了一定的科学依据。

1.关于疾病预防控制中心的研究

侯昌印较为详尽地阐述了从规划部分到设计部分针对疾病预防控制中心的设计要点,并列举了与之对应的参数标准值。张洁的《疾病预防控制中心实验室可持续设计研究》重点研究了疾病预防控制中心的最重要组成部分——疾病预防控制中心实验室的可持续设计方法和策略。李焱的《现代疾病预防控制中心设计浅谈——东莞市疾病预防控制中心方案设计》和罗瑞云、陈继锋的《疾病预防控制中心建设的规划设计》均对疾病预防控制中心的功能分区、设计原则进行了研究。与此同时,马立东、王晖、方敏、邢建涛以不同级别的疾病预防控制中心为研究对象,较为详尽地阐述了各自的设计要点。

2.关于传染病医院的研究

郭颖的《后 SARS 时代的传染病医院设计》和齐奕的《基于防控体系的传染病医院设计策略研究》比较系统地论述了传染病医院选址规划、建筑设计及病室设计。施建飞的《关于传染病医院应对突发公共卫生事件的思考》描述了医院在处理公共卫生事件的过程中应当承担的职责。郑毅阐述了"大专科,小综合"的构建思路。潘兆麟则借助了对传染病医院的运营状况的探讨,并且与医改相结合,详尽地剖析了它们的前景以及出路。郭春雷、格伦、黄丽洁、徐利华、陈红玲各自从设计以及运营两方面剖析了各级传染病医院现存的问题,并给出针对性的建议。王黎明、喻允奎、邵联群等在《传染病医院平战结合管理模式的创新研究》中探讨了传染病医院生存发展之道。

3.关于综合医院的研究

刘玉龙的《中国近现代医疗建筑的演进》梳理了中国医疗建筑发展的阶段性脉络,分析了当代推动医疗发展的变革性因素,包括社会的变革、人口老龄化以及医疗保障等方面的变化,研究了疾病与医学的发展等对医疗建筑产生变革的影响。齐冬晖的《综合医院整建设计策略研究》比较全面地讨论了综合医院建筑设计的时空策略和系统工程策略。张玛璐的《大型综合医院门急诊楼竖向交通系统设计研究》结合大型综合医院门急诊楼的使用特点,重点研究了门急诊楼空间效率及空间舒适度。格伦、李艾芳、张集锋的《综合医院的流线系统研究》论述了基于医院分级系统基础之上的流线系统研究;覃力、单荣亮的《深圳市大型综合医院建筑实态分析》从功能与空间演变、交通与流线组织两方面研究了大型综合医院;杨生午的《综合医院院前过渡空间的特性探究》探讨了大型综合医院与城市环境相互协调并在城市系统中保持高效运转的问题;潘迪、陈颖的《综合医院中感染性疾病综合楼的建筑设计和实例》从总体布局角度探讨了感染性疾病综合楼的建筑设计;高枫的《超大型综合医院医疗体系设计研究》则阐述了超大型综合医院的特点,归纳了几种体系模式并提出解决方案。

4. 关于基层医院的研究

刘淳熙的《基于新医改的社区医疗建筑策划与设计研究》对社区卫生服务在国内基层卫生系统中的定位进行了研究,对"生物-心理-社会"医学模式的社区卫生服务发展方向进行了探索。吕彩霞的《基于 SaaS 的社区医疗信息化管理模式研究》提出了一个基于 SaaS 的社区医疗信息化管理模式系统框架。赵静的《基于物联网发展的智能化社区医疗服务研究》提出了"智能社区医疗服务"概念。费彦的《广州市居住区公共服务设施供应研究》把医疗卫生类服务设置作为居住区公共服务设施子项进行统筹考虑。董晓莉的《建筑和住区中疫病传播途径及其控制初探》对住区设计规划中有关环境隐患及防疫系统进行了考虑,并从公共配套设备、防疫分区及隔离、城市生命线系统、城市应急系统等几个角度进行了探讨。在期刊论文方面,钱云、王琢的《大型居住区医疗服务现状问题探析——以北京回龙观为例》从供给方和需求方两个方面对医疗服务设施不足问题进行了具体深入的分析;任晋锋、吕斌的《我国城市社区公共服务设施建设问题及对策——以北京西城区为例》描述了多元化配置,借助互不相同的构建以及使用方式提升装置的利用效率;杨建觉、白彬彬的《从功能浅析社区医院的建筑设计要点》依据社区医院接收病人的差异,对其进行梳理、分类,并剖析了其各自的特征,探讨了与之对应的建筑设计要点。

基于前文提到的国内外相关的研究状况,得到以下结论:

(1)发达国家的先进医疗系统皆表现出多元化的分布特点,并且覆盖了其国内的绝大多数地区,将大众医治与健康行业结合起来,共同推进其发展。而我国在这一领域与先进的医疗体系之间尚存在较大的差距。

(2)各国对于突发性传染病防控的重视程度不同,2003 年的 SARS 疫情是一个分水岭,在这一事件之前,各国医疗系统均存在一定的漏洞。但在战胜 SARS 疫情之后,各国均开始加强了在突发性传染病防控上的投入,并进行了大量的适应本国国情的医疗体系建设工作。我国由于是 SARS 疫情的主要发生国,在疫情之后的医疗建设中所投入的力量是全世界有目共睹的,但也存在一定的盲目性与无计划性,理论的缺乏是造成这一现象的核心原因。

(3)循证医学与循证设计以及医院内的感染控制设计是当前全球范围内针对医疗建筑研究的两个主要方向。其中循证医学与循证设计更偏重于普世价值内的理论基础研究,旨在追求一种医疗建筑设计的理性趋势;而医院内的感染控制设计则属于专项类的应用方法研究,起因于近年来越来越多的传染病事件及感染事件的出现,最终指向的是一种全领域内的方法与技术的更新。

(4)对于防控突发性传染病的医疗建筑的研究,国内目前较多体现在单体建筑方面,且均集中于 SARS 疫情之后的 10 余年间。笔者针对疾病预防控制中心和传染病医院相关内容发表了多篇论文。随后,马立东、方敏等也从不同级别的防控突发性传染病建筑角度出发,较为详尽地阐述了各自的设计要点。罗瑞云、陈继锋分别从规划和建筑设计层面探讨了疾病预防控制中心的功能分区及设计原则。除此之外,多家在医疗建筑设计有专长的设计机构和知名建筑类高校的学术机构也都针对此做了细致的研究,但大多数都是对于真实建造项目中的相关经验进行的总结。

（5）对于防控突发性传染病的医疗建筑网络体系,以及这一网络体系下各医疗建筑之间关系的研究,国内目前还较少涉及。如果能够进行较深层次的发掘研究,会产生巨大的学术意义,并且也可为实际的操作提供一定程度的指导。

1.3　我国突发公共卫生事件的应对机制

恩格斯说过,一个聪明的民族,从灾难和错误中学到的东西会比平时多得多。我国人口众多、地域辽阔,因此卫生事业的发展经历了较长的历史时期,同时受经济条件的影响,各地的相关建设和发展很不平衡。近年来,我国在公共卫生体系建设和应急反应能力上取得了一些进步,但是现行公共卫生体系尚存在一定问题,集中表现在突发公共卫生事件应急机制不够健全、疫情信息监测报告网络不十分完善、应急救治能力仍不足、执法监督队伍薄弱和执法能力不强以及难以应对复杂的疾病流行局面和多重的疾病负担压力上。

人类的发展史也是人类与疾病和灾难抗争的历史。近年来,影响人们健康甚至致命的重大公共卫生事件在我国时有发生,一次次重大公共卫生事件的发生,暴露出我国在应对突发公共卫生事件方面能力的缺陷和在公共卫生、疾病预防等方面的问题。我们应当科学地把握人类疾病演变规律,客观分析我国公共卫生现状,加快建立应急管理体系、疾病预防控制体系、疾病应急救治体系、公共卫生信息网络体系等,在应对突发公共卫生事件时更加规范、有序、高效,从而减少疾病和灾害造成的人员伤亡与财产损失。加快建立统一、高效、权威的突发公共卫生事件应急机制,是促进经济社会协调发展的必然要求,是完善政府社会管理和公共服务职能的现实需要。

1.3.1　政府管理与组织层面机制

1. 法规制度的建立

（1）法规的颁布。

在我国的突发公共卫生事件应急体系建设过程中,法规和制度是随着不同历史时期的卫生状况而诞生并逐步完善的。以下 3 个法规在不同的时期发挥了重要的作用。

《中华人民共和国传染病防治法》于 1989 年 2 月 21 日第七届全国人民代表大会常务委员会第六次会议通过,1989 年 2 月 21 日中华人民共和国主席令第 15 号公布,自1989 年 9 月 1 日起施行。该法规规范了医务人员在性病防治工作中的责任与义务,使医务人员有法可依,有利于正常开展传染病的防治工作。

《中华人民共和国传染病防治法实施办法》于 1991 年 10 月 4 日经国务院批准,1991年 12 月 6 日卫生部令第 17 号发布施行。该法的实施对传染病的预防有积极的推进和指导作用。

《突发公共卫生事件应急条例》是为保障人民群众的身体健康和生命安全、维护正常的社会秩序以及应对 SARS 疫情的严重危害,由国务院于 2003 年 5 月 12 日公布施行的。

该条例明确要求在突发事件发生后,各级人民政府要设立应急指挥部,负责对突发事件应急处理的统一领导、统一指挥;政府各有关部门在职责范围内做好应急处理的有关工作;对突发事件的应急处理,应当遵循以预防为主、常备不懈的方针,贯彻统一领导、分级负责、反应及时、措施果断、依靠科学、加强协作的原则;各级人民政府都要按照分类指导、快速反应的要求,制定突发事件应急预案,建立统一的突发事件预防控制体系以及监测与预警系统,保证应急设施、设备、药品和器械等物资储备与调度,加强急救服务网络建设,建立重大、紧急疫情信息报告系统,做好突发事件应急处理的各项工作。

（2）法规实施的效果。

《突发公共卫生事件应急条例》的公布施行,不仅将 SARS 防治工作纳入依法、规范、科学、有序的轨道,为夺取抗击 SARS 斗争的胜利提供了法制保障,也为建立健全我国突发公共卫生事件应急机制指明了方向。

SARS 疫情酿成了灾难的同时也催生了一部法规的出台。为有效预防、及时控制和消除突发公共卫生事件的危害,建立统一、高效、权威的突发公共卫生事件应急处理机制,完善相应的法律法规,国务院在总结防治非典型肺炎工作经验教训的基础上,借鉴国外的有益经验,施行《突发公共卫生事件应急条例》,把应对突发公共卫生事件纳入法制的轨道,标志着我国处理突发公共卫生事件应急机制的进一步完善。2003 年 5 月 15 日,温家宝总理在贯彻实施《突发公共卫生事件应急条例》座谈会上要求,各级政府要突出抓好以下几项工作:一是建立统一的指挥系统;二是建立畅通的信息网络;三是建立和完善疾病预防控制和应急救治体系;四是建立应急医疗卫生队伍。该条例的颁布实施为我国依法处理突发公共卫生事件提供了保证,对处理公共卫生事件法治化、规范化具有非常重要的作用。

有了 2003 年征服 SARS 的经验,2004 年人类应对高致病性禽流感要从容有序得多。疫情发生后,有关国家、地区与国际组织及时启动了危机反应程序,采取各种措施制止其蔓延。禽流感的暴发拉响了全球严防的警报,中国政府对此高度重视。2004 年 1 月,温家宝总理主持国务院常务会议,研究部署高致病性禽流感防治工作,随后全国防治高致病性禽流感指挥部成立。国务院颁布了《全国高致病性禽流感应急预案》,政府采取健全组织领导体系、迅速扑灭和控制疫情、严格规范疫情诊断和报告制度、紧急组织疫苗生产和储备、切实加强指导督查、积极开展国际合作等多项有力措施严防禽流感疫情扩散和蔓延。在政府统一指挥下,各部门各司其职、各负其责,科学有序地阻断了禽流感的传播。

2. 应急制度的建立

（1）应急制度。

2015 年 3 月颁布的《全国医疗卫生服务体系规划纲要（2015—2020）》对于我国的医疗卫生服务体系制度已经有了明确的规定,其中包含应急制度。我国现行的卫生管理体制是在计划经济体制下建立起来的,几乎包揽了全社会卫生事务的管理与服务,这样的卫生管理体制是与部门、地方行政隶属关系紧密联系的,每一级政府均有相应的政府卫生行政部门设立的医疗卫生机构,其他行业部门和企业也同样设立医疗卫生机构,各部门办医、各部门管理,以适应当时的社会经济发展需要。现行卫生管理体制对于我国取得的在较短的时间内形成遍布城乡的医疗卫生服务网这一令人瞩目的成果方面,曾经发挥了积极的作用。

随着社会主义市场经济体制的逐步建立和完善,人民群众对改善卫生服务和提高生活质量提出了更多更高的要求。工业化、城市化、人口老龄化进程加快,与生态环境、生活方式相关的卫生问题日益加重,慢性非传染性疾病患病率不断上升,一些传染病、地方病仍危害着人们的健康,有些新发的传染病对人们的健康构成了重大的威胁,这一切均要求我国卫生事业有一个大的发展和提高。SARS疫情的暴发,使我国公共卫生的观念、机制和应急能力受到了严重挑战,暴露出我国现行疾病预防控制体制上存在的种种弊端。

2004年4月卫生部常务副部长高强在十届全国人大常委会第八次会议汇报建立健全突发公共卫生事件应急机制工作情况时说,我国突发公共卫生事件应急机制已经初步建立并逐步完善。但是通过对其他发达国家应对突发公共卫生事件应急反应体系的分析可知,我国突发公共卫生事件应急机制仍不健全,还有许多地方有待改善。

在紧急状态下,全社会的任务首先应是如何采取有效的措施来控制和消除紧急状态,恢复正常的生产、生活秩序和法律秩序。因此,社会公共利益,包括国家利益、国家安全以及集体利益等,要得到优先的保护。要重点保护公共利益、维护社会秩序,就必须赋予政府以行政紧急权力,并保障政府在紧急状态下充分、有效地使用行政紧急权力进行统一部署,并保证整个应急系统的及时启动和正常运行。

自抗击流行性非典型肺炎SARS成为人们广泛关注的事件以来,如何应对突发公共卫生事件,如何建立与完善包括应对SARS一类的急性传染病的有效机制等问题得到了全国上下一致的高度重视。

《突发公共卫生事件应急条例》的内容包括建立反应灵敏、准确的突发事件监测预警信息网络系统与机制;成立具有统一全局、能够紧急启动的强有力的指挥系统;成立各级完善的、具有防御与抗击能力的应急机构。同时,该条例中还涵盖了科学研究人员、物资储备与调配以及法律保障等多项内容。通过具体落实文件中提出的各项要求与措施,非常有效地指导与提高了我国目前与今后应对突发公共卫生事件的能力。此外,《突发公共卫生事件应急条例》中还包括如何在不同的城市与农村地区,建立起具备抗击与防治传染病等的有效防治体系,建立与完善各项防治机构,构建我国的应急制度,如报告与信息发布制度、行政紧急处理制度、政府责任制度等。

(2)卫生应急的工作内容。

2005年,我国确立的卫生应急工作主要有以下有8个要点:①依法应对突发公共卫生事件,加强制度建设;②围绕完善卫生应急机制建设,健全协调机构;③建立完善卫生应急预案体系,科学有序应急;④充分做好各项卫生应急准备,提高应急能力;⑤加快应急指挥决策系统建设,统一协调指挥;⑥建立卫生应急监测预警制度,有效及时预警;⑦开展卫生应急策略措施研究,加强交流与合作;⑧完善程序,有效开展卫生应急,加强宣传教育。

针对禽流感的全球性蔓延,我国政府加大了防控措施,从中央财政2005年预算总预备费中安排20亿元启动了防控指挥部工作。2005年11月2日国务院总理温家宝主持召开国务院常务会议,分析研究高致病性禽流感疫情形势,部署进一步加强防控工作,强调做好高致病性禽流感防控工作,事关人民群众健康安全,事关经济发展和社会稳定的大局。各级政府要认真贯彻党中央、国务院的决策和部署,切实加强对防控工作的领导,层层落实防控责任制,各有关方面要加强协调和配合,打好全面预防和控制高致病性禽流感疫情的战役。政府在认真总结2004年防控禽流感的成功经验后,对2005年防控禽流感提出了新的措施:第一,要完善各级突发疫情应急预案,健全突发疫情应急机制,落实各项应急保障措施,坚决做到把疫情扑灭在疫点上,严防疫情扩散蔓延;第二,要强化疫情监测,健全预警预报机制,切实加大免疫力度,加强养殖环节防疫管理和检疫监督;第三,要进一步完善突发人感染禽流感的应急预案和防治方案,加强医学监测和人群的预防工作,坚决做好禽流感的防控是杜绝人禽流感的根本;第四,要加强防控禽流感关键技术的研究,重点是加强诊断制剂、新型高效疫苗和治疗药物的研制和推广工作,加强禽流感的分子流行病学和流行规律的研究;第五,要加快推进动物防疫体系建设和兽医管理体制改革,抓紧实施动物防疫工程,不断提高动物疫病防控能力。预防禽流感的关键是防止人禽流感,2005年我国出现的几例人感染高致病性禽流感均得到了有效控制。

1.3.2　相关条件与设施层面机制

1. 用于建设的资金投入

基于我国的公共卫生体系和管理模式,对于灾害防护、疾病预防和医疗保健设施建设的投入是随着社会经济的发展和进步而不断增加的。我国幅员辽阔,各地的经济发展状况并不均衡,医疗设施建设的投入和建设量也不相同。

经历了2003年抗击非典的斗争,我国各级政府和社会各界对公共卫生工作的重视有很大提高。2004年全国疾病预防控制体系建设共有2 425个项目,主要是改扩建省、市、县级疾病预防控制中心,其中纳入国债建设项目1 589个,地方自建项目836个,总投资116亿元。

全国各省、自治区、直辖市都已建立了省级卫生监督机构,全国超过80%的地市和超过50%的县区成立了卫生监督机构,为加强卫生执法监督体系建设奠定了基础。2004年1月,全国正式启动以传染病个案报告为基础的疫情网络直报系统,各地可通过网络报告传染病疫情,提高了疫情报告的及时性、敏感性和准确性,实现了传染病和突发公共卫生事件监测的动态统计与分析。另外,国家还加大了对重大传染病防治的资金投入力度。2004年,补助地方重大疾病防治经费15.3亿元人民币,重点支持农村地区和公共卫生工作;同时,努力争取国际社会的支持,各类项目承诺资金超过1.8亿美元,有力地支持了各地重大疾病防治工作的开展。

国家加大对疾病预防控制体系的建设,各地都设立了疾病预防控制机构,具体承担疾病预防控制、突发公共卫生事件应急预警处置、疫情信息收集报告、监测检验评价和健康教育促进等公共卫生职能。2003年国家加大了对疾病预防控制机构基础设施建设的支持力度,中央与地方共同筹资,投资68亿元人民币用于加强地方疾病预防控制机构的建设。

公共卫生建设也是国家“十一五”规划至今的重要内容,其中包括:提高人民群众健康水平;加大政府对卫生事业的投入力度,完善公共卫生和医疗服务体系;提高疾病预防控制和医疗救治服务能力,努力控制艾滋病、血吸虫病、乙型肝炎等重大传染病,积极防治职业病、地方病;加强妇幼卫生保健,大力发展社区卫生服务;深化医疗卫生体制改革,合理配置医疗卫生资源,整顿药品生产和流通秩序。

2. 预防医学研究设施

抗击 SARS 的成功经验告诉我们,科技的水平是战胜疫情、保证人民生命安全的关键。2004 年,针对我国高致病性禽流感防治的需求,按照"立足当前、兼顾中长、突出重点、解决急需"的指导思想,国家为加强防治高致病性禽流感科技攻关和相应的研究工作安排专项经费 1 亿元人民币,重点用于特效疫苗研制和应用、快速检测和诊断技术及产品开发、病毒变异与病原分析、新的传播途径和防控技术、防护和消杀技术及产品、抗病毒药物筛选等方面。我国采取一系列措施来改变目前原始性创新能力较为薄弱的状况,投入 8 亿元人民币用于加大科研基础设施建设,培育形成一批高水平研究基地,鼓励长期战略性研究。通过开展科技攻关,我国在禽用禽流感疫苗研制、诊断与检测试剂研发等方面取得了重大进展,部分成果已在禽流感防控工作中发挥重要作用。

在突发公共卫生事件控制和预防医学研究中,公共卫生实验室是保证取得科研成果的重要设施。突发公共卫生事件是指突然发生、造成或者可能造成社会公众健康严重损害的重大传染病疫情、群体性不明原因疾病、重大食物和职业中毒以及其他严重影响公众健康的事件。生物性事件在突发公共卫生事件中占很大比例,所以在应对突发公共卫生事件中,微生物实验室发挥着重要作用,它们为突发公共卫生事件原因的认定和现场采取有效的行政控制措施提供科学依据。

所谓公共卫生实验室,从功能上可理解为具有鉴别病原微生物及其他有害成分的能力,且能为公共卫生事业服务的实验室。由于我国目前没有明确的公共卫生实验室的概念,因此暂且将各级疾病预防控制中心的实验室、各研究机构及医学院校的微生物学实验室及各级医院的检验科实验室都涵盖在公共卫生实验室范围内,供研究使用。还有一部分公共卫生实验室分布在城市大型综合医院中,与医院的检验科室合并设置。

生物安全在全球已经受到越来越多的重视,特别是非典型肺炎疫情暴发以来,国内的专家学者已认识到我国在生物安全领域面临的严峻形势,相关部门在当时也紧急发布了《传染性非典型肺炎病毒研究实验室暂行管理办法》,对非典型肺炎病毒的研究做了详细规定。此前,相关部门已经颁布了针对生物安全实验室的行业标准《微生物和生物医学实验室生物安全通用准则》(WS 233—2002),其主要内容基本上是参照美国国立卫生研究院及美国疾病控制中心的标准制定的,用于指导各级生物安全实验室的设计建造及使用。

目前,我国公共卫生实验室的数量和技术标准与发达国家相比尚有差距。应继续加强公共卫生实验室的建设,大力提高对疾病和病原体的鉴别能力,政府应明确公共卫生实验室的概念及其在突发事件鉴别和定性中的作用;评估本地区生物医学实验室的数量、功能、人员组成和结构,根据人口学特征和地理分布要求,系统地整合各种医学、生物学实验室的功能;通过法律手段赋予公共卫生实验室应有的资格和任务,协调公共卫生实验室的投入和人员培训,确保公共卫生实验室在公共卫生突发事件处理中发挥决定性作用。

3. 人员队伍建设与培训

2003 年,卫生部制定了《关于建立应急卫生救治队伍的意见》,要求省、地两级按属地化原则,在当地各类医疗卫生机构中选择医术较高、临床经验丰富的医护人员以及具有现场处置经验的疾病预防控制人员,组成应急救治队伍,并配备必要的医疗救治和现场处置设备。这些人员平时在各自岗位上从事医疗卫生服务工作,适时组织进行应急技能培训和演练,遇有突发公共卫生事件时,迅速赶赴现场,及时开展医疗救治和流行病调查工作。目前,各地应急救治队伍的组建工作已经完成。卫生部在此基础上组建国家应急救援队伍,遇有重大突发公共卫生事件,及时提供技术支援。全部医疗救治体系建设规划计划用3 年左右时间完成。

目前我国应对突发公共卫生事件的专业人员队伍建设还存在以下几方面问题。

(1)应急医疗卫生救治队伍和培训基地建设不足,应急救治能力低。

国家相关部门制定严格的应急医疗卫生救治管理规范,加强技术培训和应急演练,培养医护人员全心全意为患者服务的理念。国家相关部门将充分有效地利用现有各种卫生资源,整合科研力量,实行联合科技攻关,对突发公共卫生事件的发生规律进行监测预警、预防控制等方面的研究,为突发公共卫生事件应急处理提供技术支持。

(2)基层疾控系统专业人员的业务水平需提高。

疾控系统担负着繁重的社会公共卫生工作,需要业务性很强的专业人员。但实际上基层疾病控制系统工作人员的业务水平大部分达不到工作要求,其原因是:①县、乡级卫生防疫人员的专业和学历达不到要求。专业技术人员的比例不到一半,乡镇级的比例不到 1/4。县级卫生防疫专业人员卫生防疫专业学历达大专以上的寥寥无几,高级职称更是屈指可数,乡镇级的卫生防疫专业人员中专学历的只占 1/5,而绝大部分又是由其他专业改行而来,在抗击非典的过程中充分暴露出理论水平、专业技术难以胜任流行病学调查和疫情的应急处理的情况;②县级疾病预防控制中心的专业人员以内部培训为主,专业人员知识更新少、信息缺乏,专业知识难以提高;③乡镇级医院在激烈的市场经济竞争中,因设备、技术、人才等原因显得软弱无力,经济收入低、专业技术水平差,达不到《全国疾病预防控制机构工作规范》所要求的工作质量,完不成相应的工作任务,很难建立起一支突发公共卫生事件的快速反应队伍和危机有效处理队伍。

(3)科研实验人员队伍有待加强。

通过抽样调查,北京市、上海市及安徽省的部分区县公共卫生实验室工作人员组成中,博士和硕士所占比例分别为 4.7% 和 6.8%,本科生占 23.2%,本科以下占 65.3%,其中不同地区和不同类型实验室人员组成差异较大,医院实验室人员相对较多。应对突发公共卫生事件的首要场所是医院,检验科承担常规病原微生物检验及其他检测任务,需要一定的人员,但医院里从事实验研究的人员匮乏,高层次人才所占比例较低。区县级疾病预防控制中心实验室的人员最少,且多为本科及以下学历,市级疾病预防控制中心高学历人员比例也很低,而医学院校内的实验室人员虽然整体学历较高,具有较强的科研实力,但缺乏对病原体及时、快速鉴别的实际经验。在调查的实验室中,只有 44.8% 的单位具备分子生物学研究所需的扩增仪(Polymerase Chain Reaction, PCR),虽然 50% 左右的实验室都有细胞培养设备,但仅 31.0% 的实验室掌握细胞培养技术,病毒分离技术可熟练使用者则更少,仅占 6.9%。市级以上疾病预防控制中心、科研院校和三级综合性医院的实验室有能力进行一定水平的研究,其中基础研究占 10.3%,应用基础研究占 6.9%,应用研究占 17.2%,研究水平相差悬殊。有关病原体鉴别能力的调查表明,有 69.0% 的实验室曾鉴别过4种以上病原体,其中50%的单位曾鉴别过8种以上病原体;48.3%的实验室可以鉴别6种以上病原体,鉴别时间在1~7天不等,平均为3天;72.4%的实验室和其他实验室有联系,其中52.4%的联系只是一般学术交流关系。发生突发公共卫生事件时,有51.7%的实验室可以受调配或被统一征用,37.9%的实验室不确定是否可受统一调配或被征用,10.4%的实验室明确表示不可以受调配或被统一征用。技术熟练的实验操作人员和高水平的专业技术人员是我国公共卫生体系中亟待加强和补充的力量。

1.3.3 医防系统与功能层面机制

1. 医防分离的管理体制

我国的现行管理模式是临床和疾病预防控制相分离的模式,在应对突发公共卫生事件中暴露出现行公共卫生管理体制条块分割的严重弊端。一方面,由于我国医学院校实行的是定向培养制度,疾病预防控制人才的培养与临床医学人才的培养相分离,从而产生了疾病预防控制与临床的相对隔离,以及疾病预防控制机构内部各专业领域的相对专业化;另一方面,长期以来,我国医疗体系与卫生防疫体系各自独立发展,两个体系之间缺乏有效的联系与协作。医疗机构、卫生防疫机构分属于不同的部门和地区管理,信息沟通不及时、资源不能整合以及条块专政的冲突严重影响了公共卫生信息的及时、准确和有效的管理,造成了疫情统计困难和数字不准确以及漏报、迟报等结果,这种情况在部委、部队机关比较集中的北京表现更为突出,这也是2003年SARS疫情暴发初期,北京市在信息搜集、监测报告、追踪调查方面存在较大漏洞的客观原因之一,当时甚至出现临床医务人员拒绝流行病调查人员进入病区进行个案调查的情况,严重影响了疫情的有效控制。

这种双系统并存的模式首先影响了日常疾病控制的及时性,其次在突发公共卫生事件发生时不便于协同应对,容易错过控制疫情的最佳时间,从而影响救助,导致生命及财产的损失。建立医防结合的系统是提高我国应对突发公共卫生事件能力的有效途径。

2. 医院感染管理上的弊端

美国在20世纪60年代就开始制定医院感染预防控制规划,并监测及制定相关预防控制措施与政策。美国疾病预防控制中心于1970年开始与有关医院合作,通过建立国家医院感染监测系统来加强人员培训,指导医务人员合理使用抗生素,同时定期发布监测结果。我国医院感染管理工作起步较晚,到20世纪80年代中期才有全国性医院感染预防控制的规划,以及成立相应的管理组织,制定、发布医院感染管理的措施、规定和标准。目前,我国医院感染管理工作发展还很不平衡,有些医院根本不重视医院感染的管理,相应的技术仍停留在起步阶段。医院感染病例漏报率高、控制措施不力、消毒灭菌工作存在着许多不足,所以医院暴发感染流行病事件时有发生。这些也是2003年SARS疫情暴发早期大批医务人员感染、医院成了疫情蔓延扩散的重要传染场所的主要原因之一。我国医院感染率平均为8.4%(3%~13.6%),在血透室、ICU、血液病房更为严重,有的甚至高达24%~40%,均高于发达国家水平。

3. 城市应对灾害功能不完善

一般认为,城市防灾减灾管理贯穿于"测、报、防、抗、救、援"诸环节,《中国21世纪议程》对防灾减灾体系的定义是:为了消除或减轻自然灾害对生命财产的威胁,增强抗御、承受灾害的能力,灾后尽快恢复生产生活秩序而建立的灾害管理、防御、救援等组织体系与防灾工程、技术设施体系,包括灾害研究与监测、灾害信息处理、灾害预报与预警、防灾、抗灾、救灾、灾后援建等系统。

在我国各城市中,该系统的建立尚不完善,各地区发展也不均衡。

目前,我国城市应对灾害的系统中各子系统都在不断地建设和完善,重点要解决的问题有以下几方面。

(1)国家卫生信息网络的建设。

建立一个全国统一、完整、完善的卫生信息标准,将医院信息系统、疫情信息报告系统、突发公共卫生事件应急处理信息系统等所有卫生相关信息网络纳入到整个卫生信息网络建设的范畴中,做到统一设计、统一实施、统一维护,构建现代化的卫生信息网络,实现政府行政部门、各级医院、疾病预防控制中心间信息资源互通和共享。

(2)疾病预警系统有待完善。

要搞清抗击 SARS 疫情暴露出来的我国卫生系统中存在的其他问题,应对整个 SARS 疫情的形成过程进行系统的分析。我国首例报告的 SARS 患者发现于 2002 年 11 月 16 日的佛山市,随后疫情在广东省蔓延,2003 年 2 月 1 日我国卫生部就在广东省发现的不明原因非典型肺炎疫情向世界卫生组织驻北京办事处做了报告。这一阶段是对疾病初步摸索认识阶段,用了较长的时间是可以理解的,但其后大约 2 个月的时间里,我们对这种突发不明原因的恶性传染性疾病暴发流行采取的应对措施不够有力、积极,反应速度过慢,没有及时采取果断措施对航空、铁路、公路等传播途径进行管制,未切断疫情可能向外省(市)的传播途径,以致错过了疾病预防与控制的最佳时机,使得疫情于 4 月份在全国范围内,特别是北京、山西、内蒙古、河北等地大规模暴发流行,并在一段时间内失控。

世界卫生组织《全球突发传染性疾病暴发应急计划》建议,当有新发不明原因恶性传染病出现时,发现地要及时层层上报,在国家范围内,最终要上报到国家疾病控制与预防中心,再上报世界卫生组织。与此同时,各级疾病预防控制中心应紧急组织现场调查、病因学研究等工作,对疾病可能带来的危害程度进行客观评估,并将评估报告直接送交有关决策部门,根据疾病危害严重程度迅速启动相应的应急指导措施,并通知其他尚未发现疫情的地区做好积极防范准备,这一过程称为预普。预普是将突发恶性传染病扼杀于摇篮的第一步,也是最重要的一步,是疾病控制与预防部门最主要的工作。SARS 疫情在我国暴发流行,说明我国的疾病预警系统存在一定的问题。由于我国的医疗卫生服务体系至今还停留在计划经济体制下的结构模式,条块分割、各自为政,这种架构使得信息流动不畅,决策层不能及时、全面地掌握疫情,因此必然导致做出错误判断,同时也错失控制疫情的良机。由于决策层不能统领全局,应急措施就显乏力。问题的本质是由于组织体系不适应现代管理要求,因此理顺医疗服务体系、完善组织结构、实行全行业管理是解决问题的唯一出路。

(3)快速反应的救控系统。

突发公共卫生事件的救控系统包括医疗救助机构和疾病控制机构。在突发公共卫生事件发生后,快速救治受到危害的群众和控制疫情的扩散是应急工作的首要任务,医疗救助机构承担着及时挽救生命、恢复其健康的艰巨任务。医疗救助机构实行首诊负责制,其职责为:及时、真实报告疫情,承担责任内的预防、诊断、救治任务,防止交叉感染,及时对被污染场所进行消毒处理,对医护人员进行专门培训以及宣传疾病防治科学知识等。此外,还可根据急救工作的需要,临时组建急救医疗机构,收治大批患者。疾病控制机构承担疫情的监控和突发公共卫生事件的流行病学调查工作,其职责为:对疫情的监测和预警,对疫情报告的汇总、分析与评估,对疫区的消毒、隔离和封闭管理,对病例、疑似病例及密切接触者采取必要的医学观察措施,对医疗救助机构的消毒和隔离工作进行技术指导以及对公众开展健康教育和医学咨询服务等。另外,及时对突发公共卫生事件进行流行病学调查,查清其发生与分布、特点和规律以及影响因素,采取有针对性的防治和控制措施也是其重要的职责。

国家加强应急医疗救治体系建设。在直辖市、省会城市和地级市建立紧急医疗救援中心;在直辖市、省会城市和地级市选择一所现有医院进行改建、扩建,建设不同规模的传染病专科医院或承担传染病防治任务的后备医院;在各县选择一所县级医院通过改建、扩建,设置不同规模的传染病科或传染病区,一旦发生突发公共卫生事件,可以集中收治患者。

当然,建立健全突发公共卫生事件应急机制是一项庞大、复杂的社会系统工程。尽管目前我国突发公共卫生事件应急机制建设迈出了坚实的步伐,取得了明显的成效,但在我国广大农村和部分城市中还存在社区公共卫生设施简陋、技术力量薄弱的情况,它们应对突发公共卫生事件的能力仍然有限。国家有关部门正在制定加快农村医疗卫生服务体系建设和发展城市社区卫生服务体系的有关政策,同时加强人员、技术储备和物资、经费保证,保障应急体系的有效运行。

1.3.4　医疗建筑与运营层面

1. 医疗建筑的建设

(1)医疗卫生建筑应急标准。

目前,我国对于突然出现的大规模疫情或暴发性的生化灾难缺乏齐全、完善的应对机制,更缺乏相应的医疗卫生建筑与设备。在医院建筑设计中应专门列出防治传染病、防治生化性灾难的医疗卫生建筑应急准则,此准则不仅适用于传染病,而且可作为各类医院建筑设计的准则之一。

医院等级评审标准作为医院发展的"指挥棒",应体现国家对卫生事业发展的政策导向。医院应急反应能力明显不足是在2003年SARS疫情中所表现出来的一个重大问题。因此,应进一步明晰医院评审思路,引导医院增强应对突发公共卫生事件的能力;应重新修改现行医院等级评审标准,完善评审方法,建立健全良好的评审机制,将传染病与突发公共卫生事件监测报告工作列入医院评审标准的否决指标,并相应提高医疗机构预防保健和社区医疗预防服务、医院感染预防控制、医疗废弃物处理等疾病预防控制工作的分值比例,以加强医疗质量和安全管理,促进医疗机构疾病预防控制工作的可持续发展。

(2)疾控系统硬件建设。

疾病预防控制中心承担了传染性疾病和非传染性疾病的预防与控制,卫生检验与检测,消毒与杀虫工作,寄生虫病和地方病的预防与控制,职业卫生和职业病的预防与控制,儿童的计划免疫管理、健康教育和健康促进,以及学校卫生、环境卫生等广泛的公共卫生职责。在政府投入不足,远不能满足社会发展对疾控系统提出的要求,且工作人员的工资福利不能得到保证的情况下,就需要业务收入来补贴人员经费和公务费支出,这势必造成疾控工作的重心向有偿服务转移。其结果是:一方面削弱了纯公共卫生服务的开展,管理者只有靠压缩无偿服务的公共卫生项目来减少支出;另一方面努力寻找有偿服务的市场,从而减轻经费不足的压力。在如此入不敷出的局面下,管理者根本没有能力加强疾病预防控制中心的硬件建设,而硬件建设不足就导致目前公共卫生需要疾控机构承担的社会要求无法得到满足。有计划地搞好疾控系统建设,控制各类重大疫情的突发事件,已迫在眉睫。虽然在 SARS 疫情防控中,各级政府都给疾病控制系统投入了经费,但却只能解决一时之窘态,不能从根本上转变局面。

由于社会的发展、医学的进步和人民生活水平的提高,人们一度认为传染病已得到有效控制,因而忽视了传染病医院的建设。我国多数传染病医院存在建筑陈旧、设施简陋、分区不合理等问题,在抗击 SARA 疫情过程中已凸显出来。鉴于此种情况,应通过对我国及世界其他国家和地区传染病医院的分析研究,探讨现代传染病医院的规划布局原则与设计手法,以及综合医院传染病区的设计与改扩建方法。

2. 我国综合医院应对能力

(1)指挥和组织系统反应迟缓。

危机和突发事件首先会突然间给医院造成巨大压力,要求医院在最短时间内组织起足以应对该危机和突发事件的强大队伍,并安全有效地开展工作。如果医院未能高度重视危机和突发事件管理或放松警惕,不能及时做好预案安排,则可能出现反应迟缓的情况。我国现有医院主要决策者大多来自临床医学专业,他们的危机管理意识淡薄,常以扩大医院规模、改善医疗硬件、提高医疗水平和争创经济效益作为其管理工作的主要目标,而忽视内部管理机制及整体水平的提高,因而决策失误的情况屡见不鲜。当危机来临时,思想准备不足、管理不到位就在所难免。

(2)医务人员危机及急救意识淡薄。

平时多数医务人员(急诊人员除外)已经习惯了日常规律性的工作,医院很少对其进行危机和突发事件处理的宣传教育,导致他们对突发事件的出现在思想上准备不足,加之已经非常细化了的专业限制,常会使医务人员在重大突发事件发生初期时感到茫然,因快速反应力不足而影响救治工作。

(3)急救绿色通道不畅,急诊医护人员素质和业务水平有待提高。

对于急危重患者的现场抢救,时间就是生命。现代急救要求应重视伤后 1 小时的黄金抢救时间和 10 分钟的白金抢救时间,使伤员在尽可能短的时间内获得最确切的救治。然而送达医院的急危重患者,有些人没有亲属或陪护人员,求救者的经济状况也成为限制其接受紧急救护的一个因素。另外,一些从事急救的医护人员是从未经过急救专业培训的或由其他学科调来的,加之从事急诊工作风险性高、劳动强度大、待遇低、职称晋升困难等诸多因素,使医护人员思想不稳定,故其素质和业务水平有待进一步提高。

(4)硬件设施不适应。

随着人们健康急救意识的增强,急救医疗服务已逐渐成为社会的重要需求之一,但医院能提供的快捷、满意的急救医疗服务则相对不足,由此产生的受救治者与医院的关系成为一种新的社会问题。一般医院的设施都是以一般病人为对象设立的,发生重大传染病和群体性不明原因的疾病时,往往不具备严格的隔离防护作用,同时一些特殊装备又由于需求量的突然增大,而难以及时到位。

(5)急救资源未能完全利用。

在急救医疗服务需要迅速增长的情况下,急救资源出现明显的缺乏,同时还存在对现有较少的急救资源利用得不够合理和充分的情况。如相当部分的救护车未能成为可流动的抢救场所,而是仅作为一种运输工具,救护车上缺少急救设施,且相当部分的城市医院中的大多数救护车处于闲置状态,而真正需要时,那些长久不用的救护车就很难处于最佳状态。同时,目前我国也未能充分将医院急救资源纳入急救医疗服务体系之中。

第2章 应对突发公共卫生事件医疗救助的相关理论

2.1 城市防灾相关理论

2.1.1 城市防灾理论

1. 城市灾害学基本概念

城市灾害是集自然性与社会性为一体的混合灾害。

城市灾害学是城市学和灾害学相互交叉的系统科学,在国际上萌发于20世纪80年代中期,在中国产生于80年代末期。虽迄今为止没有标准的定义,但城市灾害学理论和方法通常分为3个层次:各种特殊的科学理论和方法,通常仅适用于某种灾害领域;各种一般的科学理论和方法;哲学理论及灾害文化问题等。

城市灾害学主要研究内容包括:城市防灾减灾总体构想;城市灾害的危害性、相关性、多样性、地区性、突发性、群发性、模糊周期性、社会性等;城市灾害的性质;城市灾害致灾机理及形成要素;模型概念、系统动力学、风险分析、危机控制、层次分析法等灾害模型论;灾害预测与灾害经济学等城市减灾工程决策与减灾对策分析等。

城市灾害学的主要任务包括:①进行灾害分类,包括致灾分类、承灾体分类、城市社会性分类等,尤其要关注原生—次生—衍生的灾害扩大化;②研究灾害等级,这里并非仅指地震强度及烈度,还应包括城市灾害"震、水、风、火"及"新灾"的方方面面;③研究承灾体受灾程度,其中城市社会灾损度尤应关注。城市社会灾损度指某一城市的总经济当量(或以 GNP、GDP 为代表的经济当量)与灾损总值的比例关系,用以评估该城市社会经济基础受灾程度。

2. 城市灾害学主要原理

(1)"时-空"原理。

灾害具有超越灾区且可能危害波及一个更大时空的特性。就时间特性而言,主要包括灾害发生速度、灾害持续时间、灾害演变过程等内容。速度和时间具有一定的相关性,灾害发生速度快则持续时间短,发生速度慢则持续时间长。据此有突发性灾害和缓发性灾害之别。前者如地震、水灾、火灾等,在短期内发生,危害性、破坏强度十分明显;后者如城市地面沉降、人口爆炸、沙漠化等,长期缓慢,个别事件的危害不易察觉,带有隐蔽性,而整体效应十分显著。缓发性灾害在一定程度上会加强突发性灾害的灾度,如沿海城市地面沉降问题,平时不觉其危害,一旦发生地震、台风等灾害,地面沉降的破坏性立即显现,会造成更大损失。突发性灾害对城市的破坏在某种程度上会造成区域整体系统的结构性振荡。突发性灾害和缓发性灾害互相作用,共同对城市和区域的发展构成威胁与危害。任何灾害的发生都有一个能量聚集、发展、演变的过程,而且周期长短不一。灾害的空间特性与时间特性同样十分鲜明。各地区城市化进程速度、水平不同,同样强度的灾害对城市经济、人口、社会发展的破坏和损失不同,表现出明显的区域差异性。

(2)区域原理。

城市是一种综合的地理环境,又是区域的主要构成单元,因此区域科学十分关注这一地理实体。从区域原理去研究城市灾害学问题,主要立足于城市空间、城市资源利用、城市生态环境、城市地貌与气候、城市水文等要素。

(3)应急决策原理。

城市减灾对策分为技术性措施和社会性措施两大类,而城市灾害应急决策原理旨在强调城市要构建并形成完整的防、减灾网络及预警预案,在灾害事故到来时能有效指挥管理,使政府及公众有充裕的时间按预案要求有计划地搬迁、救灾避难,最大限度地减少伤亡及控制灾情。应急决策即按应急法令办事,建筑师尤其要按备灾要求制定应急规划,如现代化城市应急救灾必须具有便捷畅通的道路系统并充分开发利用城市地下空间等,但至今规划成果甚微,不少新区规划也缺少此内容,导致城市灾害应急面临危险和隐患。

(4)防护减灾的综合性原理。

城市本身是一个复杂的系统,任何严重城市灾害的发生和造成的后果都不可能是独立或单一现象,因此应从系统学的角度加以分析和评价,在此基础上制定城市防灾对策和措施,这就是城市综合防灾,也是城市的基本功能之一。长期以来,我国习惯于把战争和战争以外的其他灾害区别对待,形成一种以时期划分灾害的概念,即战争时期与和平时期两类灾害,同时分别形成了应对战争的城市人民防空体系和以平时防灾为主要任务的各种城市防灾系统,如消防、急救、抢险、物资储备等。事实上,战争无非是一种人为的城市灾害,在发生特点、灾害后果、防御措施等方面与平时灾害有许多的共同性。

城市防护与减灾的综合性原理本质上是建立统一的城市综合防灾机制,对此,地下空间专家清华大学童林旭教授指出:不论是对战争的防护,还是对平时灾害的抗御,都正在走上立体化和综合化的道路。鉴于两种灾害有着多方面的共同性,防护与防灾又同样关系到城市总体抗灾抗毁能力的提高,建议进一步将城市的防护与防灾功能统一起来,形成一个统一领导下的城市综合防灾体制,这将使城市在任何情况都处于强有力的防灾体制保护之下,在安全的环境中得到生存和发展。城市防护与防灾功能的统一,完全可能出现"1+1>2"的结果。

2.1.2 智慧城市理论

1. 智慧城市的概念

当一座城市重视信息通信技术与知识服务、社会基础应用的平行发展,重视以参与式管理为研究视角的自然资源的智能管理,同时将以上要素作为共同推动可持续的经济发展并追求更高品质的市民生活的动力时,这样的城市可以被定义为智慧城市。2007 年欧盟委员会在 *Smart cities–Ranking of European medium-sized cities* 中从智慧经济、智慧公众、智慧管理、智慧流动、智慧环境及智慧生活 6 大维度对智慧城市进行了界定。智慧城市主要包括以知识要素为主体的创新型智慧经济,以公众集体受教育程度、社会社交的广泛度及质量为评价核心的智慧公众,以现代技术在不同领域应用(不仅限于信息通信技术、现代交通物流、运输系统等领域)为载体的城市各资源智慧流动和以节能环保、城市资源合理管理为考量的智慧环境等几方面。

　　智慧城市的首要目的是通过对城市物体植入智能化传感器实现城市物联网,从而达到对物理城市的全面感知,对物体进行智能处理和技术分析,以完成对医疗、安全、教育、环境、生产、生活等各项城市需求的智能化支持,实现人与物的智能连接,从而使城市成为有技术、有文化、有灵魂、有生命、有头脑的物理与人文空间。智慧管理主要是政府管理模式的调整和改善,智慧生活重点在于提高城市生活的品质和凝聚力。

　　2. 智慧城市的技术

　　智慧城市的核心技术包括智能识别、移动计算、云计算和信息融合。城市信息化技术不断步入新阶段,遥感技术、勘探技术、车载摄影技术、射频技术、无线传感与监测技术、摄影测量测绘技术、统计登记上报技术等迅速发展,使得智慧城市概念得到了强大的技术支持,而地理信息系统技术融入应急系统,则使城市突发公共卫生事件方面的智慧应用得到了提升。地理信息系统是由计算机硬件、软件以及管理和分析地理数据的熟练人员组成的有机系统,是一组基于人机交互的计算工具,该工具可对研究对象进行时空分布、区位扫描等分析,最终集成数据库的基本功能(查询、检索、统计分析等),空间对象的可视化以及基于地图的地理分析功能。空间分析的基本要素主要包括 4 个部分:其一,空间查询与量算;其二,缓冲区分析;其三,叠加分析;其四,网络分析。地理信息系统的主要功能有数据的采集、检验,数据的编辑、操作,数据的存储,组织数据的查询、检索,统计空间分析可视化显示与输出等。主要应用其核心的空间分析模式,利用特有的地理信息提取、表现、传输的特征技术功能辅助,制定应对突发卫生公共事件的城市层级解决方案。

　　3. 智慧城市的相关理论

　　智慧城市的属性是智慧城市理论研究的基础问题。对其属性的充分认识,以理论研究为前提,是探寻智慧城市如何实践和发展的逻辑基础。综合国内外现有的研究成果,总结智慧城市有以下属性:

　　(1)区域公共性与区域特色性。

　　由于智慧城市所提供的产品和服务具有公共性,加上城市地理区域的限制,因此智慧城市就具备了区域公共属性。不同城市的历史奠定了不同的人文和社会特色,每个城市具有其独特的个性,因此智慧城市的建设也要考虑每个城市的特殊性,从而使智慧城市具备了区域特色属性。

（2）资产性与效益性。

智慧城市实现的基础是城市信息基础设施、信息资源平台搭建、智慧应用系统建设等，这些是每个城市的资产，是智慧城市实现的物质基础。而这些基础设施投资金额巨大，必须达到一定的规模才能体现其经济价值，且成本回收期长。但智慧城市建设不仅仅是经济问题，还是社会问题，其社会效益要高于经济效益。

（3）知识性与创新性。

智慧城市是信息技术创新发展出的产物，因此知识性与创新性是其重要的属性。

（4）系统性与整体性。

智慧城市是建立在一系列城市子系统之上的系统，这些子系统间存在联系，相互促进又彼此影响，是构建智慧城市的要素。这些子系统相互支撑，体现出整体效应。通过能源、教育、医疗、应急管理、交通运输等子系统的综合应用，使各部分协调运作，将小系统合为大系统，实现整体运作。

（5）协同性与服务性。

智慧城市的建设目标是城市资源的高度共享，使各部门流程能够无缝对接，整个城市具有高度的协同性。而其高度的协同性，能更好地为城市居民提供高效、智能、便捷、灵活的服务。

（6）融合性。

智慧城市可以随时将新一代的科技全方位植入到城市系统中，实现城市的智慧化，而科学技术发展的新成果不断地应用在城市流程中，就可以为每个普通居民提供方便。

2.1.3　城市安全相关理论

城市一般是指人口集中、工商业发达、居民以非农业人口为主的城区。以城市为中心的社会、经济组织运行模式是现代化国家的重要标志。近年来随着经济的全球化发展，人群聚集活动越来越多地出现在各种公共场所中，因而聚集人群的安全问题已经引起人们的重视。城市本身具有生产集中、财富集中、人员集中、建筑物集中的特点，而现代化的城市交通枢纽集客运、货运、商业、娱乐为一体，表现为建筑结构复杂，而这些建筑仅是公共场所中人流密度、物流密度较大的地点，其公共安全问题更加突出。其中，涉及城市安全相关理论与应用的有以下几类。

1. 公共安全风险评价

风险评价也称安全评价或危险性评价，以实现工程、系统安全为目的。应用安全系统可对工程、系统中存在的危险、有害因素进行识别与分析，判断工程、系统发生事故和急性职业危害的可能性及其严重程度，提出安全对策建议，从而为工程、系统制定防范措施，同时也为管理决策提供科学依据。

安全评价最早出现在20世纪30年代的保险业，于20世纪60年代开始全面系统地应用于企业装置和设施的评价。1964年，美国形成了以火灾和爆炸指数评价化工生产系统危险程度的评价方法；英国利用以概率风险评价为代表的系统安全评价技术，建立了故障数据库和服务咨询机构,对企业开展概率风险评价。公共安全风险评价是因近年来全球城市化进程加快、城市人口不断增加、面临的风险和公共安全问题逐年加剧而产生的研究方向。虽然各国国情差异导致其关注点不同,但整体上是从城市防灾与防卫两个视角入手的。

日本由于其地理条件特殊,城市经常受到自然灾害的侵袭,因此其在城市安全领域的研究开展得较早,重点是防灾减灾。日本提出"安全安心城市"理念,认为城市应具有各种功能,可以为居民提供安全舒适,并且创造良好的生活空间,即生产、经济、文化活动的场所,所以称为"安全安心城市"。

欧美国家城市安全的内涵则更偏向于防卫,英语中"Safe City"表示城市安全,侧重于防卫;"Disaster-resistant City"则侧重于防灾。20 世纪 80 年代,美国从城市规划的角度来改善城市治安,制定了一系列的方针政策;英国实施了"城市安全计划",通过加强政府和公民的合作,以环境设计规划为基础加强城市安全程度,减少犯罪。20 世纪 90 年代,联合国决定每年选定一个"国际减灾日"主题,目的是最大限度地调动各国公众的防灾减灾自觉性,提高城市安全预防灾害能力。进入 21 世纪,人类住区的防灾抗灾能力以及人居环境安全逐渐成为人类共同关注的社会问题。

2. 火灾风险评价

城市消防安全是城市安全的重要分支。城市具有人口密度大、财产集中、可燃物多等特点,安全形势严峻,火灾预防难度大,容易造成人员伤亡。通过火灾风险评价可以全面考察某一区域的火灾风险状况,给出火灾发生的可能性和预计造成的损失,以降低火灾的发生率,减少人员伤亡和财产损失。火灾风险评价主要以火灾监测、信息分析、火灾危险源辨识、火灾预防与控制为主要手段,对预防控制火灾发生起了重要作用。目前国内外研究集中在以下几个方面:

(1)"处方式"评定。

以现有的消防规范为依据,逐项对应检查消防设计方案是否符合要求。例如,日本最早提出的《建筑综合防火安全设计方法》,详尽地对建筑物内设计安全消防内容做出了规定,要求新建的建筑物必须参照该方法来检查消防设计方案是否符合要求。

(2)逻辑分析法。

以故障树分析、事件树分析等运筹学原理对火灾原理和结果进行分析,对能够导致火灾发生的基本事件之间的逻辑关系进行定性描述,指出预防火灾发生的途径和应该采取的措施。

(3)综合评估法。

通过系统工程的方法,由专家对各系统组成要素的相互作用进行考察,关注各要素对建筑物火灾发生、发展的影响,做出对整个建筑物的消防安全性能评估。

(4)模拟法。

运用各类火灾模型来模拟火灾的发生和造成的后果。现有的火灾模型有上百种,如建筑群及居民区火灾蔓延模型、城市火灾及消防队的处置法模型、地下火灾模型等。

3. 安全社区理念

安全社区概念由瑞典最先提出。安全社区需要同一社区的不同组织机构相互配合、资源共享,这些机构包括社区内的行政机构、医疗设施、教育设施和商业设施等,它们共同打造安全健康的社区居住环境和工作环境,避免居民遭受意外伤害,并且尽可能地帮助企业创造效益。安全社区的主体是社区的居民,他们拥有共同创造健康安全环境的美好愿望和共同目标。各个国家在安全社区概念的基础上针对不同国情,又提出了更为具体的社区理念,主要有如下几类:

(1)有恢复能力的社区理念。

在美国,一些学者提出了有恢复能力的社区概念,指在极大自然灾害下不会发生永久破坏、具有一定恢复能力的社区,这些社区的辅助设施,如道路、公共设施等,在极强自然灾害(洪水、台风和地震等)的破坏下具有可持续使用的能力。也就是说,这些社区的所有建筑群体均建设在安全的地区,并且符合本国建筑法规与规范的要求。

(2)有准备的社区理念。

有准备的社区理念是澳大利亚政府从公共安全管理角度出发提出的,旨在解决社会的安全问题。政府有义务在日常生活中为辖区内的居民提供福利和帮助,在发生突发事件时为辖区内的社区居民提供援助。但是在发生重大灾难时,政府的救助手段往往不能够第一时间为居民提供援助,最有效的救助是来自社区自身的救助,因此,社区要做好抵御灾害的准备。

(3)避难生活圈理念。

日本阪神大地震为中国台湾敲响了警钟,中国台湾加强了城市防灾空间的规划并制定了明确的目标:短期建构避难生活圈,规划避难空间和避难道路,建立较为完善的避难体系;中期加强建筑的抗震性能,严格制定建筑的防火规范和建筑的抗震规范;远期统筹规划城市的防灾整体规划和详细规划,增强城市抵御灾害的能力,完善避难生活圈体系。

中国台湾重视避难生活圈的建设,在发生灾害时,避难人群可以在避难生活圈内进行避难而不影响城市功能的运行。其中,中国台北市构建了直接避难生活圈和间接避难生活圈,避难生活圈成为独立的防灾单元,由防火隔离带分隔,可以容纳的避难人口为3万~5万人。

2.2　突发公共卫生事件应急管理理论

2.2.1　公共安全学

1. 公共安全学的基本概念

"安全"在汉语中指"没有危险""不受威胁"或"不出事故"。"公共"指"属于社会的"或"公有公用的",因此,如果把公共安全理解为一种状态,则意味着社会或民众的共同利益没有受到任何威胁或面临任何危险。但公共安全并非抽象的概念,而是随历史、环境的变迁不断改变内容、侧重点与表现形式的概念。一般来说,在保守、封闭、落后的背景下,公共安全涉及的对抗性因素较为单纯,人们较少关注诸如经济、科技、文化等层面的要素。与此相应,政府在维护公共安全方面的努力多表现为带有武装或半武装性质的组织机构,侦缉、镇压等强制行为,以及不同阶级之间的稳固结盟。随着社会的开放、发展,公共安全的构成要素及作用机制趋向复杂,其内涵、外延亦将不断丰富、扩大,传统的对公共安全的理解日显狭隘。随着世界多极化、经济一体化、信息网络化、价值多元化时代的来临,社会构成元素之复杂、矛盾转化之迅速、面临挑战之艰巨均为亘古未见,而且这种趋势还将进一步增强。就公共安全而言,其基本内涵与外延已经或正在发生从量到质的改变。公共安全学是由多学科分化、融合而成的新兴学科,涉及自然、社会、国家、民间的方方面面,也包含政治、经济、文化等多个领域的内容。就学科范围而言,法学、政治学、管理学、经济学等学科中均包含公共安全的内容。其学科体系包括公共安全学基础理论、国家安全学、社会安全学、生产安全学、环境与生态安全学、自然灾害安全学、公共卫生安全学、信息安全学、公共安全应急机制与技术等较高层次的学科。

2. 公共安全学的研究内容

公共安全学的价值在于满足人类社会对安全的需求,在于指导人们用社会法则和自然法则规范人类行为,维护生态平衡,保障人类社会的安全和发展。美国著名的心理学家马斯洛提出了著名的人类心理需求层次论,指出人的第一需求是"生理需要",第二需求便是"安全需要"。安全是人类最基本、最本质的需要之一。

当前非传统安全问题的激增已成为人们关注的重点,也是公共安全学应当研究和解决的重点。非传统安全问题呈现出许多新的特点:一是跨国性,非传统安全问题从产生到解决都具有跨国性特征,不仅是某个国家存在的个别问题,而且是关系到其他国家乃至整个人类利益的问题;二是不确定性,非传统安全威胁不一定来自某个主权国家,而往往由非国家行为体,如个人、组织或集团所为;三是转化性,非传统安全与传统安全之间没有绝对的界限,如果非传统安全问题矛盾激化,有可能转化为依靠传统安全的军事手段来解决的问题,甚至演变为武装冲突或局部战争;四是动态性,非传统安全因素在不断地变化,如随着恐怖主义组织的恐怖袭击行为的不断升级,反恐成为维护国家安全重要组成部分;五是主权性,国家是非传统安全的主体,主权国家在解决非传统安全问题上拥有自主决定权;六是协作性,应对非传统安全问题需要加强国际合作,旨在将威胁减少到最低限度。

2.2.2　公共卫生学

1. 公共卫生学的基本概念

早在 1920 年 Winslow 就对预防医学和公共卫生学给出了一个比较完整的定义:"公共卫生学是一门预防疾病和劳动能力丧失,促进健康和精神卫生,有效地组织社会改善环境卫生,控制传染病、非传染病和损伤,加强个人卫生和健康教育,组织疾病的诊断、治疗和康复服务,发挥社会力量以保证人类健康的科学。"公共卫生学是一门近年来发展迅速的学科,主要涉及行政和卫生管理行为。

2. 公共卫生学的研究内容

公共卫生学的基础是流行病学和统计学。其研究对象不仅在于生病的个体,更在于病人与环境两者之间的互动关系。现在流行的许多社会问题均与公共卫生学有关,其范围涉及人类生活的各个方面。公共卫生学是将医学、社会学和经济学相结合的学科,主要研究方向为生命科学理论与技术,研究内容包括环境因素对人们健康的影响及病因流行病学、营养相关疾病的分子发病机理及预防措施、食物中非营养分子生物学效应以及癌症的化学预防研究、妇女与儿童卫生保健、卫生事业管理、社区卫生服务模式研究等,具体包括劳动卫生与环境卫生的研究、流行病学、预防医学、卫生统计学、毒理学、营养与食品卫生、职业病与地方病、社会医学与少儿卫生、全科医学、卫生与医院管理学、医学伦理与卫生法学等。

如果临床医生是为了挽救生命、恢复其身体健康,公共卫生工作就是要让人们保持健康、远离死亡线,其职能包括传染病预防、公共卫生事业管理、社区医疗服务、流行病学研究等方面。它以公共卫生服务为基础,整体地提高大多数人的健康状况,让人们享受而不是承受生活。在突发公共卫生事件发生时,疾病预防控制中心的工作人员所从事的工作就属于公共卫生学的范畴,如调配医疗资源、控制疾病扩散、具体实施行政指挥部门的政策等。

2.2.3　危机管理学

1. 危机管理学的基本概念

危机管理指对危机事前、事中和事后所有方面的管理,包括:事前建立预警系统,并建立一个通畅的公共信息系统;危机发生后,即事中进行技术上的紧急处理和良好的危机公关;事后对危机发生的原因、过程进行反思,对危机管理系统进行调整,使人们在视觉和心理上恢复或巩固信心。

(1)危机管理的基本职能。

危机管理理论认为,危机处理与对策是现代组织最为关注的,也是耗费人力、物力、精力最多的一个领域。所谓危机管理,指的是组织为应付各种危机情境所进行的信息收集、信息分析、问题决策、计划制订、措施制定、划界处理、动态调整、经验总结和自我诊断的全过程。危机管理分为预防危机、处理危机及评估危机3个阶段,3个不同阶段的基本与具体职能如图2.1所示。

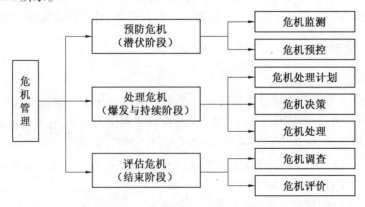

图2.1　危机管理的基本与具体职能

（2）危机管理的过程。

危机管理是一个通过危机预警、危机防范、危机处理，以实现避免、减少危机所产生的危害和损失，并从危机中开拓出发展机遇为目的的过程。危机管理的基本过程一般可划分为以下 5 个阶段：①危机预警和危机管理准备阶段；②识别危机阶段；③隔离危机阶段；④管理危机阶段；⑤处理善后并从危机中获益阶段。其中，每一个具体的阶段都要求危机管理者采取相应的危机管理策略和措施，准确地估计危机形势，尽可能把危机事态控制在一定程度或某一个特定的阶段，以免危机进一步恶化。

（3）危机管理的任务。

突发公共卫生事件危机诱因可以分为以下几类：①自然灾害；②传染病暴发；③食品安全与食物中毒；④生产事故造成公众健康危害事件；⑤环境污染和生态环境改变；⑥生物和生化恐怖主义；⑦扰乱社会治安等违法犯罪行为；⑧其他偶合事件。公共卫生安全的危机管理任务应该包括：做好重大突发公共卫生事件预案；建立通畅的信息网络；建立和完善疾病预防控制体系；建立应急医疗救治体系；建立应急医疗卫生救治队伍和加强国际合作交流。

2.危机管理模式

由于社会、文化背景的不同，各国根据自己的国情形成了不同的灾难医疗管理模式，如美国模式、英国模式、日本模式等，但通常均包含了以下 4 个阶段的工作，即 PPRR 模式：

（1）灾难前预防阶段（Prevention）。

突发公共卫生事件虽有一定随机性和偶发因素，但并非完全不能预测和预防。危机管理理论认为在预防阶段要做好监测预报、制定应急预案。

（2）灾难前准备阶段（Preparation）。

在此阶段要进行预演演练和强化危机教育工作。

（3）灾难暴发期应对阶段（Response）。

在此阶段要做好及时控制和处理，要第一时间识别、有效控制危机的发展并采取综合处理措施。

（4）灾难结束期恢复阶段（Recovery）。

在此阶段要做好物质、精神、社会层面的恢复和重建，并在评估损失的基础上总结经验、调查原因，并提出应对危机所改进意见和建议。

这种灾难医疗管理模式具有普遍的意义，且被广泛应用于各种突发公共卫生事件的医疗救援管理实践中，在突发公共卫生事件的医疗应对中起着至关重要的作用。

2.3 医学相关理论

2.3.1 医院管理学

1.医院管理学的基本概念

医院管理就是按照医院工作的客观规律，对医院工作进行科学管理的理论和技术方法。医院管理学是管理学的一个分支学科，是研究医院管理现象及其发展规律的科学，其目的是要提高医院工作效率和效果。作为一门应用科学,医院管理学为医院的管理实践提供了理论指导。医院管理学的研究对象为医院系统的管理现象和规律,以及医院系统在社会大系统中的地位、功能和制约条件。

医院管理学作为学科体系,可以分为综合理论和应用两个部分。综合理论部分主要研究医院管理思想、原则以及医院管理学的方法论,也就是医院管理学概论(总论),内容包括:医院管理学概念、研究对象、学科体系、发展概况和医院管理职能;辩证唯物主义方法论和现代自然科学方法论——系统论、信息论、控制论在医院管理学中的指导作用和原则;医院的性质、类别、功能、特点、工作方针;医院的历史发展和发展趋势,以及医学社会学等宏观医疗方面的研究。

2. 医院管理学的主要内容

医院管理系统是由若干既互相联系又互有区别的要素所构成的管理整体。医院管理学的主要内容包括人的管理、事(医疗)的管理、信息的管理、物和设备的管理、经济和财务的管理等。

对人的管理的任务是研究医院体制、机构的合理结构,各自的职、权、责及其相互协调,人员的合理配设和合理的智力结构,人员积极性的调动,人员的教育训练和素质的提高等问题的计划与组织工作。

对事的管理主要在于对医疗业务的管理。按照医疗规律,通过计划、组织与控制,使医疗过程诸多要素——医疗人员、医疗机构、医疗技术、医疗设备、医疗物资和医疗信息得到合理的结合和流通,以提高工作效率、提高医疗质量和技术经济效果。医疗业务的管理可分为医疗管理、技术管理及质量管理。医疗管理从功能和部门划分,包括病房管理,门诊、急诊管理,护理管理,医技管理,预防保健管理等。技术管理是指对医疗活动中的技术要素进行计划、组织和发展提高的管理,一般包括医疗技术标准化的管理、医疗技术措施的管理、预防技术的管理、新技术开发和技术建设的管理、科学研究的管理、技术训练和考核的管理等。质量管理是研究医疗质量形成的规律和进行计划、组织、控制以及评价的方法。

对信息的管理是对医院信息情报的特点、信息处理的方法和情报资料工作的管理,包括医院统计、病案管理和资料管理等。

对物和设备的管理包括设备管理和物资管理,这是为使医院医疗活动建立在良好的物质保障基础之上所进行的有计划、有组织和有控制的工作。对物的管理既有经济的方面,又有技术的方面。医院设备管理包括医疗设备管理、建筑设备管理和后勤设备管理。物资管理就是对医疗过程中需要的药品、器材、物品、燃料等的采购、储备、供应、使用等的管理。

对经济和财务的管理则是进行经济核算和成本核算,以较少的财力、物力取得较大的医疗效果,其任务是管好、用好资金,合理地组织收入和支出,保证医疗业务正常开展和发展的资金需要。

2.3.2 急救医学

现代急救医学(Modern Emergency Medicine)或现代急救及灾害医学(Modern Emergency and Disaster Medicine)的产生源于近 50 年来西方发达国家对医疗环境的迫切需求。20 世纪 70 年代以来,由于高科技在世界范围内的迅速渗透,人类的意识和交往思维在深度与广度上达到了新的境界,同时越来越多的院外突发危重急症和意外伤害事故使得急救医学迅速兴起。社会与医学模式的转变,使得现代急救医学在现场救护医学的基础上产生了。

1. 急救医学的基本概念

急救医学,确切地讲,现代急救医学的建立和发展,是对传统的医院内的急诊及包括手术室在内的其他临床科室抢救规范的提高,是对危重症监护病房(Intensive Care Unit)系统救治经验和理论上的完善与支持,更是在广泛的医院外环境昔日简陋的救护技术、装备、经验、理论上的重大发展,同时将通信、运输、计算机技术等纳入医学科学理论及应用的范畴。其主要特点如下:

(1)专业急救机构已由医疗卫生部门扩展到多功能的救护机构,两者相互渗透,具备在现场开展及时有效的脱险救治以及医学救护下运输病人的能力。

(2)专业急救机构由城市、地区单一的若干组织逐步联合协作,形成了城市、地区的急救网络医疗服务系统。

(3)由于上述特点为保险业、旅游业对急救的需求提供了保证,为国际救援机构创造了条件,因而出现了跨洲、越洋、远距离的急救运输的商业性组织。

(4)社会已较全面地评估了现代急救医学与人类生活、生产的关系,尤其是社区服务的出现。社区服务包括重要的社区医疗卫生服务、家庭医生、志愿者中的"第一目击者"的涌现,从而给予现代急救医学有力的支持,其结果不仅扩充了急救体系、资源,更重要的是动员了广大群众参与急救活动。

(5)此起彼伏的"天灾人祸"(包括恐怖事件)以及灾害事故的增多,致使灾害救援医学充实了急救医学的内容,并形成了其院外救援医学的特色,提高了民众的救援意识。

(6)急救医学是由心肺复苏术(CPR)的创立、发展和创伤救护的现场处置的逐步完善,以及院内外急救、急诊学科等构成,涵盖院外急救(灾害医学及医学监护运输),促成了现代急救医学的学科创立。

2. 急救医学的研究内容

急救医学是研究在灾难条件下维护人民群众的身体健康和生命安全、伤病预防和救治的组织工作与技术措施的医学科学,其研究对象是发生灾难(自然灾难和人为灾难)等特定条件和特定环境下的大规模人群,目的是探讨灾难对人员损害的规律,并制定合理的卫生保障方案。其所要解决的问题除医学问题(分类救治)外,还包含社会学、心理学、管理学等方面的内容,其范围具有不可预见性。从概念上可以看出,突发公共卫生事件也可以看成是一种自然或人为的灾难,急救医学完全可以作为完善突发公共卫生事件应对体系的科学理论基础。

2.3.3 预防医学

预防医学的社会作用是预防医学的发展、预防知识的应用及其产生的近期和长期效益都会直接影响社会,它是医学科学重要组成部分之一,在总体上是属于自然科学的一个分支。在我国社会经济快速发展的今天,强调预防医学的社会作用,具有更强的现实意义。

1. 预防医学的基本概念

预防医学是由多门学科组成的一个学科群,其定义是:以人类群体为研究对象,应用生物医学、环境医学和社会医学的理论,使用宏观与微观相结合的方法,研究疾病发生与分布规律以及影响健康的各种因素,制定预防对策和措施,以达到预防疾病、促进健康和提高生命质量为目的的一门学科。"健康是身体上、精神和社会适应上的完好状态,而不仅仅是没有疾病和虚弱",这是世界卫生组织提出的新的健康观念,这一健康观念的提出,标志着医学模式从生物医学模式向"生物-心理-社会"医学模式的转变,对预防医学理论的发展产生了深远的影响。预防医学主要的研究因素包含生物、物理、化学、社会及心理因素,是研究人口与环境、健康与疾病等关系时人类面临的人类健康与生命的本质问题的科类。

2. 预防医学的应用

预防医学的发展给人们的健康带来了极大的利益和好处。"不治已病,治未病,是上医",我国传统医学理论已经提出了预防医学的观点,并影响着一大批专业人员精心钻研,不断为预防医学学科发展而奋斗。一方面,预防医学的影响和作用结果对人们健康水平的提高有长远的意义;另一方面,预防医学的良好发展会促进人口整体素质及智力水平的提高,保护社会生产力,促进和影响我国在经济发展中的国际竞争力。一个国家预防医学的发展水平会影响这个国家的经济、社会发展与民族振兴的步伐,这已经在许多国家的发展实践中得到证明。

现代医学模式转变后,公共卫生事业的发展面临挑战。就公共卫生管理与预防医学而言,重要的问题不在于是否认识到这种模式的转变,或是否接受这种模式的转变,而在于我们对于这一模式的转变给公共卫生事业发展带来的新问题和挑战的认识不足,如在重大传染病防控中,如何与医疗机构更紧密地结合起来,有效控制传染源、切断传播途径;在卫生监督工作中,如何更多地依靠法律、政策和社会力量,防范或减少职业病伤害、群体中毒、意外伤害,保障食品安全,减少严重公共卫生事件发生;如何从生物、心理、社会因素出发,对疾病预防和健康维护进行综合性的研究。伴随死因谱、疾病谱的变化和社会老龄化趋势,社区居民的卫生保健需求发生了变化。如何从多方面、多层次、多角度积极主动地开展与之相对应的各项公共卫生服务,包括服务的内容、范围、方式等都是公共卫生事业发展中的重要课题。

我国已建立并正不断完善市场经济体系,加入世界贸易组织后,这一进程迅速加快。建立和不断完善与市场经济体制相适应的预防医学及公共卫生工作、管理体系及运作机制,已成为新世纪预防医学与公共卫生事业发展的一个重要内容。建立新的卫生监督、检测体系,完善卫生管理运作机制,不仅仅是卫生体制改革的重点,也是卫生健康事业适应社会经济发展的客观需要。

公共卫生事业可在公益事业的基础上,适当开展面向市场的预防医学卫生服务。在法定范围内积极主动地走向市场、走进市场,提高工作效率与效能,满足居民维护健康的需求,如生产和生活环境有害因素的检测与鉴定;病因探索、健康监护、预防保健知识与技术咨询和培训;健康水平的维护与提高、健康教育与促进、疾病的控制等。要考虑各相关因素,探索预防保健、疾病控制等工作的经济补偿机制,如社区健康保险、社会福利补偿、政府公益投入、社区综合管理等。要建设一支高素质的预防医学人才队伍。社区卫生服务应该成为预防医学与公共卫生事业发展的重要组成部分。

3. 预防医学的发展趋势

(1)向社会预防为主的方向发展。

随着生产力的提高和社会的进步,医学模式从生物医学模式向"生物-心理-社会"医学模式转变,人们认识到预防疾病、促进健康在更大程度上依赖于社会。要实现"人人享有卫生保健"的目标,必须使医学更加社会化。所谓社会化,是指全社会都把健康作为社会目标和人的基本权利,把对健康的投资作为基本建设投资,把卫生建设与物质文明和精神文明建设结合起来。事实证明,许多疾病,如高血压、糖尿病、肿瘤等慢性病,只有通过广泛深入的健康教育和个人合理的生活方式以及公平合理的社会医疗保险制度,才能达到减少发病和早期发现、早期治疗,确保人人健康的目的。如何引导群众合理消费,接受健康的生活方式,有赖于广泛、深入地进行健康教育。将健康教育放到战略高度去考虑,也是预防医学社会化的一项重要任务。

(2)防治结合,向促进健康、提高生活质量和人口素质的方向发展。

预防医学和临床医学本是同一医学群体,但当前预防医学和临床医学之间处于分裂和脱节的状态。随着国民经济和人们文化水平的提高,群众不仅要求有病能及时得到治疗,而且要求懂得防病和保健的知识,以提高自我保健能力。群众需要防治结合的全科医生和专科医生,因此预防医学和临床医学的结合是医学发展的必然趋势。

(3)环境与健康问题将成为预防医学的热点。

21世纪人类面临4大问题:人口爆炸、环境污染、能源匮乏与疾病控制。环境污染问题已引起各级政府和广大群众的关心,但治理和保护环境却是十分艰巨、长期的工作,既需要高新技术,也需要全社会的积极参与。预防医学应积极参与对环境与健康问题的解决,特别是对环境中有害因素的允许量和消除方法,以及环境中微量有害因素长期危害性的研究。

(4)更加重视心理、精神和行为因素对健康的影响。

心理应激对健康影响很大,美国一项对大学医学院的调查资料显示,48名癌症患者都具有共同的心理特点:内向、抑郁、隐蔽着愤怒和失望。当前医学的发展趋势,一方面从治疗扩展到预防,另一方面从生理扩展到心理。专家预测,21世纪心理学有可能继分子生物学之后,成为医学中的带头学科。

　　预防医学理论的思想强调防御优先,无论是何种灾害,在其发生前、发生后立即采取对策,目的十分明确,即直接挽救生命、保护财产安全。目的达到与否,取决于防御措施的完善程度。依照防御、减轻灾害的目的,"预防为主"是根本的指导思想,不能等到灾害造成损失之后才下决心去弥补,而要立足政府权威、社会等各个层面,特别是决策者,应了解减灾工作的潜在效益,重视灾害发生之前采取的行动。

第3章　医疗建筑机构及应急职能

3.1　应急指挥协调中心

应急指挥协调中心的组成包括各级政府和相关政府部门,主要负责指挥协调社会各方力量,处理危机。政府设立公共卫生应急指挥部,由高级别行政长官担任指挥长,有关政府部门选派部分领导作为指挥部成员参加。指挥部依预案启动工作,依分工开展工作。各级卫生行政部门设置应对公共卫生危机常设机构,平时负责抓好公共卫生体系的建设与管理,发生公共卫生事件时作为政府常设的公共卫生指挥部的办事机构和决策咨询机构,代表政府行使指挥职权。

3.1.1　综合应急决策指挥

建立权威的指挥体系是应对突发公共卫生事件的前提。在突发公共卫生事件发生后,政府能否控制和处理其的关键在于能否及时统一领导、统一指挥。应急指挥系统是一个平时灾时结合的综合性应急平台,满足突发公共卫生事件应急工作从准备到收尾阶段的业务需求。突发公共卫生事件应急处置流程包括预防监测、预警准备、快速反应、收尾恢复、总结改进。根据我国社会经济发展实际需要,建设突发公共卫生事件应急指挥体系,包括领导决策、指挥协调、监控督查和执行运作4方面的职能。在党中央、国务院及地方政府的领导下,成立突发公共卫生事件应急指挥中心,设在卫生行政部门,作为应对突发公共卫生事件的常设机构。

1. 系统构成

突发公共卫生事件应急指挥系统是一种综合性、整体性、系统性的危机管理应用系统,可由以下5个部分构成整体框架,如图3.1所示。

(1)应急指挥中心。

应急指挥中心是应急指挥的最高指挥决策中心。

(2)应急指挥系统综合管理平台。

应急指挥系统综合管理平台搭建在电子政务基础平台之上,为应急指挥中心提供应用平台。

(3)电子政务基础平台。

电子政务基础平台包括网络平台和应用平台,为应急指挥系统综合管理平台和各个专业应急指挥子系统提供安全、高效、标准的数据采集或分发通道。

（4）专业应急指挥子系统。

专业应急指挥子系统为各个突发公共卫生事件提供专业、科学的专业预案和基本的数据采集以及数据标准化处理。

（5）决策实施服务子系统。

决策实施服务子系统是应急措施的最直接的执行单元，可以通过相关接口把实时数据反馈到专业应急指挥系统和实况数据系统中。

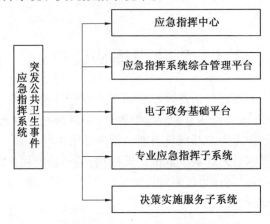

图3.1 突发公共卫生事件应急指挥系统构成图

2. 系统职能

（1）事件发生前的预防职能。

①组织机构的建立。

在不同级别上，灾害各阶段涉及的部门在灾前准备工作中要互相协作，这样才能实现降低系统脆弱性的总体目标。国家级和次国家级的应急指挥系统应具备下列职能：a.提供具有指导性、一致性的灾害管理方案；b.规定部门行动的通用参考标准；c.明确各级部门组织的职责；d.为协调行动提供基础；e.为检查和评估的需要做出计划安排。

②制定政策与明确职权。

应对突发公共卫生事件的指挥机构，在应急体系中应行使以下职权：a.行政紧急立法权，在紧急状态下，为了维护社会治安、公共秩序，出于有效贯彻相关紧急举措的需要，可以有在无法律依据的情况下出台相关法规的权力；b.行政紧急强制权，指行政主体在紧急状态下，为了维护社会治安、公共秩序或保护公民人身健康与安全，对人的人身或财产采取紧急性、即时性强制措施的权力；c.应急性相关制度，为了保证在紧急状态时期政府所行使的紧急权力可以纳入法治的范围内，在宪法中明确规定紧急状态制度，同时应当制定统一的紧急状态法来详细规范在紧急状态时期政府与公民之间的关系，以保障政府在紧急状态下充分、有效地行使行政紧急权力，保障公民的一些基本权利不因紧急状况的发生而受到侵害。

③灾害危害性预测。

对于灾害承受综合能力的评估，也称为危险度分析或威胁分析，其目的是确定对突发公共卫生事件的预防和响应能力，是灾害处理过程中极为重要的前期步骤，可为发展规划中降低甚至消除灾害危害性提供方案,能更有效地落实突发公共卫生事件的预防、减缓和准备措施。一般通过市政设施系统、环境卫生系统、社区安全、建筑安全等方面的分析研究进行科学的评估。

④制订应急计划。

应对突发公共卫生事件的应急计划应体现关于突发公共卫生事件的国家卫生政策,各级行政机构都应制订相应的计划。每一级制订的计划都与其他级的计划相关联,以产生从国家到地方的各级协调计划。

(2)事件发生时的应急响应职能。

①评估决策。

在紧急突发情况下,应快速进行初始评估,以给出启动适当响应所需的资料,即提供指挥系统做出决策的依据。在紧急情况已经有些缓和的情况下,需要进行更为详细的评估,为监测和管理的长期措施进行适当准备。

②组织撤离。

撤离是针对突发公共卫生事件预防、应急准备和应急响应的重要组成部分,其职能是把人员在第一时间从受灾地区暂时转移到安全地区。

③及时救助。

突发公共卫生事件应急指挥系统将在事件发生期间调动医院、救援中心、急救站和临时卫生设施形成高效的救助设施,在应急中展开救援活动。

(3)事件发生后的恢复重建职能。

①制订恢复计划。

在汇集所有灾害信息的前提下,在发生公共卫生事件后提出具有指导性的恢复计划。对于继发危害反应的监测可以揭示出,在恢复阶段更应该加强或促进应对机制的建设与完善。

②从救援到恢复的过渡。

在救援与恢复之间没有分界线,更重要的是,要强调突发公共卫生灾害管理循环是一个不间断的人为行动链,可能会有重叠。事件过后,国家通常会引进新的保障系统、建立新的组织、加强准备和改进应急响应的协作,以促进卫生安全。

③继发危害评估。

初始危害评估包括对死亡、疾病的快速估计,以确定损失程度,而继发危害评估主要关心的是初始危害对受害者经济、社会和文化生活的影响。

3.1.2　突发公共卫生事件预防控制

1. 国外突发公共卫生事件预防控制

美国和英国是国际上疾病预防控制体系建立较早、体系相对完善的两个国家。其中,美国疾病预防控制体系成立于1946年,隶属于国家卫生部,其主要职能包括制定全国性的疾病控制和预防战略、公共卫生监测和预警、突发事件应对、资源整合、公共卫生领域管理者和工作人员的培养等。美国疾病控制和预防中心(图3.2)是疾病预防控制体系中的主要机构,也是整个突发公共卫生事件应对系统的核心和协调中心,其组织结构如图3.3所示。

图 3.2　美国疾病控制和预防中心

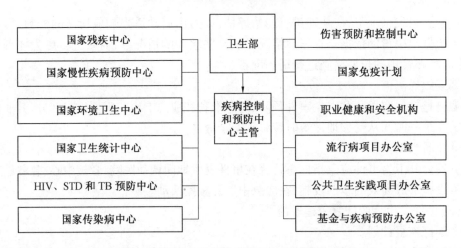

图 3.3　美国疾病控制和预防中心的组织结构图

英国国家卫生服务体系(National Health System,NHS)组建于 1948 年,是当前欧洲最大的健康卫生组织,也被公认为是全世界最好的卫生服务体系之一。NHS 实行分级保健制:一级保健称为基础保健,是 NHS 的主体,由家庭诊所和社区诊所等构成,NHS 资金的75%用于这部分;二级保健是指医院,负责重病和手术治疗以及统筹调配医疗资源等。在体系规划中,该体系充分考虑了应对突发公共卫生事件的能力。

NHS 急救机构要求能够确认没有设定急重症设置的地区,并可以保证在发生急重病症时为这些区域提供足够的急症护理,包括在急救医院中设置手术部的苏醒休息室、重症护理单元或者加强护理病床等。

在专门的 NHS 急救医院、普通医院的急重症病房和其他非急救单元设计中应该优先考虑急重症病床的便捷性。为紧急事件做的规划或者在紧急事件中病人规模超过了普通重病护理规模时,每一处具备重症护理资质的 NHS 急救机构必须逐步增加二级(较重)、三级(重症)护理的床位数,并保证其至少是普通病床数的 2 倍,以满足对突发公共卫生事件的医疗救助。从 2002 年 10 月起,由基本医疗委托机构(Primary Care Trusts,PCT)负责突发公共卫生事件的处理,与其他各部门协调开展各项工作。其中,卫生部负责宏观管理、进行部门间协调、提供建议意见、提出处理对策等;健康与社会护理委员会负责与NHS 协作,为地区政府提供技术支持以及协调地区之间的行动;地方战略卫生局负责联系卫生部和 NHS、管理 NHS 的地方性工作、执行 NHS 和 PCT 的各项计划等；PCT 是整个体系的核心，负责制订处理计划、启动和支持应急行动、动员社区资源、支持 NHS 的医院及基础设施的建设工作等；NHS 负责制订及时的紧急事件处理计划、向突发事件现场提供流动医疗组、接收处理伤员等。

2. 我国突发公共卫生事件预防控制

我国现行的卫生管理体制是在计划经济体制下建立起来的，沿用了苏联体制下封闭式的医疗运营方式。国家包办一切，政府管理权力高度集中，包揽了全社会卫生事务的管理与服务。这样的卫生管理体制是与部门、地方、行政隶属关系紧密相连的。这种卫生管理体制对于我国在较短的时间内形成遍布城乡的医疗卫生服务网，取得令人瞩目的成就，曾经发挥了积极的作用。然而这种明确的条块分割的管理和运行模式，对于应对突发公共卫生事件的协同运转存在着一定的问题。连续发生的突发公共卫生事件，使我国公共卫生的观念、机制和应急能力受到了严重挑战，显现出我国现行疾病预防控制体制存在的问题与不足，对我国的疾病预防控制体系提出了适应新时期的运行要求。

（1）体系构成。

疾病预防控制体系是一个由不同行政级别、业务体系的功能单位协作构成的功能系统。如果其各层次、各单位职责分明，信息畅通，可以形成一个有力保障体系，其体系构成图如图 3.4 所示。

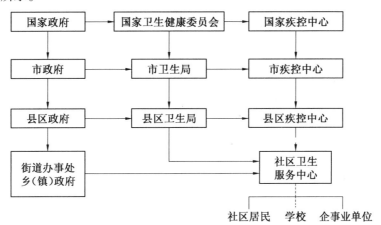

图 3.4 疾病预防控制体系构成图

我国疾病预防控制体系建设的重点是：①加强国家、省、设区的市、县级疾病预防控制机构和基层预防保健组织建设，强化医疗卫生机构疾病预防控制的责任；②建立功能完善、反应迅速、运转协调的突发公共卫生事件应急机制；③健全覆盖城乡、灵敏高效、快速畅通的疫情信息网络；④改善疾病预防控制机构基础设施和实验室设备条件；⑤加强疾病预防控制专业队伍建设，提高流行病学调查、现场处置和实验室检测检验能力。

从中央到地方均要设立直属政府领导的公共卫生应急办公室，在突发事件应急机制建设的系统工程尚未基本建成之前，针对所需，负责某些优先事项和全局事项，在突发事件到来之际，迅速转成突发公共卫生事件应急指挥中心。只有建立这样的管理指挥系统，才能迅速、有效地对各类突发公共卫生事件及时做出响应。

上述指挥机构属于常设机构,平常不定期研究应对突发公共卫生事件重大问题,做到未雨绸缪,防患于未然。突发公共卫生事件发生后的工作,应使常设机构应急启动。同时,应建立一个由公共卫生、法学、社会学、经济学等多学科、多领域专家组成的咨询小组,为该机构决策提供科学依据。地方各级人民政府也要设立相应的指挥协调机构,在应对突发公共卫生事件中,按照属地原则,由事件发生地党委、政府集中统一领导。

(2)体系职能。

我国疾病预防控制机构分为国家级、省级、设区的市级和县级4级。各级疾病预防控制机构根据疾病预防控制专业特点与功能定位,以及本地区疾病预防控制的具体实际,明确职责和任务,合理设置内设机构。疾病预防控制机构必须健全机制,规范管理,认真履行自身的职责,在各自的职责范围内开展疾病预防控制工作。疾病预防控制机构的职能是:疾病预防与控制、突发公共卫生事件应急处置、疫情报告及健康相关因素信息管理、健康危害因素监测与干预、实验室检测分析与评价、健康教育与健康促进、技术管理与应用研究指导;掌握医疗机构疾病和突发公共卫生事件监测报告;监测评估医院感染控制效果;督促指导传染病隔离治疗;免疫预防相关工作;医疗机构职责范围内疾病预防控制工作的指导和考核。

①国家级疾病预防控制机构的主要职责。

实施全国重大疾病预防控制工作规划,开展质量检查和效果评估;组织实施全国性重大疾病监测、预测、调查、处理,研究全国重大疾病与公共卫生问题发生发展规律和预防控制策略;建立突发公共卫生事件监测与预警机制,指导和参与地方传染病疫情和重大突发公共卫生事件调查处理,参加特大突发公共卫生事件的处理工作;开展免疫规划策略研究和实施效果评价,对预防性生物制品应用提供技术指导;建立质量控制体系,促进全国公共卫生检验工作规范化;负责国家疾病预防控制实验室网络技术管理和菌毒种保存管理;建立国家级疾病预防控制信息网络平台,管理全国疫情、突发公共卫生事件和健康危害因素等相关公共卫生信息网络;建立食品卫生安全、职业卫生、放射卫生和环境卫生等公共卫生危险性评价、监测和预警体系,研究和推广安全性评价新技术、新方法;组织实施国家健康教育与健康促进项目;承担卫生行政部门委托的与卫生监督执法相关的检验检测及技术仲裁工作,负责指导全国职业病诊断鉴定工作;负责疾病预防控制高级专业技术人员技术培训和省级疾病预防控制机构业务考核;为各级疾病预防控制机构指导医疗机构开展传染病防治工作提供规范性指导;开展疾病预防控制应用性科学研究,开发和推广先进技术;拟订国家公共卫生相关标准。

②省级疾病预防控制机构的主要职责。

完成国家下达的重大疾病预防控制的指令性任务,实施本省疾病预防控制规划、方案,对重大疾病流行趋势进行监测与预测预警;实施辖区免疫规划方案与计划,负责预防性生物制品的使用与管理;开展疫苗使用效果评价,参与重大免疫接种异常反应及事故处置;组建应急处理队伍,指导和开展重大突发公共卫生事件调查与处置;开展病原微生物检验检测及毒物与污染物的检验鉴定和毒理学检验,负责辖区内疾病预防控制实验室质量控制;建设省级网络信息平台,管理全省疫情及相关公共卫生信息网络;组织开展公共卫生健康危害因素监测,开展卫生学评价和干预;按照国家统一部署,组织开展食品卫生、职业卫生、放射卫生和环境卫生等领域危险性评价、监测和预警工作;承担卫生行政部门委托的与卫生监督执法相关的检验检测及技术仲裁工作,承担辖区内职业病诊断鉴定工作;指导全省健康教育与健康促进和社区卫生服务工作;开展对设区的市级、县级疾病预防控制机构的业务指导和人员培训;组织实施设区的市级、县级疾病预防控制机构业务考核;规范指导辖区内医疗卫生机构传染病防治工作;参与开展疾病预防控制应用性科学研究,推广先进技术;参与拟订国家公共卫生相关标准。

③设区的市级疾病预防控制机构的主要职责。

完成国家、省下达的重大疾病预防控制的指令性任务,实施疾病预防控制规划、方案,组织开展本地疾病暴发调查处理和报告;负责辖区内预防性生物制品管理,组织、实施预防接种工作;调查突发公共卫生事件的危险因素,实施控制措施;开展常见病原微生物检验检测和常见毒物、污染物的检验鉴定;开展疾病监测和食品卫生、职业卫生、放射卫生与环境卫生等领域健康危害因素监测,管理辖区疫情及相关公共卫生信息;承担卫生行政部门委托的与卫生监督执法相关的检验检测任务;组织开展健康教育与健康促进活动;负责对下级疾病预防控制机构的业务指导、人员培训和业务考核;指导辖区内医疗卫生机构传染病防治工作。

④县级疾病预防控制机构的主要职责。

完成上级下达的疾病预防控制任务,负责辖区内疾病预防控制具体工作的管理和落实;负责辖区内疫苗使用管理,组织实施免疫、消毒、控制病媒生物的危害;负责辖区内突发公共卫生事件的监测调查与信息收集、报告,落实具体控制措施;开展病原微生物常规检验和常见污染物的检验;承担卫生行政部门委托的与卫生监督执法相关的检验检测任务;指导辖区内医疗卫生机构、城市社区卫生组织和农村乡(镇)卫生院开展卫生防病工作,负责考核和评价,对从事疾病预防控制相关工作人员进行培训;负责疫情和公共卫生健康危害因素监测、报告,指导乡、村和相关部门收集、报告疫情;开展卫生宣传教育与健康促进活动,普及卫生防病知识。

3.1.3　突发公共卫生事件应急救治

在突发公共卫生事件发生后,快速救治受到危害的群众和控制疫情的扩散是应急工作的首要任务,应急医疗救治体系承担着及时挽救生命、恢复生命健康的艰巨任务,具有时间性强、现场任务重的特点。我国现行医疗救治体系存在的主要问题包括:救治机构基础设施条件相对落后,装备水平不高,技术力量薄弱,人才短缺,应急反应和救治能力不强;救治机构布局不合理,东西部之间、城乡之间差距较大,大多数医疗救治资源集中在中、东部地区城市;医疗救治管理体制不顺,条块分割,管理(事)权划分不清,力量分散,难以形成区域内资源优势互补的合力,整体运行效率不高;医疗救治体系和疾病预防控制体系各自独立运行,缺少信息沟通与工作协调,不能及时预测、预警和进行有效处置。因此,抓紧制定和实施医疗救治体系建设规划,切实提高应对突发公共卫生事件的医疗救治能力,十分重要而迫切。

1. 美国大城市医疗应对体系

在应急医疗救治体系的构成上,美国在 1996 年开始执行大城市医疗应对体系(Metropolitan Medical Response System,MMRS)计划,其主要目的是建设或强化现有的突发事件应对体系,从而确保对公共卫生威胁做出及时有效的反应(图 3.5)。通过充分的准备和良好的协作,当地执法部门、消防部门、危险物质处理部门、特快专递机构、医院、公共卫生机构以及其他的"第一反应"人员,将在突发公共卫生事件发生的 48 小时内做出有效的应答。

图 3.5　美国 MMRS 体系作用示意图

2. 我国应对突发公共卫生事件的应急医疗救治体系

(1)体系结构。

我国应对突发公共卫生事件的应急医疗救治体系框架由应急医疗救治机构、应急医疗救治信息网络和应急医疗救治专业技术队伍 3 个方面组成(图 3.6)。

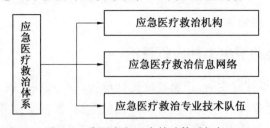

图 3.6　我国应急医疗救治体系框架

①应急医疗救治机构。

应急医疗救治机构包括急救(紧急救援中心和医院急诊科),传染病救治,职业中毒、核辐射救治等机构。

a. 紧急救援中心。直辖市、省会城市和地级市建立紧急救援中心,原则上独立设置,也可依托综合实力较强的医疗机构。紧急救援中心接受本级卫生行政部门委托,指挥、调度本行政区域内医院的急救资源,开展伤病员的现场急救、转运和重症病人途中监护。直辖市和省会城市的紧急救援中心在紧急状态下,经授权,具有指挥、协调全省(直辖市)医疗急救资源的职能。必要时,紧急救援中心可以与公安、消防等应急系统联合行动,实施重大突发公共卫生事件的紧急救援。县级紧急救援机构一般依托综合力量较强的医疗机构建立,负责服务区域内伤病员的现场急救、转运和医院内医疗救治,向上级医院转诊重症病人,必要时接受所在市紧急救援中心指挥。边远中心乡(镇)卫生院负责服务区域内伤病员的转运。

b. 医院急诊科。在直辖市、省会城市和地级市,根据需要选择若干综合医院急诊科纳入急救网络,负责接收急诊病人和紧急救援中心转运的伤病员,提供急诊医疗救治,并向相应专科病房或其他医院转送。突发公共卫生事件发生时,接受所在市紧急救援中心指挥、调度,承担伤病员的现场急救和转运。

c. 传染病救治机构。传染病救治机构包括传染病医院、医疗机构传染病病区和传染病门诊(含隔离留观室)或后备医院。在几个经济发达的特大城市建设集临床、科研、教学于一体的突发公共卫生事件医疗救治中心;其他直辖市、省会城市、人口较多的地级市原则上建立传染病医院或后备医院;人口较少的地级市和县区原则上指定具备传染病防治条件和能力的医疗机构建立传染病病区。地市级传染病医院(病区)承担防治任务,负责传染病疑似病人、确诊病人的集中收治和危重传染病病人的重症监护。直辖市和部分省会城市、中心城市传染病医院还要具有传染病救治领域的科研、专业技术人员培训和区域内技术指导职能;县级传染病病区,要具备收治一定数量常见传染病人的条件,并具备对烈性传染病隔离观察的能力,对重症患者及时转诊;中心乡(镇)卫生院设立传染病门诊和隔离留观室,对传染病可疑病人实施隔离观察和转诊。

d. 职业中毒、核辐射救治基地。建立完善职业中毒医疗救治和核辐射应急救治基地,承担职业中毒、化学中毒、核辐射等突发公共卫生事件的集中定点收治任务。

②应急医疗救治信息网络。

传播速度快的重大流行性疾病暴发时,快速精确的信息沟通对于疾病的有效控制和积极研究是至关重要的,因此,研究机构、急诊室、医护人员、医院、医药公司、公共卫生机构之间必须建立起快速明确的信息互通机制。医疗救治信息网络包括数据交换平台、数据中心和应用系统。通过统一的公共卫生信息资源网络,实现医疗卫生机构与疾病预防控制机构和卫生行政部门之间的信息共享。

医疗救治信息系统分为中央、省、地市3级。通过购置硬件设备、系统软件、应用软件及培训人员等建设如下内容:a. 统一的技术标准和管理规范;b. 中央、省、地市3级数据中心;c. 依托国家卫生网和公网实现中央、省、地市和县区4级医疗救治数据中心、医疗机构的网络连接;d. 应急医疗资源(含专家)管理、病情统计分析、应急响应与培训、综合统计查询等应用系统、信息发布系统、医学情报检索系统;e. 医疗资源、病情与救治活动资料、应急救治专家和医疗救治地理信息等4个数据库;f. 安全保障系统和相关配套环境。

③应急医疗救治专业技术队伍。

省、地市两级政府应从当地医疗机构抽调高水平的医疗技术人员,建立应对突发公共卫生事件的医疗救治专业技术队伍。其组成人员平时在原医疗机构从事日常诊疗工作,定期进行突发公共卫生事件应急培训、演练,突发公共卫生事件发生时,接受政府卫生部门统一调度,深入现场,承担紧急医疗救援任务。

国家卫生健康委员会统一制订医疗救治专业技术培训计划并编写教材,并按区域指定具备条件的紧急救援中心和传染病医院作为医疗救治培训中心,负责医疗救治专业技术队伍的培训工作,力争 2~3 年完成全员培训,并使培训工作制度化、规范化。在这方面,美国联邦政府的做法值得借鉴,其在各州、市建立灾害医学救援培训基地,采取循环培训的方式,每年都对从事紧急救援工作的人员进行两级的强化培训,同时对一些自愿参加者也进行培训,不断提高全国的应急救援能力。

(2)体系职能。

①调整医疗救治资源结构,促进合理布局。

整体上改变医疗救治条件落后的面貌,较好地适应现代医疗服务的要求。在几个经济发达的特大城市建立国内领先、与国际水平接轨的一流医疗救治基地,在临床、科研、教学工作中发挥中心指导作用。地市级医疗救治机构基础设施均符合应对烈性、重大传染病的标准,并较大程度地提高医疗设备的现代化装备水平。通过重症患者监护病房和负压病房的设立、急救网络的完善、信息系统的应用等,提高医疗救治体系的应急反应能力,为有效提高治愈率、降低病死率提供保障。

②增强突发公共卫生事件应对能力,提高救治水平。

将应急医疗救治系统与日常医疗救治系统建设成为医疗体系并存的系统,是医院建筑必须具备的。在平时日常的医疗体系运行过程中,应急医疗体系隐含其中或部分运行;当突发公共卫生事件发生时,应急系统开始全面运行,这就要求医院建筑有完备的双重功能系统,在特殊的情况下即时转换或同时有效地运行。

此外,加强保障建设是应急医疗建设的基础,主要包括医疗保障、通信保障、功能保障、生活保障和抚恤保障等。建设绿、蓝、黄、红 4 级应急医疗预警机制,预警状态由所在地人民政府或被授权的卫生行政主管部门负责通过新闻媒介向外发布。定期进行应急医疗救治预案演练,实施抢救预案的基本程序和主要原则是:a.迅速了解灾难或灾害的初始情况和动态发展的变化情况,主要是地点、原因、伤亡和当地医疗机构的具体情况;b.全体人员进入临战状态,终止休假和正常休息,迅速集结,做好出发前的一切准备;c.检查待用和储备的应急医疗设备、器械、药品、车辆和通信器材等;d.各级领导和相关部门针对事态发展、上级要求和伤亡情况等,按照抢救预案的基本原则和基本要求做出相应决策和具体部署;e.各部门在实施抢救预案的过程中要注意相互配合和支持;f.及时了解、反馈应急预案和抢救工作开展的情况以及所存在的问题,根据所了解的情况及时调整相关工作;g.注意协调日常急救和重大抢救之间的关系;h.抢险救灾工作结束后要及时进行清理归位、统计上报和总结讲评;i.抢救工作恢复到正常的运行状态和预备状态。

3.1.4　突发公共卫生事件运行模式

系统的运行过程是不断调控的过程。按照系统控制论的观点,专业技术系统作为上级协调器,通过不同手段对各局部控制器进行协调控制;下级局部控制器分别对相应的子系统进行局部调控。在整个系统中,调控的对象是每个子系统的运行状态。目前,我国大部分的突发公共卫生事件或灾害(如洪水、地震、火灾等)的应急响应大多是由特定部门和行业完成的,功能单一,不能从整体上协调其他部门运作。突发公共卫生事件应对系统的运行必须通过对子系统的协调控制,将各子系统纳入到一个统一的、协同运转的系统中,实行全局范围联动,从而保证对突发公共卫生事件做好有效预防和准备,并在第一时间内实施应急救援。突发公共卫生事件应对系统的调控组织结构如图 3.7 所示。

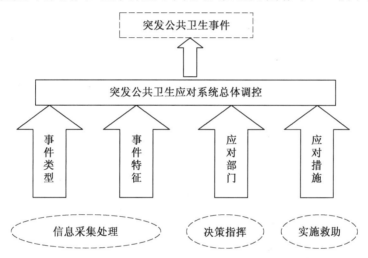

图 3.7　突发公共卫生事件应对系统的调控组织结构

突发公共卫生事件的应对系统包括很多部门和控制目标,是一个复杂的大系统,单一的运行模式满足不了要求。实际运行和管理操作可采用多种控制下的运行模式:

①闭环控制。

用受控对象的输出信息,通过反馈装置反馈给控制对象进行控制,它构成了一个闭合回路,对于一些无法预测的突发性灾害,如火灾、爆炸、毒气泄漏、重大交通事故等,应采取闭环控制,而灾害发生后的输出信息,则通过反馈信息网络反馈给灾害防治系统进行处理。

②开环控制。

不带反馈回路,其控制过程不需要被控对象的输出信息,只使用外来控制信息起控制作用,对一些可预测、预报的自然灾害,如风灾、水灾、地震、雪灾等,可采用开环控制,根据预测的信息,在灾害还没发生作用前就由灾害防治系统进行控制。

③前馈-反馈控制。

对于一些自然灾害信息,往往很难准确预料,而且不能阻挡其发生,因此只有开环控制是不够的,在灾害发生后,要根据灾害具体情况的反馈信息进一步控制,这时就需要前馈-反馈控制。

突发公共卫生事件的应对系统可由这3种基本控制方式进行综合控制,各运行模式有其使用的范围且从不同的角度交叉协调,组成一个有机的灾害控制网络。系统的组成要素是否合理以及各个要素的职能能否充分发挥,是整个系统能否有效运行的关键。建立各要素与其职能之间有机的关联,完善系统的运行机制是系统整体运行的基础。对突发公共卫生事件的应对流程是系统中各要素按照一定程序协同工作的过程(图3.8)。

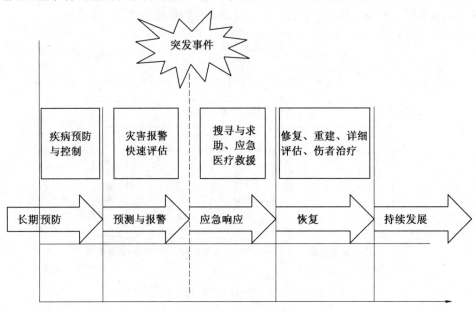

图3.8　突发公共卫生事件应对流程

系统的行为不仅依赖于其各组成部分即子系统本身的特性,更取决于后者之间的相互作用顺序和方式,即系统的结构。医疗建筑是构成系统的重要因素,明确其职能并在系统运行的各个环节充分发挥作用,是专业技术系统控制的重要内容。突发公共卫生事件的种类与应对的医疗机构及职能见表3.1。系统应具有自我组织的能力,即根据环境条件的变化或系统发展目标的转移,受控系统能自动地改变自身的内部结构以适应外界环境的变化,或者有利于达到系统演化的新目标。

在新的社会历史环境下,有效应对突发公共卫生事件是系统建构的行为目标。重大突发公共卫生事件和灾害暴露了我国医疗救助系统和灾害应急系统的问题,系统的合理结构以及系统的优化运行是充分发挥系统作用的关键技术。

对突发公共卫生事件的应对是一个复杂的社会系统工程,具有大系统的典型特征,即规模庞大、结构复杂、功能综合、影响因素众多,并具有不确定性。

表 3.1　突发公共卫生事件的种类与应对的医疗机构及职能

名称	事件类型	事件特征	主要应对部门	主要应对措施
重大传染病疫情	原发	有明确传染源、症状明显、传播速度快，产生感染源	疾病预防控制中心、传染病医院	控制感染源防止传播蔓延、隔离病患、疾病医治
群体性不明原因疾病	原发	病因及症状不明确，传播速度快，产生感染源	疾病预防控制中心、传染病医院	查明病源、控制感染源防止传播蔓延、隔离病患、疾病医治
重大食物和职业中毒	原发	症状一致，致病因明确	急救中心、职业中毒中心	查明中毒源、确定性质、实施医疗救助
地震	次生	受灾人群主要为外伤、内器官挤压伤，易产生感染源，诱发多种传染性疾病	院前救援、急救中心、疾病预防控制中心、传染病医院	现场救援、转移伤患、次生灾害预防、医疗救治
飓风	次生	受灾人群主要为外伤	院前救援、急救中心	现场救援、转移伤患、医疗救治
火山爆发	次生	受灾人群主要为外伤、烧伤	院前救援、综合医院	现场救援、转移伤患、医疗救治、防止烧伤感染
水灾、海难	次生	受灾人群主要为外伤、溺水，易产生感染源	院前救援、综合医院、疾病预防控制中心、传染病医院	现场救援、转移伤患、次生灾害预防、医疗救治
旱灾、酷热	次生	易诱发多种疾病，易产生感染源	综合医院、疾病预防控制中心、传染病医院	确定疾病性质、预防控制有害病菌滋生蔓延、隔离传染性疾病、医疗救治
寒潮、雪灾	次生	受灾人群主要为冻伤、外伤	院前救援、综合医院	现场救援、转移伤患、医疗救治
空难	次生	受灾人群主要为外伤、烧伤	院前救援、急救中心、综合医院	现场救援、转移伤患、医疗救治、防止烧伤感染
火灾、爆炸	次生	受灾人群主要为外伤、烧伤	院前救援、综合医院	现场救援、转移伤患、防止烧伤感染、医疗救治
核泄漏、核辐射	次生	伤者主要为皮肤烧伤，易损坏人体器官或诱发其他疾病，治疗过程长	疾病预防控制中心、传染病医院、专业医院	人员安全防护、确定伤病性质实施分类救治
生物、化学事故	次生	易损坏人体器官或诱发其他疾病	疾病预防控制中心、传染病医院、专业医院	人员安全防护、确定伤病性质实施分类救治
恐怖威胁	次生	多种伤害	综合医院、疾病预防控制中心、传染病医院	人员安全防护、确定伤病性质实施分类救治
道路交通事故	次生	受灾人群主要为外伤、内器官挤压伤	院前救援、急救中心、综合医院	现场救援、转移伤患、医疗救治
战争	次生	多种伤害	院前救援、急救中心、综合医院、疾病预防控制中心、传染病医院、专业医院	现场救援、转移伤患、人员安全防护、确定伤病性质实施分类救治、防止次生灾害

3.2 疾病预防控制中心

"疾病预防控制中心",源自于美国防治各项病害的机构名称。现阶段,我国已经构建了自己的疾病预防控制中心,而且在各个省份均有与之对应的分部。我国疾病预防控制中心是由政府举办的实施国家级疾病预防控制与公共卫生技术管理和服务的公益事业单位。

而在整个防控突发传染病的网络体系中,疾病预防控制中心是最为重要的一环,起着"大脑"和"神经中枢"的作用。

3.2.1 网络中枢结构强化

从整个防控突发性传染病的网络结构来看,疾病预防控制中心起着网络中枢的作用。

"中枢"是一个古已有之的词汇,源自于汉代《太玄·周》中的"植中枢,周无隅",指的是在事件当中最为关键的部分。而对于医疗建筑网络中枢而言,疾病预防控制中心则是整个系统的核心,是在公共卫生事件突然暴发的时候各项决策、应对的关键所在,对提升网络控制的效率及增加其稳定性等起着至关重要的作用。

其中枢作用核心表现在以下几个方面:

(1)信息中枢。

信息中枢可以分平时(无传染病疫情时)和战时(发生传染病疫情时)两个阶段来解析。平时阶段,疾病预防控制中心接受全国范围内传入的传染病信息,建立各级传染病疾病的预防控制机制,完善公共卫生信息网络,负责我国及世界范围的疾病预防控制与相关信息的搜集、分析,进行预测预报;同时也肩负着对各类传染病进行研究,为疾病预防控制决策提供科学依据的重担,此时疾病预防控制中心中起主要作用的是其科研部门。而在战时阶段,其应积极参与开展疫苗研制,对疫苗应用成效的评价及免疫规划战略进行研究,同时对各级免疫战略的施行予以相应的技术指导及评测。

(2)政策中枢。

除了信息中枢之外,疾病预防控制中心还起着政策中转与发布的关键作用。在平时状态下,要遵从卫生机构的管理,为大众普及相关的预防性知识,并提供一定程度的技术指导;增强对于传染病防治手段与对策的研究,避免在战时出现慌乱或是应对不及的情况。而一旦疫情暴发,则应当积极置身于国家相关组织的策略制定当中,给出最为合理而有效的建议,并担任起将上级指示传递到基层的职责。

(3)预防中枢。

预防中枢指的是在没有出现任何紧急情况的状态下,加强环境卫生以及食品安全等相关领域的管理,最大限度地避免传染病的暴发,积极展开与之对应的科研工作,增加其实用性以及可操作性,并为全国范围内的疫情防控以及公共卫生提供技术层面的支持与辅导。

(4)控制中枢。

控制中枢指当疫情发生时,各级疾病预防控制中心应做到使全国范围内接收到传染病信息,并建立一整套覆盖全国的完整指挥系统,对突发传染病事件进行有效的采集、分析、计划、组织以及及时的协调与控制,从而最大限度地减少各种伤害和损失。

综上所述,对于疾病预防控制中心而言,其主要职责在于通过对病害以及疫情的防治,构建更为健康和谐的环境。其宗旨在于以"研"为依,以"人"为本,以"防"与"控"为中心。而其作为防控突发性传染病的医疗建筑网络中枢,是防控突发性传染病系统的最主体部分,对网络运行的效率、可靠性、智能化等均起着至关重要的作用。

3.2.2　级能明晰

级能明晰指各个级别的疾病预防控制中心,在整个突发性传染病的防控体系中承担不同的职能,并体现出不同的面积指标、功能配比、空间组成等。

对于我国而言,疾病预防控制中心通常分成 4 个层级,分别是国家级、省级、地市级和县区级。从管理层面上来说,上述 4 者分别从属于卫生部门、省卫生厅、市以及县的卫生局,在县以下的单位不再设立此类机构,统一由乡村的诊所报告至上级,进而进行管理。除此之外,还有大量的医护用品以及药物生产公司与之相配套,共同组建成一个完整的体系。我国医疗卫生机构组织框架图如图 3.9 所示。

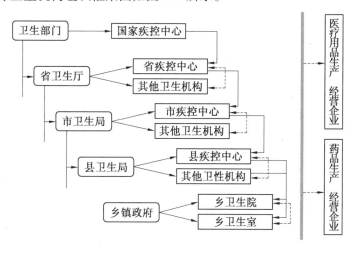

图 3.9　我国医疗卫生机构组织框架图

依据《各级疾病预防控制中心基本职责》(卫疾控发〔2008〕68 号文件附件),疾病预防控制中心主要承担 7 项职能:疾病预防与控制、突发公共卫生事件应急处置、疫情及健康相关因素信息管理、健康危害因素监测与干预、实验室检测检验与评价、健康教育与健康促进、技术管理与应用研究指导。

4 个级别的疾病预防控制中心共同承担 7 项职能,这 7 项职能也可以细化为 25 个职能子项。4 个级别的疾病预防控制中心在工作目标的一致性下,在工作层次和工作内容方面体现出差异性,做到权限与责任明晰,表 3.2 表达了各级疾病预防控制中心的职能倾向。这样权责清晰的模式,使得各级疾病预防控制中心能在突发性传染病的防控中各司其职,充分发挥各自优势,互相配合,避免功能的重复与冗余,同时也为新的防控体系下疾病预防控制中心的建设指明了方向。

表 3.2　疾病预防控制中心职能一览表

职能类别	职能子项	疾病预防控制中心			
		国家级	省级	地市级	县区级
疾病预防与控制	传染病预防与控制	√	√√	√√	√√
	寄生虫病和地方病预防控制	√	√√	√√	√√
	慢性非传染病疾病预防控制	√	√	√√	√√
突发公共卫生事件应急处置	突发事件应急准备	√	√	√	√
	突发事件报告与预警	√	√√	√√√	√√√
	突发事件应急处置	√	√√	√√	√√
	突发事件评估	√	√	√	√
疫情及健康相关因素信息管理	公共卫生信息平台的建设	√√	√√	√	√
	信息系统的管理	√	√	√	√
	信息的利用和服务	√	√	√	√
健康危害因素监测与干预	职业危害因素控制	√	√	√√	√
	放射危害因素控制	√√	√√√	√√√	√
	环境危害因素控制	√	√	√	√
	食源性疾病预防控制与公共营养	√	√	√	√
	学生常见病和相关危害控制	√	√	√	√
实验室检测检验与评价	微生物和寄生虫病学检测	√√	√	√	√
	理化检测	√	√√	√√	√
	毒理检测与评价	√	√		
健康教育与健康促进	健康教育活动的设计	√	√	√	√
	健康教育资料的开发与制作	√	√	√	√
	健康教育和健康促进活动的实施	√	√	√	√
	健康教育效果评估	√	√	√	√
技术管理与应用研究指导	技术支持	√	√	√	√
	技术指导	√	√√	√√	√√
	技术开发与应用研究	√√	√√	√	

注:"√"的多少,表达对某项职能的侧重程度,"√"越多表示越重要

从表 3.2,可以看出:

(1)国家疾病预防控制中心的主要职责侧重于综合研究,有完善的功能设置、先进的设备及相应的权威性。

(2)省级疾病预防控制中心的主要职责侧重于研究及实践,负责将国家疾病预防控制中心和市级疾病预防控制中心的工作有效衔接,并兼一定科研工作。

（3）市级疾病预防控制中心的主要职责侧重于应用实践,执行上级疾病预防控制中心任务,对下级疾病预防控制中心工作进行指导。

（4）县级疾病预防控制中心的主要职责侧重于基础服务。

而对于传染病的防治而言,每一级疾病预防控制中心的基本职能均为指导自身管辖区域之内的疾病预防以及控制工作。除此之外,根据所处级别的不同,越偏重于下级的基层,所承担实际的防控任务越重,而越向上,则承担研发任务越多。可以说,越向上级越趋向于治本;反之,则趋向于治标。

在这种趋势下,各级疾病预防控制中心所对应的规模及功能设置也有所不同,具体体现在业务、研究、管理和后勤的面积比例参考上（表3.3）,这样的设置使得各级疾病预防控制中心在职能上既有侧重又互相补充,有效避免了功能上的闲置。

表3.3　各级疾病预防控制中心功能面积比例分配参考

疾病预防控制中心	业务功能 面积比例	研究功能 面积比例	管理功能 面积比例	后勤功能 面积比例
国家级	41% ~50%	43% ~52%	2% ~6%	18% ~22%
省级	41% ~50%	41% ~50%	3% ~6%	20% ~24%
地市级	40% ~48%	40% ~48%	4% ~6%	21% ~28%
县区级	35% ~42%	35% ~42%	6% ~10%	25% ~32%

例如,广州市疾病预防控制中心,负责整个广州市域范围内的疾病防控。总建筑面积为 40 166 m²,主要由业务及管理部分（综合办公楼、预防医学门诊）、研究部分（理化实验楼、生物实验楼、动物实验楼）及保障部分（副楼）组成（图3.10）。

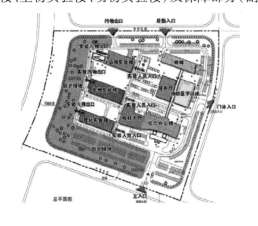

图 3.10　广州市疾病预防控制中心

而城市区级疾病预防控制中心的面积通常较小,承担的研究和实验任务量也较少,不需要单独设置实验室,往往同其他医疗机构共建。例如,哈尔滨市道里区疾病预防控制中心与哈尔滨第十医院及道里区妇幼保健院一起规划,总建筑面积为 28 380 m²,其中疾病预防控制中心位于南侧塔楼内,建筑面积为 6 080 m²（图3.11）。

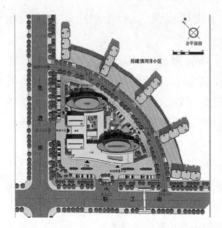

图 3.11　哈尔滨市道里区疾病预防控制中心

3.2.3　防控科研兼顾共生

疾病预防控制中心是医疗建筑中较为复杂和特殊的类型之一,主要原因是其在防控传染病的同时还要兼顾科研的需求。这两类功能共生于疾病预防控制中心内,从一个系统的角度来看,防控的功能为"显部",科研的功能为"隐部";防控的功能以一系列行政办公及其配套为主,而科研的功能则体现为一众实验室。而从"疫情潜伏→疫情暴发→疫情后恢复"的全周期考量,科研部分功能的重要性已经超越了防控的部分,是面对疫情有效防控的保障,也是防控政策得以可持续发展的支撑。

疾病预防控制中心的实验室的种类繁多,承担检疫及分析功能,专业性极强。依照其用途,可分成理化、放射性、消毒以及媒介生物等诸多类型的实验室;按专业层次,可以分为普通(常规)实验室、洁净实验室、生物安全实验室、移动实验室等;按业务指导类型,可以分为国家实验室、省级实验室、地市级实验室和县区级实验室。

随着时间的推移,各种新型的病症以及病毒层出不穷,与之对应的先进科技也不断被研发出来,这就为实验室提出了更加多样化的要求。从全球范围来看,医学实验室重组率很高,故疾病预防控制中心的实验室部分应在满足研防共生的趋势下,同时充分考虑未来需求,保证实验室的灵活性。

1. 三区二缓,自成一体

对于"三区二缓"而言,指的是不同实验室中的内在划分,通常由缓冲区、清洁区、半污染区以及污染区构成,必要时,半污染区和清洁区之间也应设缓冲区。这样的好处是保证人、物、昆虫等的流动路线能够按照单向流设置,而缓冲区的设置能够有效避免洁物与污物的交叉(图 3.12)。而"自成一体"则指在整个疾病预防控制中心区域内,实验室应独立成区,对内封闭管理,对外减弱开放性。考虑到实验室区域的污染性,需和行政办公区域间用绿化隔离带分隔,且应位于城市常年主导风的下风向(图 3.13)。

图 3.12　实验室内缓冲区设置

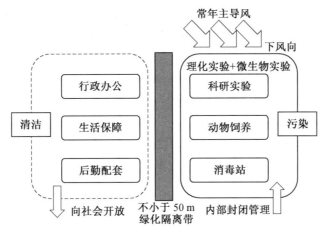

图 3.13　疾病预防控制中心清洁区与污染区布局模式

　　例如,在东莞市疾病预防控制中心设计中,将 3 栋实验楼——理化实验楼、生物实验楼及动物实验楼设置在基地北侧,在相互间距满足相关规范基本要求的条件下,采取行列式排列组合,形成了围合封闭的内庭院(图 3.14)。在单栋的实验楼设计中,以独立的动物实验楼为例,其底层设置仓库及设备用房,上层则主要为实验室区域及办公用房;实验室区域满足"三区二缓",且采取了双走廊的布置形式,使得污物可以经污染区走廊直达污物暂存处,进行高压灭菌清洗。

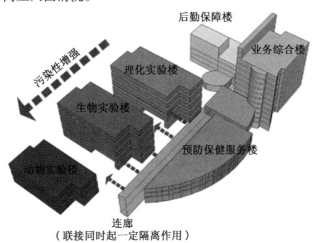

图 3.14　东莞市疾病预防控制中心总体布局

2. 模块化布置,多样组合

模块化布置是实验室空间组合的另一项重要趋势。

　　一般来讲,实验室部分的建筑设计要完美契合实验工艺的流程。然而,随着新型病毒的不断出现,以及先进手段的层出不穷,实验室当中的工艺也处于变动布局的状态之中。自 2003 年的 SARS 疫情开始,呼吸道类疾病大行其道;而到了 2014 年,埃博拉病毒大有取而代之之势。埃博拉病毒生物安全等级为 4 级,相比 SARS 的 3 级防护要求更为严格,而自此以后会有什么新的突发性病毒出现对人类来说仍是未知。在这种情况下,投射到疾病预防控制中心的实验室空间组合上,采用模块化的方式无疑是一种折中的办法,空间单元可多样组合也可自由分隔,既满足当前的实验工艺,也考虑到面向未来的可持续性需求;同时,更具通用性的实验单元也符合现代实验室面对世界范围内实验人员学习交流与团队合作的需要,并提供未来改造、扩建的可能性。

图 3.15 给出了在国外较为流行的一种模块化布局方式,如果在结构上选用我国目前仍较常用的钢筋混凝土框架结构,则如图 3.16 所示。从图中能够直观地看出,多个大小不一的实验单元模块具备自由组合与分隔的多种可能,可形成单向模块、双向模块、穿套模块、并行模块等,适应各种实验要求。

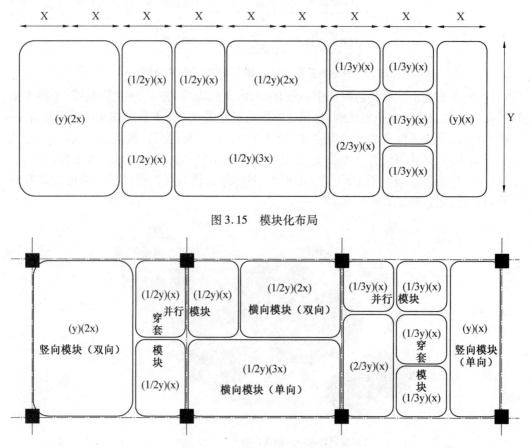

图 3.15　模块化布局

图 3.16　加柱网后的模块化布局

3. 廊室互换,自由灵活

廊室互换是指在实验室单层的平面布局上,以走廊为主的一系列非限定功能的服务性空间与固定功能的实验空间之间存在着灵活互换,使得平面布局可以更加灵活使用的可能性。廊室互换是建立在模块化布置的基础之上的空间组合趋势,体现了动态可持续的设计理念。

早在 20 世纪 60 年代,建筑大师路易斯·康便在宾夕法尼亚大学理查德医学研究中心的设计中探讨了"服务空间"与"目的空间"的关系。在设计的过程中,这位大师把卫生间、楼梯等辅助性构造建成塔的形状,环绕在功能性空间——实验室的四周,而将服务区域单独留出以期能够实现更大的灵活性,这也在建筑体量上避免了常见的庞大单调的体块形式,形成虚实相间的组群(图 3.17)。

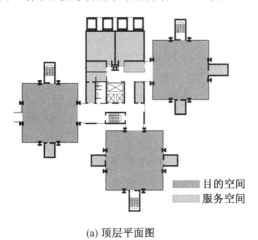

(a) 顶层平面图

(b) 立面局部

图 3.17　理查德医学研究中心

　　在当今社会,对于生物实验科学研究来说,实验性能单元模块的通用性非常重要,如何适应课题和项目组、实验团队的工作模式也是其中的关键。由于现代生物实验的课题和项目几乎每年甚至几个月就会发生变化,每个研究所所属实验科室的题目以及方向的变动性,往往需要现有实验室依照特定的需求进行一定程度的改造。因此,必须考虑适应未来实验科研课题发展的灵活性要求,在这种情况下,具备更多自由灵活的空间的重要性就凸显出来了。例如,在荷兰瓦赫宁根的荷兰生态研究所的设计中,建筑师从设计的透明性出发,将实验室、办公室等目的空间布置在矩形平面的外围,各空间之间、空间与走廊之间都设有可变的隔断装置,如玻璃、格栅等,空间划分灵活可变,而将储藏室等服务空间布置在内部不需要采光的地带,空间划分明确而清晰(图 3.18)。虽然该建筑仅适用于对一系列动植物进行研究,并不专门针对疾病防控,但作为实验中心类建筑,其空间布置的相关方法对疾病预防控制中心实验室的设计也有着一定的借鉴作用。

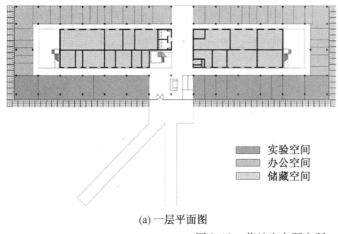

(a) 一层平面图

(b) 内部走廊

图 3.18　荷兰生态研究所

3.2.4　平时灾时有机结合

相对于之前论述趋势中的科研与防控的共生,平时灾时有机结合的趋势则更倾向于临床与防控的有机结合,是兼顾效用与效率下的均衡式考虑。而在前文提到的疾病预防控制中心体系下,国家级和省级疾病预防控制中心,因其功能设置更为齐全、设备设施更为先进、综合性更强,在疾病防控体系中承担更大作用,因而应重视其科研与防控的共生功能;而地市级和县区级疾病预防控制中心,则更应注重全面与综合的业务职能,使其具备较强的实践能力,能够广泛地解决与应对所出现的疾病状况。如此局面下,平时灾时有机结合就显得意义尤为重大,是未来演变的趋势所在。

此类形式对疾病预防控制中心的竖向关联以及整个系统的进步都是至关重要的,为传染病的防治带来了相应的实践保障,并且对更为完善的网络体系的构建也大有裨益。而在建筑设计中,平时与灾时的有机结合及变换,则是建筑师亟待考虑的问题。

1. 前瞻性规划,合理预留未来发展用地

这一策略是指在规划选址阶段和建筑的场地布置阶段,要具备一定的前瞻性,能够考虑并预留未来发展需要的用地,即用于满足改建、扩建以及疫情发生时的紧急处理的需要等。

在场地的选择上,往往在城市中难以找到既满足疾病预防控制中心单独建设又可以有适当预留的场地,在这种情况下,与其他医疗机构共建便成了解决这一问题的良方。

从疾病预防控制中心的功能和职责出发,较为相近的可共同建设的医疗机构有医学研究机构、妇幼保健院、社区服务中心以及一些其他类型的行政管理与实验机构等。例如,在宁波市鄞州区疾病预防控制中心的规划设计中,在南北狭长、东西较窄的用地上,其与区卫生监督所共建,两栋建筑南北向平行布置,共用的实验楼与附属用房东西向布置,最大程度地利用了用地。同时,在疾病预防控制中心的北面还预留一部分空地,目前作为体检中心人流的集散地,而该小型广场也成为整个建筑群的"玄关"和"前厅",与城市空间形成良好的过渡(图3.19)。

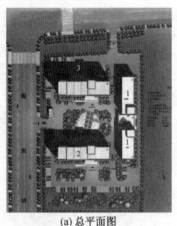

(a) 总平面图　　　　　　　　　　　(b) 鸟瞰图

图3.19　宁波市鄞州区疾病预防控制中心

1—疾病预防控制中心;2—区卫生监督所;3—人流集散地

　　而在未来发展用地的合理预留方面,前瞻性的另一表现就是在预留足够面积用地的同时,还要考虑预留用地是否可以与建筑端部可扩建的端口有效链接。如在图 3.20 的 6 种模式中,当科研区与行政区呈平行布置时,一般的未来建设发展方向可以用并联的方式对科研区进行并列式增补,或者用串联的方式对行政区和科研区进行水平拓展;而当科研区与行政区呈垂直布置时,则呈现出更多种未来的建设发展方式。

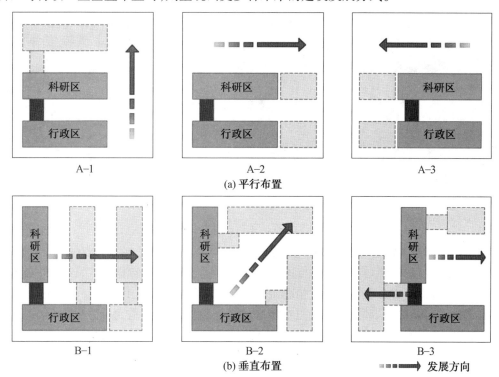

图 3.20　预留场地结合建筑端口的拓展模式

2. 开放性空间,适当提供非限定功能场所

　　这一策略是指在建筑空间的构成上,要注重具体的限定功能空间与多用的非限定功能空间的比例,在建筑内与建筑外均适当提供非限定功能场所。平时,这些开放性的空间可以丰富使用模式,提供多种空间体验;而疫情发生时,则可以转化为具体的功能空间,对原有功能进行扩展。

　　在此策略中,非限定功能空间包括如下 3 类:

　　(1)传统的走廊、门厅、中庭等公共空间,在疫情发生时可以随其所附属的空间功能而改变,故在设计时要考虑适当增加面积以及与周围空间的可组合性。例如,东莞市疾病预防控制中心的理化实验室的底层这一适应实验室社会化发展的大空间交流区域,可在疫情发生时,封闭管理后改造成实验空间(图 3.21)。

　　(2)室外景观、庭院等空间,在疫情发生时,可以加建临时建筑,补充相应功能。

　　(3)这一类较为特殊,指相对于防疫收样、体检、功能检查、指挥中心、网络中心、会议中心、实验室等疫情发生时不可替代的核心功能而言的其他功能空间,如多功能厅、药房、培训室、后勤保障用房等。当疫情发生时,在必要情况下也可改造成核心功能空间使用。

例如,东莞市疾病预防控制中心的后勤保障楼,在设计时预留了一部污物电梯,出现紧急情形时,通过应急"可变",满足收治隔离传染病人的要求,做到医生与病患入口分开设置;而在 11 层的行政综合楼的标准层设计中,将交通核心置于大楼东侧,也是利于疫情发生时空间的灵活使用的措施。

(a) 鸟瞰图　　　　　　　　　　　(b) 总平面图

图 3.21　东莞市疾病预防控制中心平面布局

3. 弹性化设计,设置可变流线与多重出入口

为了配合前瞻性规划与开放性空间所带来的平时灾时空间转化模式,设置可变流线与多重出入口也非常必要。疫情发生时,在收治的同时隔离患者,保证除诊治外的医患分离,则成为尤其重要的事情。SARS 疫情带来的沉痛教训之一便是大量医生被感染,而相对于 SARS 的呼吸道传播模式,在全世界肆虐的埃博拉病毒靠着体液的接触式传播,则更加令人防不胜防。除去防护面罩、防护服等硬性隔离手段,建筑设计上保证医务工作者和患者的流线不产生交叉以及活动空间的有效分隔等均是有效的软性隔离手段。

在东莞市疾病预防控制中心的建筑设计中,设计者基于平时灾时结合的理念,将疫情发生时的疾病防控类功能与平时的健康类功能进行合理分配,提出了"弹性可变"的设计理念,强调功能的开放性、交流性以及平时灾时转换的适应性。在场地布局上,针对功能相互独立的 4 个组团分别设置出入口:将业务综合楼主入口及预防保健楼入口布置于主干道,两个入口统一管理并通过绿化相隔;东侧设置辅助入口,偏北为货物进出入口,也是实验区货运及污物的专用出入口,通过分时段运送以避免交叉感染;偏南侧为后勤人员进出入口,在常规情况下,后勤供应也通过该入口到达后勤保障楼货物出口,在疫情发生时,后勤保障楼作为应急隔离病区处理,工作人员通过西侧交通进入应急区,而后勤保障楼东侧入口则可收治隔离病患;污物则经过处理通过地面到达东北侧货运出入口。

3.3　综合医院

传染病的演变推动了公共卫生体系的建立和发展,促进了疾病预防控制中心与传染病医院的发展与建设。与此同时,它也促使了普通的综合医院被纳入公共服务的卫生保健服务提供体系中。这是因为在突发传染病疫情时,因其危害程度的不确定性,仅仅靠单一的疾病预防控制中心、传染病医院等来进行防控是远远不够的,科室配置完备、医疗实力强劲、协同机制健全的综合医院往往也成为与疾病战斗的主战场之一。

纵观医院建筑的发展,我们可以很容易找到一些人们抗击传染病的历史印记,而综合医院建筑内的防感染空间,就在这一次次印记中被逐渐强化。如在中世纪的第二次世界范围的鼠疫大流行中,位于法国巴黎的主宫医院当时由于可利用的医院资源十分有限,大量患者在拥挤的医院环境中死亡,这直接促使了该医院 1785 年重建时,对平面功能布局进行了创新与改进。而在 19 世纪,英国的南丁格尔受当时的医学观念影响,提倡一种通过连廊连接分散式建筑物的医院布局方式,既保证医院病房内有足够的日照和新鲜空气,也可以更好地防控医院感染。回到当代,SARS 疫情的出现也促使了中国以北京多家综合医院为首的根据呼吸道传染病防控要求所进行的建设或改造。

相对于疾病预防控制中心的中枢作用、传染病医院的伺服作用,综合医院在整个防控突发性传染病的医疗建筑网络中起到的是前两者功能延伸的作用,并与之协同配合,拓展网络体系的效用,简称网络拓展。于是,其区域位置、功能定位与构成、医院规模、发展规划等,均需要服从于公共服务体系总体目标。而在这些决策之下,对于疾病的控制、生命的抢救及对患者关注的效率提高便成为医院建筑发展的核心,其拓展作用可以体现为协同配合、规避感染及多级转换。

3.3.1　协同配合拓展网络体系

综合医院的网络拓展作用主要体现为以下几类空间,它们与综合医院内的其他空间既有隔离,又互为协同。

1. 综合医院传染病科室

除去专科医院之外,还存在大量规模各不相同的开设有传染病科室的综合医院。这样的设置使得这类医院在空间布局时洁污分区与分流设计的难度增大。然而,假如从患者的方面进行考虑,综合医院涵盖的门类更为全面,能够从更大程度上体现出其整体的资源优势。由此可见,这样的设置同样有着十分正面的作用。

在此种局面之下,医院的规划设计通常会呈现出两类形式:第一种是将传染病相关的部门设置在独立的建筑物中,形成独立空间。例如,英国的 New Lister 以及 Northwick Park 医院等,日本也曾一度以此方式作为其建造综合医院的主流形式。第二种是将传染病相关的区域与主体部分合在一起进行建造,但要为其设置独立的出入通道。例如,日本在 1987 年建造的东松山市立市民医院(图 3.22)的 212 个床位中,传染病区占据了其中的 30 个,分别布置在 3、4、5 三层中,每层 10 床一单元,由 2 间 1 床间、3 间 2 床间、1 间 4 床间组成,并在一层设接待厅、消毒室,同时设有专用电梯与各病区相隔离。

张家港市第一人民医院,其传染病房楼又承担张家港市传染病医院的职能,故应对未来突发公共卫生事件的应变能力成为设计时的首要考虑方面。在场地设计中,预留建筑西入口,供紧急时病人出入,并在大规模疫情突发时,保证该病区封闭与独立时的出入(图 3.23);在建筑空间布局中,将整个 4 层空间作为预留空间,平时为普通病房,紧急情况下可作为应急病房使用;在建筑设备方面,整栋病房楼设置气动传输系统,充分保证空气的洁污分流。

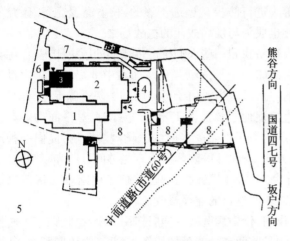

图 3.22　日本东松山市立市民医院总平面　　　　　图 3.23　张家港市第一人民医院
1—本馆；2—新馆；3—传染；4—门诊；5—急救；
6—服务入口；7—设备区域；8—停车

　　在复旦大学附属华山医院传染科门、急诊病房楼改扩建工程中，由于狭小的基地、限高、日照、文化保护等多项限制条件，若对基地面积进行最大化利用，则建筑距东侧居民楼的最小间距为 24 m，距北侧医院已有病房楼的最小间距为 18 m，均小于上海市卫生防疫要求的最低 30 m。为了解决这样的矛盾，建筑师采用的办法是将建筑物按功能需求划分为严格的污染区与洁净区，并分别置于建筑的南北两侧，保证污染区与周边建筑的间距满足 30 m 要求，同时也使得土地的利用效率实现了大幅度的提升。污染出入口位于南侧长乐路，满足卫生防疫要求，医护人员区成为介于污染区和已有病房楼的共享区域（图 3.24）。

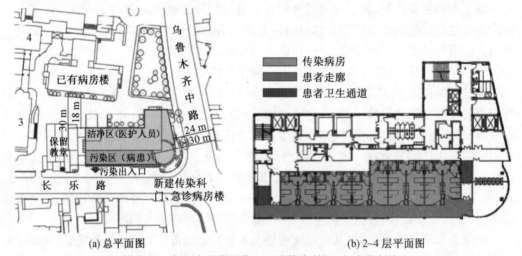

(a) 总平面图　　　　　　　　　　　　　　　(b) 2~4 层平面图
图 3.24　复旦大学附属华山医院传染科门、急诊病房楼

2. 发热门诊

　　如果说传染病科室是对于突发性传染病"救治网络"的有效补充，那么发热门诊则是对"预防网络"的有力拓展。发热门诊，一般指正规医院门诊部在防控急性传染病期间根据上级指示设立的，专门用于排查疑似传染病人，治疗发热患者的专用诊室。因为在我

国,大部分病患在发现病情但不明朗时,依旧会选择去综合医院进行常规诊治,所以在综合医院内设置发热门诊,进行病患的筛查就显得特别重要。

但并不是所有传染病病人都去此类门诊进行医治。在 2003 年 SARS 疫情暴发的后期,仅有不足 50% 的发热患者去此类门诊进行诊断以及医治,而且普通的发热门诊部也很难诊断出烈性的突发性传染病。但因为普通门、急诊建筑设施不符合传染病筛查隔离要求等因素,所以在综合医院内设置发热门诊还是有一定的必要性的。

政府对发热门诊的设置准则进行了明确,为"属地管理、数目适宜、规划科学、业务熟练",具体意味着依照每 15 万人设立一个此类门诊的规模进行设置。对于城市而言,通常会在现存的三级医治单位设立;而对于农村而言,则在基础较好的卫生诊所设立。发热门诊设置必须符合呼吸道传染病感染控制要求,其就诊流程图如图 3.25 所示。

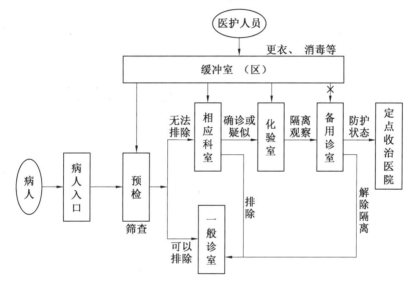

图 3.25　发热门诊就诊流程图

从图中可以看到,对于发热门诊来说,医生流线并未做特别严格的设计,主要是医生进出发热门诊时,需在缓冲室内更衣、消毒;而病人的隔离观察备用诊室中,一般来讲不允许有陪护人员,理论上探视也是不被许可的,如果必须为之,则应当依照要求采取严格的防护措施。

针对患者的流线相对复杂一些,但也十分明确而合理。通过门诊的病人入口之后,先要进行体温的检测,并且予以记录,如果无法确定是否患有传染性疾病,则进一步进入对应的部门诊断,此时不再允许陪同人士一起入内;就诊后,当确诊为人感染高致病性禽流感,或者不明原因肺炎、SARS 疑似病例时,则要在发热门诊内进行化验、拍胸片等,进一步检查后,直接隔离观察治疗。在这期间要请所在城市、省的疾控专家进行会诊,会诊及隔离观察后,排除危险则可以解除隔离;而需要继续明确病情的,则应该及时转院至具有救治能力的突发性传染病定点收治医院。

发热门诊一般设置在综合医院的门诊病区内,但要做好相应的隔离措施;或者在医院的范围内独立设置。例如,广东省中山市第二人民医院即对发热门诊进行了单独的设计,建筑占地约400 m²,其平面上共设置了3条走廊,其中上、下两条供病患使用,中间为医护人员专用,对应于医护人员的出入口,同时将缓冲室与诊室及隔离观察区相连(图3.26)。

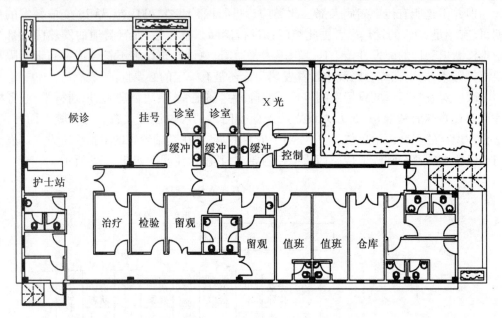

图3.26　广东省中山市第二人民医院发热门诊平面图

3. 预检分诊区

在某些综合医院中,很难单独设立发热门诊,这就要求在其设计中留出一定面积的预检分诊区。

2005年,卫生部发布了相关文件,其中确立了医院对于传染病的预检分诊制度,要求其依照此类病症的暴发时间、周期等一系列的特征,做出与之对应的检测以及分开诊断的工作,防止引发大规模的传播。

预检分诊区在综合医院中的位置较为灵活,平时一般设置在门诊区、急诊区或医院门诊楼的大厅内;特殊时期,也可以进行相应的调整,将预检分诊区前移或改变位置。例如,在2008年的汶川地震中,如何在收治地震伤员时做好预检分诊工作,及时发现气性坏疽等特殊感染性疾病的伤员,避免医院环境污染和医院感染发生,成为当时所面临的严峻问题。四川大学华西医院根据医院布局的特点,采用了将分诊区前移的方式,将临时的预检分诊处设置在急诊科前的空地处,并区分出室外的污染区和半污染区,对伤员进行初步的检伤、分诊和分流。当伤员确诊为气性坏疽等特殊感染病例后,则直接转移到专用的检查通道和检查室处理。

3.3.2　防控机构设计规避感染

当综合医院承担了部分防控传染病的任务时,规避感染就变得极其重要了,而除去传染病所造成的感染威胁以外,其他类型的感染同样不可忽略。对于医院而言,感染指的是病理学中的概念,意味着"由病原体造成的感染",与之相对应则是"源自于外部的感染"。针对传染病以及感染性病症的联系,此领域中的专家经过多年的探讨已经形成了共同的认识,共涵盖 3 方面的内容:①在感染性疾病中,传染病是一种特殊类型;②感染性病症包括传染病以及所有由病原体造成的感染;③防范感染性疾病需要医院临床各个科室的参与,并不仅仅局限于收治传染病患者的传染科。

总之,对于医院来说,感染控制的主要任务之一就是防范传染病。医院感染防控工作中重要的一项即防止传染病患者住院治疗期间感染到其他疾病,这也是医院建筑安全设计要面对的重要问题,一直以来都是保证医院质量和医疗安全的重要内容。这项工作贯穿在诊疗过程的每一个环节中,包括病人接受入院后的每一次诊断、消毒、隔离、治疗,医疗器械的管理和放置,患者和医护人员在医院内同行等。其中出现任何细节的疏忽,均有概率造成患者的进一步感染。

在 2003 年的 SARS 疫情暴发期间,我国共有 5 300 余人受到感染,其中医护人员感染数量接近 1 000 例,护士所占的比例相对最高。以北京为例,早期医务人员 SARS 的感染率,护士占 48.8%。相关部门正式公布医务人员感染率为:北京 25.43%,天津 39.38%,山西 17.64%。此次 SARS 疫情的暴发是以医院内传播、医务人员感染为突出特点的医院感染,而如此之高的医务人员感染率,在迄今为止发生的感染性疾病中史无前例。SARS 疫情的暴发,使得人们更加关注疾病的院内传播和医护人员的感染问题,而医护人员的职业暴露及职业安全问题也充分展现在世人的面前,提醒我们倍加重视与防范。这些情况的出现将医院感染管理工作推到了前所未有的重要地位。

在 SARS 疫情之后,医院感染管理作为医疗安全中的一项重要议题,已经成为近年来医院管理领域中发展最快的一支。同时,从规划及建筑方面对医院感染进行控制也得到了相当的重视。社会各界均一致认可控制医院感染和保障医院安全要从医院建筑规划设计与改扩建的科学性、安全性、效率性、秩序性做起。

综合医院的规避感染控制,通常应从如下方面着手:

(1)感染控制干预。

首先应当完善感染管理的相关部门,特别设定防治感染的机构,并且为其配备与之对应的空间及设备,使其真正在预防以及控制感染方面起到关键性的作用。

(2)适当进行隔离。

在病房以及门诊等位置设置多个通道,实现医护人员以及病人行走路径的分隔,将气流以及人流等诸多元素纳入考虑范畴之内,对医疗区域进行更为精细的划分。

(3)设立专用科室。

临床微生物实验室在感染控制工作中具有举足轻重的作用,实验室可参与日常的监控工作及医院感染的流行病学调查,如辅助临床鉴定血源性感染。在我国,复旦大学附属中山医院以及香港的玛丽医院等均设立了微生物实验室,并且获得了良好的成效;而解放军三〇二医院则单独设立了临床检验中心实验室,如图 3.27 所示,其中包括:清洁区;半污染区,主要为实验室的工作走廊,工作人员及送检标本人员必须穿工作服在此区域行走,通过此区域的标本必须密封,并且必须尽快在交接窗口进行标本交接;污染区,包括各实验室、洗消室,工作人员进入实验室必须按照微生物安全二级标准进行防护,非工作人员未经允许不得进入实验室。

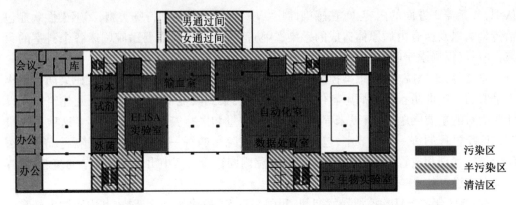

图 3.27　解放军三〇二医院临床检验中心实验室平面图

（4）控制物流系统。

物流在传统的感染控制中常常会被忽略，然而事后又多次被证实是引发此类事件的源头所在。针对此方面的控制，不但要预留出专门的通道，还应构建与之对应的消毒机构，对各项流通的资源进行统一处理。各个科室使用过的器材以及物品应由相关部门进行统一的回收，进而集中杀菌、回收或是进行后续处理。

上述几方面体现在建筑与规划上，主要表现为以下几点：

（1）在平面设计的过程中，感染病房以及医疗垃圾处理站通常会具有极高的传染威胁，因此往往需要将其设计在整个建筑物的角落中，并且予以即时监控，避免出现污染、泄漏等情况。该区域内应单独设置出入口，并保证洁污流线分别设置，避免交叉感染。

（2）在内部空间设置中，与感染防治相关的部门应当配备消毒室，如内窥镜中心以及口腔科室等，并且达到特定的标准方能予以使用。

（3）对于病房地带，诸如发热科室、手术室以及医疗垃圾处理部门等，产生的废弃物应就地进行杀毒，并且确保其灭菌效果，防止在其输送的路径中引发再次污染，在最大程度上降低病菌蔓延的风险。消毒室应当设置为两侧出口，从而降低交叉传染的概率，并且在其中配备清洁、杀菌设备以及紫外线灯等一系列设施，借助全方位的手段进行杀毒。

（4）核心部位手术部感染控制，关键在于合理设计手术部内病人、医护人员、手术器械的术前及术后的动线。手术室里面的廊道，对于其感染的控制是至关重要的，因而很有必要确保其空气的流通，避免污染物在此处形成汇集或者传播。动线决定布局，也决定手术部的管理形式。例如，在河南新乡市中心医院门、急诊综合楼的手术部中，设置的 Ⅰ、Ⅲ、Ⅳ级手术室分别为 3、9、3 间，总共占地接近 1 550 m^2，而且包含了一间负压室，彼此之间由清洁的廊道相连通，医务工作者以及病人都可由此进入手术室中；环绕手术室的外围则设置污物走廊，即回收廊，与污物存放室、污物梯等相连；每间手术室的两侧均有门，二门分别与内外廊相通，如图 3.28 所示；同时，注意到对空气压力的控制，手术室与污物走廊相比，空气静压差一般在 10~15 Pa，与洁净走廊相比，空气静压差为 5 Pa。值得注意的是，在负压手术室与污物走廊之间，还特意设置了缓冲后室，也是为了减少交叉感染的可能性。

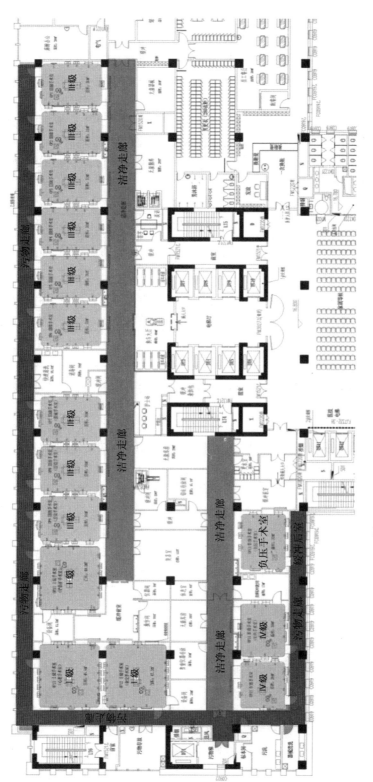

图 3.28 河南新乡市中心医院门、急诊综合楼手术部平面

3.3.3　多级转换保证动态模式

传染病的发生具备季节性和突发性,这就要求传染病专科医院和综合医院传染病科室要考虑平时的经营问题,应设置适当的灵活应对措施。历史上出现过多例临时传染病医院在疫情结束时改为其他类型医疗服务场所的情况。例如,德国柏林1710年修建的鼠疫医院便在鼠疫过后的1727年用作贫民慈善医院。而在SARS疫情后的医院建设大潮中,大量普通医院均广泛设置了发热门诊,也要适当考虑其在常规医疗中的作用。

为了满足平时灾时结合的需要,综合医院在面向突发性传染病时的转换趋势可以分为6个级别,具体见表3.4。

表3.4　综合医院多级转换示意

医院级别	无疫情时(平时)	疫情暴发时(灾时)
传染病医院	传染病预防等	急救医疗中心
实力强劲的三甲医院	医疗中心	
大型综合医院中的传染病科室	常规传染病的防治	突发性传染病防控
大型综合医院中的常规科室	原有功能和任务	定点收治功能
中小型的二级以下综合医院	原有功能和任务	集中临床观察功能
乡镇(街道)卫生院和其他医院等	原有功能和任务	急救医疗站
		后备观察医院

这样的多级转换,作为真实空间网络层级下动态联合模式的有效保证,需要在医院的空间设计上考虑一定的应变性。

对于综合医院随时间变迁、空间更换所产生的应变性的研究,早在20世纪50年代就已经开始了。从松散而相对独立的联合体系模式的提出,到通用空间体系模式、基础网络模式、标准单元模式、新陈代谢模式等,医院建筑空间与形态的应变性研究逐步深化拓展,已经成为关乎医院设计的核心论题之一。而综合医院面向突发性传染病防控时的空间转换趋势,也处在这一论题的覆盖范围内。在确保医院的整体性、功能的完善性、服务的稳定性的前提之下,必须以整个医院的建筑系统的整体性和稳定性为前提,坚持如下原则:

(1)重视平时和灾时的协同性,以及远近期建设的协调性,并留有足够的弹性。

(2)灾时最大限度地发挥医疗机能的效率,平时则最大限度地减少医疗机能的运行影响。

(3)空间功能与流程的整体统一性。

(4)保证转换后的空间的独立性。

例如,在阿根廷罗萨里奥的克莱门特阿尔瓦雷斯急救医院的增建中,为了确保医院未来的增长和发展,运用了模块化的设计理念,即将项目的发展基于若干7 m×7 m(23 ft×23 ft)的模块,这种模块可以被灵活地分解组合,医院不仅可以达到当前的使用要求,同时也能够适应未来任何必要的改造(图3.29)。

而在荷兰格罗宁根的马天尼医院中,建筑师把工业性、灵活性、可分拆的原则紧扣于设计之中,打造了一个尺寸为60 m×16 m,面积约为1 000 m²的“理想”建筑体块,以锯齿形或弧线型组合(图3.30)。在大楼付诸应用之后,能够在运行的过程中实现功能的变换。例如,护理部门可被临时改为办公机构,而且能够在其表面搭建起另外的楼层,除此之外,还能合并成规模更大的机构。

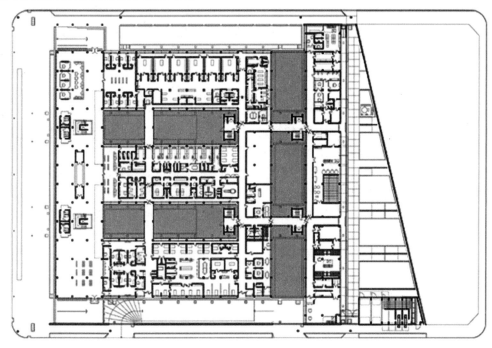

图 3.29 克莱门特阿尔瓦雷斯急救医院一层平面

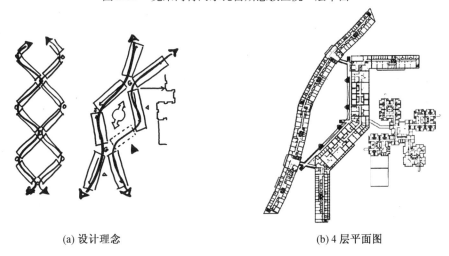

(a) 设计理念   (b) 4 层平面图

图 3.30 马天尼医院设计理念草图及平面图

另外,建筑师借助于隔墙结构、联轴器和固定设施,保证改造房间期间不影响邻近的房间。此外,建筑中水、电和医用气体的固定装置也都便于拆卸。

3.4 基层医疗机构

在整个医疗体系中,基层医院和基层卫生服务机构是基础,分布于居民区中,与大众联系最为紧密,为居民提供快捷便利的医疗卫生服务。

近年来,均衡配置社会医疗资源已成为我国医疗卫生体系改革的主要发展方向。政府解决百姓看病难、看病贵问题的一个重要举措,便是实现"小病在社区、大病进医院、康复回社区"的患者分流模式,这使得社区基层医院的功能也发生着相应的变化。在"城市-社区"的二级医疗服务功能架构下,未来的基层医院将以社区卫生服务机构为主体,涵盖降级后的原有一、二级综合医院以及部分专科医院,以面域的形式多方位覆盖城市区域。然而服务范围的增大,势必带来更大责任的担负。区别于疾病预防控制中心、传染病医院、大型综合医院的"神经中枢"作用,处于"神经末梢"的基层医院作为防控突发性传染病的另一类重要医疗机构,所形成的多触点式医疗网络布局,是面对紧急事件时抗衡的首道也是最关键的一道防御。具体体现为以下几点:

(1)全范围、缜密的预防、查筛部门,在疫情初发时及时发现传染源。

(2)灵活的控制及隔离空间,在疫情广泛传播时又可适当控制病情。

(3)应具备一定的功能转换和对接能力,在疫情全过程中保持与其他医疗机构良好的协同运转。

虽然在防控突发性传染病的网络体系下,基层医疗机构受自身规模、设施及医疗水平的限制,无法成为防控主力,但却可发挥网络的整体力量,针对突发性传染病构成一道可刚可柔的网络缓冲盾牌。

3.4.1 基础缓冲兼顾社会服务

当今社会,信息的自由流动使地理位置分隔产生的距离逐渐消失,这种由信息通信技术所引发的对时间和空间理解的巨大变革为未来医院的发展提供了更多可能。英国MARU医疗建筑研究所出版的《2020展望:未来医疗环境》一书中构建了信息社会下医疗设施的4个等级——家庭医疗、健康与社会护理中心、社区护理中心及专科护理中心。这些装置借助信息通信的手段被传输至网络并且形成了优势互补的局面。在这样的架构之下,某一地区的核心医院不一定只有一所,而是根据各自的特点和优势,发展成为能够提供特色医疗的多个核心。

而在我国,基层医疗机构涵盖了卫生服务中心以及卫生站,其分布的位置通常是社区中,它们的职责并不局限于单纯的诊疗,还涵盖了疾病的预防、基本知识的普及以及医治之后的康复等诸多方面,和规模较大的综合型医院形成了互补的局面,为提升大众的生活品质做出了极大的贡献。居住小区级的卫生站具有预防、保健、计生、医疗、教育、宣传等六位一体的卫生服务模式,承担了面向健康人群的公共卫生职能,虽然治疗功能并不显著,但却是疾病预防、防治工作与病人康复工作的末端机构。这两级医疗设施广泛分布于社区之中,是一座城市医疗服务系统是否完善的重要体现。在社区卫生服务机构的建设和运行中,可积极引入竞争机制,鼓励多种形式、多种渠道的参与共建。除此之外,还应当尽力将社区诊所规划到医保定点部门,构建基层机构和大规模医院的双向转移体系。

一般来讲,基层医疗机构在面向突发性传染病防控时的服务职能主要有以下5类:预防保健、监督管理、院外救助、院内救治及信息共享。其中,前两者属于基层医疗机构的医疗功能属性,后三者则属社区服务属性。医治职能是其最为核心的体现,而服务层面则是其外在的呈现,上述两者是互相统一、无法分割的,而其应对突发性传染病防控的相应职能则分别隐含在这两种属性之间。基层医疗机构功能分解如图3.31所示。

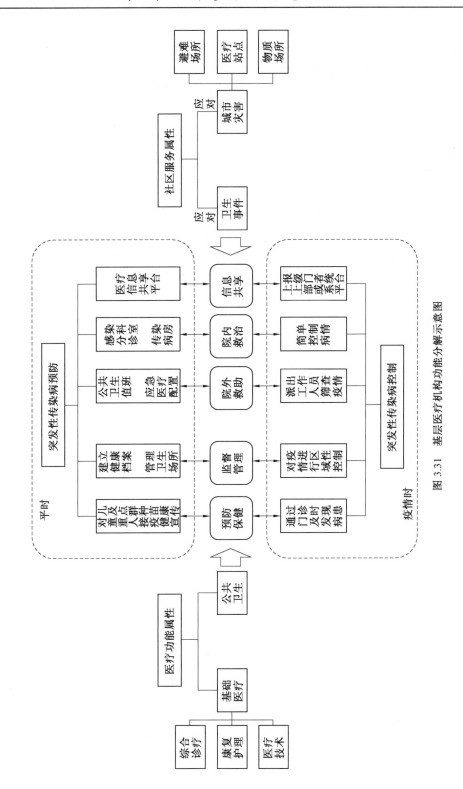

图 3.31　基层医疗机构功能分解示意图

基层医疗机构的这些功能在面对突发性传染病时,有着一定的先天优势:

(1)机构设置以社区为最小子系统,因其对所在社区基层卫生的熟悉程度,可以对突发性传染病疫情具有快速的响应能力,从而提前采取防范措施,控制疫情发展。

(2)作为我国基层公共卫生系统的骨干机构,能够确保在处理传染病时实施专业的操作及处理措施。

(3)基层医疗机构是医疗属性和社区属性的综合体,具备基层民生机构的属性,涵盖了多部门的有效协作。

3.4.2　弹性隔离趋势

在建筑学的层面上,弹性一般指建筑能够满足建筑空间不可预测的未来需求,代表着建筑应具有的机变、发展、调整能力,以及能够应对使用模式的改变而具备的广泛的适应能力。

基层医疗机构在保障基层服务功能之外,还兼顾着大量的社会服务型职能,是我国医疗体系能否"落地"的重要保证。同时,基层医疗机构也是防控突发性传染病的医疗建筑网络中最广泛的存在,故应该具备一定的弹性化设计趋势。

(1)弹性应对医疗需求。

在理想模式下,完善的突发性传染病防控网络体系中,每一所基层医院都应该是预防与控制的二元综合体。这里的预防,主要指控制传染源、切断传播途径、保护易感者,其医疗功能设置为宣传教育、疫苗接种、初期诊断等科室空间;控制则主要指对疑似人员隔离、感染人员封闭治疗等,功能设置为以隔离病房为主的医疗空间。当基层医疗机构位于城市中的不同位置时,其功能设置也应有所侧重。例如,德国图林根州耶拿大学的大学城社区医院有独立的隔离空间及出入口(图3.32),便于日常有效的防控,但由于其兼具大量的社区医院服务,故隔离区面积占总建筑面积的比重很小。而德国的波恩大学城医院,则可根据实际情况适当增加内部空间隔离病房的比例,在疫情初发时期,便能够更好地就近隔离观察及时治疗,最大限度地控制传染病的扩张(图3.33)。

图3.32　德国图林根州耶拿大学的大学城社区医院平面图

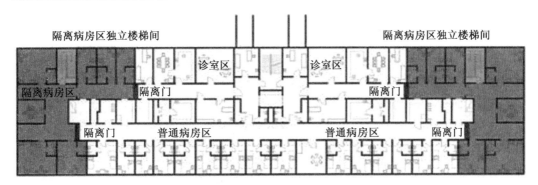

图 3.33　德国波恩大学城医院平面图

（2）弹性应对医疗技术。

当今医疗技术的发展日新月异，设备的更新换代速度非常之快，医疗设备的数字化、医疗信息的网络化等都对整个医疗工艺、流程提出了新的要求，也促使了医疗观念的更新。基层医疗机构的种类繁多，同时也是虚拟空间网络的最主要载体。如何最快地发现疫情、判断疫情、传递疫情消息，已经成为对基层医疗机构最为关键的需求；如何引入并利用新型的信息化、数字化管理系统决定着基层医疗机构在整个网络中所起的作用。另外，基层医疗机构还担负着一定的突发性传染病前期救治作用以及疫情辅助控制作用，这些都需要对医疗设备及技术进行适当的更新。而基层医疗机构的建筑如何满足这些技术设备和管理模式的更新就显得更为重要。关于这一点问题，将于第 5 章进行更加详尽的探讨。

（3）弹性应对突发疫情。

基层医疗机构在面对突发性传染病疫情时，有着一定的先天优势。但当疫情真的发生时，也对基层医疗机构的所处位置提出了更高的要求，对内部的门、急诊容量、诊断措施以及如何预防交叉感染等提出了更进一步的考验。这就需要在设计之初考虑预计疫情时的应变需求，以便能快速高效地应对突发的传染病疫情。

如在基层医疗机构的基地选择上，为了更好地实现动态变化，应尽量靠近城市次干道和城市支路，且最好位于社区边缘，尽量避免位于城市支路以下级乃至小区级城市道路上，这样可以形成较独立的区域，便于控制与隔离。如上海杨浦区的欧阳路社区医院就选择了位于城市支路四平路 421 弄上，该位置靠近主要城市道路四平路，有利于形成一个由点到线再到面的控制状态，从而实现对区域的最佳防控，有助于弥补目前城市新区基层医院防控能力的不足，均衡旧有城区的基层医院网络布局（图 3.34）。

而在内部空间的设计上，基层医院的设计应强调救治分区、隔离分区和内部交通组织，形成合理的功能分区及分区间的互相转化，促进内部功能的转换：

①医院中的部分区域可以在疫情期间转化为隔离救治病房，设计时应尽量在地面层集中布置，并为了避免在疫情期间感染人群与普通就医人群交通流线的交叉，应考虑设置单独的出入口及能够封闭的隔离门。

②若基层医院是多层建筑，则适宜将隔离救治病房集中布置在建筑的一端，并为其设置独立的垂直交通系统。

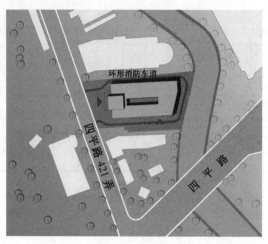

图 3.34　欧阳路社区医院总平面图

③隔离救治病房的设计应遵循综合医院的隔离病房标准,配备独立的空调系统和新风送风系统。

如德国哈瑟吕纳镇的社区医院(总建筑面积为 2 099 m^2),在设计时便充分考虑了这一因素,将医院分为诊室区和隔离病房区两大部分,各自具备独立的垂直交通和疏散出口,通过隔离门互为区分;隔离门并不固定,通过位置的变化,两个功能区之间的面积比例可以适当调整,以适应不同时期功能转换的需要(图 3.35)。

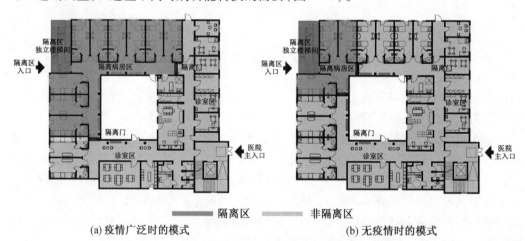

（a）疫情广泛时的模式　　　　　　　　　　（b）无疫情时的模式

图 3.35　德国哈瑟吕纳镇社区医院在不同时期的分区模式

疾病预防控制中心、传染病医院、综合医院传染病防控空间和基层传染病防控机构是我国目前防控突发性传染病的主要医疗机构,它们的大小、规模、数量不同,故职能、意义、重要性也各有千秋。疾病预防控制中心是整个网络的"大脑"与"神经中枢",在职能明晰的要求下,要保证防控职能与研究功能的共生,也要通过一定的设计手段使其在平时与灾时都能发挥出应有的作用。其首要性是要保持功能完整,优先考虑隔离因素,同时适当兼顾效率与多样性。综合医院内的传染病防控空间是整个网络的拓展,应该在有效协同的趋势下,解决好两大首要问题,即规避感染和多级转换。而基层的传染病防控医疗机构则是整个网络的缓冲,保证在基层做好自己的服务职能时,应具备一定的弹性,以适应更多的需求。

3.5　传染病专科医院

"伺服"一词源于希腊语,目前多用于控制学中,其本质是使物体的位置、方位、状态等输出被控量能够跟随输入目标(或给定值)的任意变化而变化的自动控制系统。然而,对计算机网络而言,伺服器则相当于服务器,用于监测其他装置所提出的申请,并且给出与之对应的答复,由此可见,它应当具备给予各类服务的功能。

传染病医院,顾名思义,即专门收治各类传染病患者的医院,是抗击传染病的主要医疗机构与基本设施之一。相对于疾病预防控制中心在整个防控突发性传染病的医疗建筑网络体系中的中枢作用,传染病医院则更偏重于"伺服"功能,是整个网络中最为强大的医疗机构。它们在疾病预防控制中心的指令下,与突发性传染病"短刃相接",同时也侦听着网络中其他医疗机构的服务请求,为它们提供各种便利与帮助。

溯古而论今,在传染病医院的历史发展轨迹中,每一步都镌刻着与传染病做斗争的历史。20 世纪初期,伍连德先生在东北建立滨江医院即起始于该区域内出现的鼠疫,如图 3.36 所示;中华人民共和国成立之后,为了提升大众的生活质量,改进卫生状况,在大多数城市中均建立起了规模各异的传染病医院;2003 年的 SARS 疫情中,全国各地的传染病医院都经历了一次严峻的考验,如北京市,3 所传染病医院中均有诸多医务人士受到了威胁,直至小汤山非典定点医院紧急成立后,这一局势才得以扭转。

图 3.36　20 世纪初的滨江医院

而在当今的防控突发性传染病的医疗建筑网络体系中,作为针对传染病研究和治疗的最为专业的机构,传染病专科医院体现着面对突发性传染病的核心战斗力,其伺服作用可以体现为功能完整、隔离优先、效率兼顾和求同存异。

3.5.1　完善保障伺服功能

从网络伺服这一角度出发,良好的可控性、高稳定性和强适应性便成了传染病医院最为主要的演变趋势,并集中体现在以下几个方面。

1. 拓展业务职能,增强对疫情全过程的控制力

目前,我国传染病医院的主要功能仍然为针对已知的非突发性传染病的收治。例如,苏州大学胡志杰的《2003～2012 年某市传染病医院收治传染病现状分析》,通过病例资料检索,对苏州市某传染病医院 2003～2012 年确认并收治的 37543 例传染病患者病例资料进行整理与分析,得出以下结果:传统的病毒性肝炎和结核依旧占主要地位,但新型的突发性传染病等已呈暴发趋势,如手足口病自 2009 年暴发以来,4 年间便已在病例数量上排第 6 位(图 3.37)。

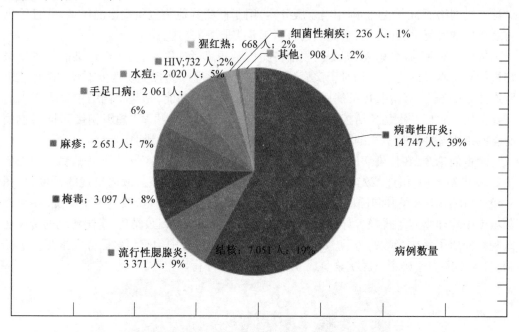

图 3.37　苏州市某传染病院 2003～2012 年收治病例情况

从这一趋势来看,传染病医院在传统的承担传染病患者的收治与隔离任务之外,还应在一定程度上拓展业务职能,以增强对疫情全过程的控制力。

(1)面向新发传染病的业务职能拓展。

面向新发传染病的业务职能拓展包括监测与预警、应急科研 3 个方面。通常新发传染病都是在综合医院被发现,但却在传染病医院被真正确诊和形成报告。从这点来看,传染病医院应该是传染病防治的最前沿机构。而一所传染病医院实验室技术、临床诊疗水平、疾病排查能力的高低,直接影响着监测与预警作用的发挥。

目前的新发传染病,如 SARS、甲型 H1N1 以及 2014 年全世界范围内肆虐的埃博拉病毒等,都具有独特的病原体特征、传播方式及临床表现。当这些疫情刚刚出现,尚未大范围扩散时,人们还处于一个对其缺乏认识的阶段,无方便、快捷而有效的预防与诊断措施,治疗药物也准备不充分。面对这些新发传染病,不同于疾病预防控制中心以动物为标本的实验性科研,传染病医院可以充分发挥临床技术特点,在收治、观察、研究、总结的一体化过程中,总结或者改进新发传染病的控制与救治方案。

（2）跟踪已发疫情的发展和诊治技术进展。

一方面,需要做的工作是根据突发性传染病的流行特点、临床特征和诊治手段,在心理上和物资上都做好准备,可以在疫情扩散时变被动应付为主动应对;另一方面,可与疾病预防控制中心相互配合,完善疫情的信息,同时向政府和卫生行政部门传达一些有效地防控与救治的建议、对策等,辅助对疫情的控制。

（3）承担传染病防控与诊治技术的培训及指导。

在大面积疫情暴发时,仅仅靠传染病医院的力量是不够的,还需要综合医院和基层医院的配合。因为专业分工的区别,综合性医院和基层医院缺乏应对突发公共卫生事件的经验,这时便需要传染病医院派出有经验的临床专家或感染控制专家,向其他医院的医护管理人员及民众传递疫情暴发流行的特点、疑似和确诊病例的转送要求等,同时也传授相应的该突发性传染病的临床表现以及应采取的防疫措施等信息。

另外,突发性传染病的流行有着明显的时间性、地域性特点,其传播路径和易感人群均具有不确定性。这时就需要有一支能够及时派向任何一个地区、协助该区域传染病防控的机动专家组。该专家组中应包括多名反应灵敏、技术过硬、指导有方的医院管理、感染控制和临床方面的专家。

在 2014 年非洲西部的埃博拉疫情中,中国曾经派出了几支由专家组成的队伍。8 月11 日,首批组建完成的医疗队伍有北京协和医院、佑安医院,他们相继奔赴几内亚的疫情前线;8 月 15 日,黑龙江省也组成了援助利比里亚的医疗小组,小组的 3 名组员都是历经并亲自参加过 SARS、甲型 H1N1、汶川地震等救灾救援过程的。该小组在利比里亚进行国际救援,对当地埃博拉出血热患者救治工作进行指导和帮助,同时也对中国驻留在当地的公民做全面的健康教育,并且对这些人的疑似病例和确诊病例分别进行排查与救治。

2. 重视核心功能,在突发应急防控时保障稳定性

（1）保证专用医疗设施空间的稳定性。

2003 年 SARS 疫情之后,负压病房已经变成了新建传染病医院的标准配置,许多现有的医院也改造加装了负压装置、单向循环的送风和排风系统。

对于一些规模较大的传染病医院,P3 实验室和 P3 解剖室是必须要建立的。这两个硬件空间,可以促进快速确诊病例、排除疑似病例,以及短时期内查明导致患者死亡的具体原因。

（2）建设常态与应急兼备的药材储备空间。

对于传染病医院来说,当有重大公共卫生事件出现的时候,只有储备大量的防护装备、检验设备、卫生器具和药品等才能避免疫情的蔓延。就医院整体而言,平时正常储备的连体防护服、专用防护口罩、眼罩必须满足 500 人应急使用,同时还要储备大量急性呼吸道传染病的预防、治疗药物和免疫增强药物等。而当疫情出现时,还需将储备量从满足500 人应急使用提升到 2 000 人,使得平时储备与应急储备互为补充,避免断供或浪费。

（3）加强应急救援力量建设。

对于传染病医院来说,应急医疗队伍的建设是十分必要的。平时应配备由技术过硬的中青年技术骨干组成的 12 ~ 18 人不等的应急医疗队,配备负压救护车、个人专用背囊、急救药材和防护用品,且所有物品定人、定位、定量、定车存放。所有队员应加强野外救治技术的训练和考核,无疫情时处于备勤状态,而当有情况发生时力争做到快速反应、快速机动。

3. 提升综合能力,在常态持续防控时兼顾适应性

正如上文所述,拓展业务职能和重视核心功能所带来的后果之一,必然是对传染病医院投资的加大。虽然自 2003 年 SARS 疫情之后,各地市纷纷新建或者筹备新建传染病医院,但对于根本无法预测的突发性传染病来说,如何保障疫情时的效率与非疫情时的效益,这二者本身就是一对矛盾问题。近年来,很多新建的传染病医院由于选址过远、规模过大等因素,造成住院病人人数的不断减少,出现大量闲置的医院床位,既造成物质资源浪费,也使得集中了优质医治力量的人力资源不能充分发挥作用。如北京最大的传染病医院——地坛医院,2004 年便发起了迁址新建的议案,但却由于环保及新址周边市政设施不完善等原因,引起了很大的争议。

针对上述问题的出现,如何提升传染病医院的综合能力,在常态持续防控时兼顾适应性就成为传染病医院空间演变的关键点之一。令人兴奋的是,现在已经有许多传染病医院进行了改进,出现了一些变化。它们不仅提升了专科治疗技术与医疗水平,也丰富了医生的临床经验,同时还增设了新的二级学科,从原本的注重疾病转向更为人性化的服务水平的提高。这样,单纯的医疗型医院就逐步向集预防、医疗、保健以及康复一体化的多功能医院发展,使得传染病专科医院出现了"大专科、小综合"的发展趋势。

这种综合化的趋势还体现在综合医院的传染病救治空间里。在原本的固有印象中,综合医院的传染病科室因医疗器械不够完备,且多病种综合,较易发生院内交叉感染,所以其不适合作为控制疫情的机构。现在看来,这种观点具有较大的片面性,随着综合医院传染病科室在防护措施、隔离技术、装备配置等方面的逐渐完善趋势下,其也可以作为传染病医院的辅助补充,承担相应突发性传染病的防控职能。

3.5.2　优先隔离传染源

传染病医院作为与病毒"短刃相接"的主战场,隔离是首要考虑的问题。在 SARS 疫情过后,国家颁布了《传染病医院建筑设计规范》,其核心就是面对传染病传播途径中传染源、宿主、环境的三角形关系时,必须要切断它们之间的传染链条来控制疫情。具体体现在建筑设计上,即在建筑总体布局、平面组织与竖向布置上,应明确各部门的功能分区、洁污分区与人员、物品分流,并应根据传染病医院的特点,在医疗区内把病患治疗活动的区域与医生护士等工作人员所在区域进行相对区划,减少洁净区人员与污染人流、物流的相互交叉与相互感染的概率。

但随着突发性传染病的不断演变、传播途径的不断更新,对于传染病的隔离要求也越来越高。在 SARS 疫情期间的淘大花园事件中,对于病症在一座楼内的大规模暴发,许多人都怀疑是竖向的污水排放系统起了推波助澜的作用,虽然没有直接证据证实,但也为传染病的隔离敲响了警钟。而在 2014 年 10 月 2 日,美国国内出现了首例埃博拉患者后,排查与这位埃博拉病毒感染者接触过的人已经扩大到了 100 人。其中令专家学者们最为担心的就是机场的安检人员。

虽然传染病医院的建筑设计需要严格执行,且目前行之有效的方法仍然是对空间进行隔离,但在这样的趋势下,已经出现了一些变化。

1. 多层次隔离

一般情况下,首先考虑将传染病医院本身看作危险指数很高的"传染源",而要实现传染病院的整体式隔离,就需要将其建在远离闹市区或者人群集聚区的地带。而在整体式隔离的传染病医院的内部,对于不同的传染源以及患者的不同情况,还要实现小区域或者小空间的隔离,即区域式隔离与单空间隔离。三层次的隔离方式的效果并不都相同,其成本和投入的资金多少以及效果也不同。区域式隔离侧重于切断传播链,而整体式隔离与单空间隔离则是在不同空间尺度上控制传染源的体现。相对来说,单空间隔离最为容易实现,其次是区域式隔离,而整体式隔离则由于层次较高、影响较大,一般都在疫情较为严重时采用(表3.5)。从表3.5中可以看出,整体式隔离方式的优缺点都十分明显,且很难调和,如在2003年的SARS疫情中,在疫情蔓延的关键时刻,若干临时定点医院的创立对控制疫情起了关键性的作用,但同时造成的是定点医院的医生大量被感染,以及疫情过后医院的荒废等结果。2003~2010年北京市为了预防SARS疫情反弹,将小汤山非典定点医院作为北京市的收治基地,在2010年把它彻底拆除。

表3.5 三层次隔离方式比较分析

隔离方式	隔离原理	实现难易度	经济投入	优点	缺点
整体式隔离	大尺度下控制传染源	较难	大	①整体封闭,便于控制疫情; ②集中收治,保证医疗效率; ③远离城市,避免引发社会恐慌	①医患被同时隔离,医生受感染危险系数大; ②距离偏远,无法兼顾疫情前后的利用
区域式隔离	切断医患之间传播链	中	中	①分区灵活,适用范围广; ②集中收治,保证医疗效率; ③设置在综合医院传染区内,使传染病区"小而全",更具针对性; ④对阻断接触性传染病的传播极其有效	①当医护人员分区内部产生传染源时,危害性较大; ②患者分区内部易产生重复、交叉感染; ③分区之间的设备联系具备一定的传染危险性
单空间隔离	小尺度下控制传染源	较易	小	①灵活,易实现,隔离效果明显; ②常见于病区中的隔离单间,以及医院ICU、NICU和透析中心内部的隔离室中	①个别空间使用时,性价比较高。在多空间中采用,则造价较高; ②单个空间外的公共空间,如走廊、大厅等的危险系数高

但也正是这座小汤山非典定点医院,在非典时期创造了多项奇迹:周边24个村,3.5万人无一人感染;更值得赞叹的是,医护人员的"零感染",究其根源,严格的区域式隔离与单空间隔离起了重要的作用。小汤山非典定点医院有3个主要区域,即生活区、限制区及隔离区。生活区内安排非一线医务工作人员及各类后勤人员的生活设施;在限制区中,

除了需要配备医护工作人员在工作期间的生活以及休息装置之外,还应当为置身于其中的病人提供各种类型的设备保障,诸如药房、无菌室等,除此之外,在此区域中还设计了供本部门医生穿越的卫生通过室;对于隔离区而言,其构成核心是接诊室,并且涵盖了检测、X光等一系列的配套房间,在设计的过程当中分别设置确诊以及疑似两个病区。在总体规划中,限制区与隔离区保证30 m以上间距,隔离区各病房之间由于用地限制,不得已而采用了12 m间隔(图3.38)。

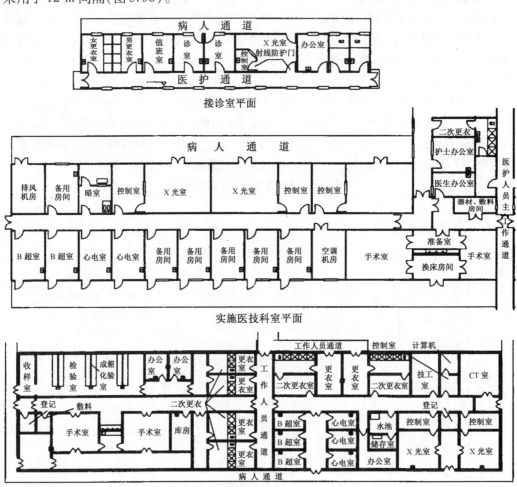

图3.38　小汤山非典定点医院二部部分科室生活区、限制区和隔离区分布图

又如,位于瑞典马尔默市的斯科纳大学医院传染病防治中心设计(图3.39)。考虑到传染病防治与隔离的基本需要,将建筑平面设计成环形,病患们要进到内部的隔离病房,必须通过一道环绕着建筑的无菌走廊。建筑内外环分别设置电梯,分工明确,前者供病患与医疗废弃物使用,后者则负责员工和干净的供给与器械。基于循证设计的理念,提供了特定的区域用来安置短期传染病的单人病房,避免交叉感染,也有利于对传染病进行小范围隔离控制。

(a) 建筑外观

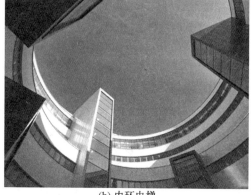
(b) 内环电梯

图 3.39　斯科纳大学医院传染病防治中心

2. 多角度分区

随着建筑技术的发展,已经可以用人工来控制医院物理与生物环境,于是单独成区和设置出入口的区域式隔离已经演变成为传染病医院的常规做法。鉴于角度的差异,也体现为不同类型的分区方式:

(1)功能分区。

类似于传统医院的分区模式,传染病医院也可分为门诊部、医技部、住院部等几大功能系统,各系统内部再根据传染病的特性进一步加以区分,如图 3.40 所示。

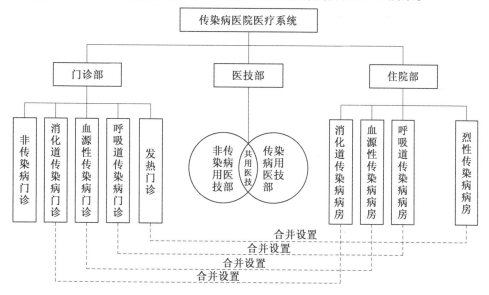

图 3.40　传染病医院功能分区与病种分区示意

(2)病种分区。

借鉴医疗中心的功能分区模式,可以用病种来划分区域,将各类传染病的门诊与病房合设,形成如呼吸病区、消化病区、血源病区等,这种方式可以最大限度地减少交叉感染的可能,而且便于管理(图 3.40)。

（3）流线分区。

传染病医院流线复杂，但仔细归纳起来无非两种——人流和物流，根据其清洁程度还可分为洁流线和污物流。洁净人流指的是医务工作者、管理者以及探访人士；而污染人流则是传染病患者，尤其以呼吸道类传染病患者程度最为严重；非传染病患者算为半污染人流。洁净物流指的是医护过程当中的各类一次性物品、操作性器材以及生活必需品的输送；污染物流则涵盖了医护、生活中产生的垃圾以及尸体的输送等。

各个区域内部应根据洁污程度对各种人流进行隔离设计，而这些人流除了为各区域指明出入口之外，也对区域内部的分区划分有很大影响。例如，在传染病医院中，通常会设计成三通道的分布形式，是对流线进行了清晰的分类：最里面是医务人员的办公位置（清洁区），廊道即为医生以及护士的通道（洁净廊）；中间区域为治疗区域，走廊为医护人员工作廊（半污染廊）；最外部区域为污染区，由供患者使用的病房及走廊构成；另外，在污染区外也可加设探视廊。护理单元三通道布局方式如图3.41所示。

图3.41　护理单元三通道布局方式示意

3. 多级别控制

多级别控制指在各个分区之间的隔离方式，可以有多个级别的控制，如完全隔离、适当隔离、分时段隔离等。这样的控制方式，可以兼顾平时灾时的使用，使医院在日常运营中发挥最大的效用，实现最低限度的交叉感染。

北京地坛医院是我国规模最大的传染病专科医院之一，承担着除结核病外的36种法定传染病的收治任务，对其而言，平时的传染病治疗和灾时的突发性传染病防控同样重要。在地坛医院的拆建工程中，除充分考虑功能分区和洁污分区之外，还针对应急措施进行了精心的场地设计。沿着医院的用地红线，在绿篱和树林中隐藏式地布置了围栏，围栏上红外线布控，并在每一个出入口处设置自动门和智能报警装置，同样在建筑物间的走廊以及道路的岔口位置也配备了自动门以及智能报警装置，上述手段使得医院构成了四级安全防护系统，实现对外部空间的分级控制。所谓分级控制，指的是依照疫情暴发或者传入与否，以及是否出现完整的传输途径等一系列的指标，由轻到重分成了A、B、C、D 4个等级，分别对应的是绿、黄、橙、红4种不同颜色的警戒，并依此制定与之对应的措施，实现高效的管理。A级为绿色警戒，对应的措施是关掉走廊与目标位置之间的伸缩门，从而避免办公位置受到污染；B级为黄色警戒，对应的措施是确保办公区域、门诊部以及住院部

3 者互相隔离,从而降低互相传染的概率;C 级为橙色警戒,对应的措施是将传染病患者住院区严格隔离控制,从而使其他区域不受污染;D 级为最高的红色警戒,对应的措施为运用强制的伸缩门等措施,严格控制呼吸科住院区域,并将呼吸门诊也临时迁至这一病区内,避免疫情蔓延(图 3.42)。

 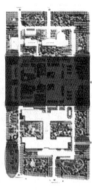  

　　A 级　绿色警戒　　　　B 级　黄色警戒　　　　C 级　橙色警戒　　　　D 级　红色警戒

图 3.42　地坛医院 4 级警戒方式示意

3.5.3　效率兼顾趋势

　　前文提到的隔离优先,是保障传染病医院医疗环境安全的首要因素之一,而能否在安全的同时兼顾效率,则决定了传染病医院的救治能力,进而影响着防控突发性传染病的医疗建筑网络体系的救治能力。

1. 注重分级职能

　　与疾病预防控制中心一样,也可以用不同的等级对传染病医院进行划分,明确其承担的不同任务。

　　从功能角度来看,传染病医院可以分为专科传染病医院、专项传染病防治院(胸科医院、肝病医院等)、传染病专科防治中心以及综合医院传染病区等几种类型,除专项传染病防治院之外,其他均可在防控突发性传染病的真实空间网络体系中发挥主要作用。

　　而从职能上看,传染病医院又可分为国家级传染病防治机构、地区级传染病防治总站、传染病防治点等。其中国家级传染病防治机构常设于直辖市或省会级城市中,职能范围辐射全国或全省,其典型特点是要建立机动灵活的医疗救治队伍和容量足够的隔离区;地区级传染病防治机构由于空间距离小,辐射范围适当,可以控制市、县级所暴发的疫情;传染病防治点则主要由小型专科传染病医院和综合医院传染病区等组成,在疫情突发时的紧急救治时,用来弥补地区级传染病防治机构距离过远、救治不及时等问题,是整个真实空间网络中的“神经末梢”。

2. 预留应急空间

　　对于传染病而言,其最为突出的特征在于暴发往往会呈现出季节性以及阶段性,而且出现的时机以及规模都难以确定,由此可见,传染病医院在设计的过程中应当具备预判性,应预留出多元化的空间以适应未来的各种要求。在遭遇大规模突发疫情时,若院内又无法提供满足要求的床位资源时,既可以寻找可加以改造的公共空间来临时利用,也可以在院区内的绿地、预留发展用地等空间进行紧急加建,用以医疗救治救急。如上海市公共卫生临床中心采用花园式的医院环境设计,在院区内形成了大面积的绿色生态景观,而当疫情大暴发时,这些绿地都可以进行应急转换,将医院从 500 床扩展至 1 100 床(图3.43)。

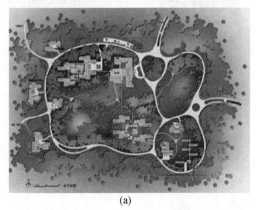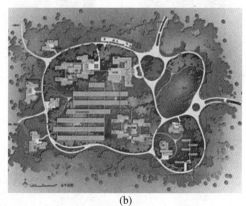

(a)　　　　　　　　　　　　　　　　(b)

图 3.43　上海市公共卫生临床中心应急转换示意

另外,在设计时也可针对预留用地的使用情况,预先设计图纸以满足疫情时快速搭建的需要,必要时还要预埋水电等设备管道。短期增建的部分应当争取使用轻型构件的组件,如 SARS 疫情期间小汤山非典定点医院在建设中便利用了当时能快速提供的预制钢筋混凝土盒子房作为建筑主体,并辅以彩钢泡沫夹芯复合板为基本构架,利用 5 种不同规模板材拼装组合而成。同时为了实现在短期内建成大批临时用房的目标,采用了一些超常规的施工方式,如在未能得到具体房屋规模尺寸的条件下,先确定走廊轴线尺寸再放线等。

3.5.4　求同存异趋势

2003 年 SARS 疫情之后,传染病医院就进入了一个暴发式大发展的时期,各地纷纷改建、迁建、兴建传染病医院。

如在抗击 SARS 的过程中起了重要作用的北京市地坛医院。由于医学疾病谱的发展趋势是由急性病转向慢性病,在 2003 年的 SARS 疫情之前,它还是一所正走向萧条的边缘化医院,500 张病床,最多时仅收治病人 300 多人,与其他同等规模医院的繁忙产生了鲜明的对比。而就在 SARS 疫情暴发的这一年,作为北京市收治外籍及港澳台人士病患的 3 家定点医院之一,地坛医院共收治感染患者 329 名,占北京感染患者总数的 20%。顶着这样的光环,2008 年,医院在争议声之中迁至位于朝阳区的新院区,经过重建与搬迁,医院的床位数从 500 张扩充至 600 张,其中 40% 为单人间、40% 为双人间,同时该医院还配备了气动物流传输系统、GPS 定位物流机器人等先进设备,目前可负责除结核病外的 38 种法定传染病诊治工作。

而上海市在 SARS 疫情过后的 2003 年 10 月,就开始了总建筑面积 8.05 万 m^2 的上海公共卫生中心的建设。该中心于 2004 年 11 月建成,而创建于 1914 年的上海市传染病医院除门诊部外也全部迁移至此。

2013 年 8 月,南京市也在江宁区青龙山开工建设南京市公共卫生医疗中心,预计占地面积 12.6 万 m²,总建筑面积 10.9 万 m²,床位数约 900 张。2014 年 2 月,贵州省在卫生工作会议上,也提出了要新建 9 所市、州、地传染病医院和 76 个县传染病科(区)的宏伟蓝图。但与这轰轰烈烈的情况相反的是,2005 年 10 月,济南市 8 万多 m² 的传染病医院新址工程开工,历时 3 年,包括门诊楼、病房楼在内的主体建筑基本完工,但遗憾的是随后却一直陷入了停滞状态。

以上这些 SARS 疫情之后雨后春笋般出现的传染病医院,其实都面临着一大劣势,即已成趋势的非突发性传染病病患的减少和未知的突发性传染病暴发时将面临的大量需求之间的矛盾。姑且不论各地新建传染病院一事正确与否,如何使新建传染病医院能够适得其所、发挥所长,展现出应有的生命力才是要解决的首要问题,而能否求同存异,充分发挥其特色才是平灾结合的关键。

1. 同防治,异突发

求同存异可以从两方面来理解:从疫情全过程角度看,在平时阶段可谓之同防治,即各个传染病医院能够承担的基本任务无明显差别,都是在收治一般慢性传染病病患的同时,保证相应的突发性传染病防控力量;而在疫情阶段,考虑实空间层次下的医疗建筑网络布局模式,各传染病医院由于所处地域不同、与疫情暴发区域关系的远近、规模及医疗救治能力、防控体系完整与否等因素,将展现出一定的差异性,即通过空间的灵活性转换来适应各种突发情况,即异突发。

2. 同综合,异专科

而从职能空间的配备上,对于现行的一般慢性传染病的救治空间,可以通过"城市传染病医院床位数"这一指标来综合考量,计算公式为

$$城市传染病医院床位数 = \sum 传染病床位数_1 + 传染病床位数_2 + \cdots + 传染病床位数_n$$

$$(3.1)$$

$$单项传染病床位数 = \frac{单项传染病人口数 \times 年住院率 \times 平均住院天数 + 年潜在需求量}{每床年平均工作日}$$

$$(3.2)$$

其中,年潜在需求量为该单项传染病年潜在增长量与年平均治愈量的差。

经过这样计算所得出的救治空间类型、面积配比等,较为确定,谓之同综合。而在这些必备的综合性传染病科室之外,还可发展一些特色的专科型传染病科室、传染病研究机构等。举例而言,上海和南京分别新建的公共卫生中心,仅由名称就可知其功能已经不再局限于单一的传染病防治了,而是引入了更加多元化的元素。

除此之外,值得一提的是,南京市公共卫生医疗中心,在立项之时就定位为集综合、消化道与呼吸道、接触性与非接触、暴发性等病种专科特色的精细诊疗为主的,综合诊疗为辅的防治、救援、应急的现代化大型公共卫生医疗防治中心,并且增设了暴发烈性疾病专科以及专门的救援中心,专门用于突发性传染病的防控。该中心选址于南京市东南方的青龙山山地,森林、湖泊等生态特征明显。设计时在医疗核心区,利用地势的高差设置了中部入口广场,为非传染病综合科室及教学科研区提供了入口疏散,并将各传染病区的出入口设于建筑群外围地势较高且相对独立的区域[图 3.44(a)]。这既避免了交叉感染,

也为患者提供了舒适放心的就医环境。此外,将需要较多协同、共享、支持的核心医疗部分相对集中设置,需要强调私密和安全隔离的生活区将单独设置,而非传染病与不同种类的传染病的住院隔离区则需要分开隔离设置。这种聚散有致的布局充分保障了医院既能够资源共享,又能够运营安全的属性[图3.44(b)]。

(a)

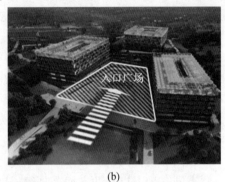

(b)

图 3.44　南京市公共卫生医疗中心建筑设计方案

第4章 应对突发公共卫生事件的
医疗建筑网络体系构建

"网",源自于"庖牺所结绳,以渔之用",古代有一句名言:"天网恢恢,疏而不漏",无疑是对于"网"的最高认同;而"络",在古代则指的是"将丝绳依照十字交叉的形式结合到一起",所形成的互相之间的联系,即为"网"中含"络";将"网"与"络"结合在一起,恰如其分地表述出了人们在面对突发性传染病时的终极愿景:即在传染病始出来时,力争尽快救治患病人群,将传染源一网打尽;而在传染病扩散时,可以通过四通八达的网络系统,快捷传递信息,切断传播途径,保护易感人群,加大防控力度。

"网络"一词首次出现在汉语里,是在1993年版的《现代汉语词典》中,指的是在电的体系中,由一定数量的组件构成的用于令信号依照特定的需求进行传输的构造。在此之后,该词被广泛应用在了不同的领域中,用来代表研究某些目标抑或是互相之间的关系,通常借助连线以及节点所组成的图像形式来呈现,是一类高度概括的、利用数学的方式来表述的模型。而对于"体系"一词,则指的是特定范畴之内或是同种类型的物件依照某种规律或关系组合起来的整体,是一个多元化的系统。

对于网络体系来说,在计算机科学领域,是指由网络协议、网络模式、网络服务、网络配置等多方面系统组成的泛指一定范围内或同类的事物按照一定的秩序和内部联系组合而成的整体。从拓扑学的角度看待网络体系,可以将构成网络的成员间特定的排列方式称为网络拓扑;可以分成物理的及逻辑的,而前后两者分别对应的又是真实以及虚拟的状态。借助线以及点的方式将它们之间的联系呈现,又被称之为网络结构,其形象地描述了网络的安排和配置方式,以及各节点之间的相互关系。

对于防控突发性传染病的医疗建筑网络体系来说,想要清晰地描述出其在公共卫生体系中所能发挥的作用,并构想出其在面对新趋势下的演变与调整,选择将网络结构作为关注点,是非常必要的,也有助于提纲挈领地进行研究。本章将构成网络体系的结构本身作为一个整体,这样便可运用系统论的方式来明确研究步骤,即针对网络结构本体的研究,如网络结构内部的空间架构、运行机制等;以及针对网络结构之"硬部"——组成网络的医疗建筑要素的研究,相应地针对网络结构之"软部"——医疗建筑要素之间的关系的研究。前者体现为网络"硬件"的配置,后者体现为网络"软件"的配置与整合模式。

在对网络结构展开具体论述之前,有必要扩宽眼界,了解防控突发性传染病的医疗建筑的网络化趋势。

4.1　医疗建筑的网络化

在 2 000 年以前,中医已然在和病症缠斗的时候发现了传染病的存在,并且提出了与之对应的防治手段。例如,《素问·四气调神大论》中提出:"是故圣人不治已病治未病,不治已乱治未乱,此之谓也。夫病已成而后药之,乱已成而后治之,譬犹渴而穿井,斗而铸锥,不亦晚乎?"这充分表明当时古人对传染病预防及控制的重要性的深刻认识。

而随着时代的变迁,传染病与人类的战斗也处在不停地变化中。让我们把目光放到人类发展进程中的疾病谱,来看一看传染病,尤其是突发性传染病的变迁。

4.1.1　人类疾病谱中的突发性传染病变迁

人类的进化史从特定角度而言也是认识病症并将其克服、消除的历史,在这一过程中,人类与传染病就像是博弈多年的老对手,互有胜负、不相上下,却也互为联系、此消彼长。不同的历史与人口情况、社会结构、城乡空间、风俗文化等,都对传染病的产生及消除产生着影响。

在 20 世纪初,导致人类不治而亡的核心病症是各种类型的传染病,以及某些由于营养不足而造成的病症。而到了 20 世纪 50 年代后,随着医学的飞跃式发展与进步,二者之间的争斗发生了根本性的转折,因为预防接种成为人类克敌制胜的法宝。在青霉素出现之后,由于其超强的药效在短期之内受到了世界范围内的认可以及运用,并且变成了医治细菌性病症的核心药物。"不可一世"的天花在 1980 年 5 月 28 日,被世界卫生组织宣布在地球上被最终消灭。除此之外,小儿麻痹症也逐步进入了被消灭的状态。还有部分专业人员提出,现阶段世界范围内的医治模式已然由"生物-医学"步入了向"社会-心理-医学"演变的过程中,即之前认为各类病症普遍是由生物原因造成的,此后则变成了以心理以及社会方面的问题为主要原因,这无疑是一个巨大的转变,将会导致关注点的重大转移。

当人类沉浸在对传染病的短暂胜利之中时,2003 年 SARS 的出现,给了人类重重的一击。尽管目前为止,SARS 在世界范围内仅有 8 000 余例患者,死亡人数约 700 人,与高血压等病症的患病人数相差太多,然而恰恰由于其模糊性,而无法彻底搞清其机理以及病因,故而给人类带来了极为重大的威胁以及伤害。而随后出现的疯牛病、H5N1 禽流感、H7N9 禽流感等新型的传染病又将突发性传染病对人类的威胁提升到了空前的高度。

究其原因,正是历史的钟摆规律在起作用,在人类和传染病病原体的博弈中,彼此都在互相进化。在短期内病原体完全可能占上风,然后人类再将其控制住;短期内人类也可能会压制住病原体,但更为新型的传染病也必然会出现。从某种角度而言,抗生素类药品对于病菌的影响正在逐步提升。然而,这也在某种程度上引发了微生物的各种变异,形成了与之对应的抗性,两者可谓此消彼长。病菌通过不断地变异来改变自己的特性(如 H7N9 就是 H5N1 的变种)而使药物无法识别,这样的进化过程导致的直接结果就是其中一部分致病株的致病性可能会越来越强大,对人的伤害也必然愈演愈烈。

截至目前,已出现的突发性传染病,体现着如下趋势。

1. 意外性之飓风过境

传染病的暴发速度往往很快,体现出"突发"的趋势,来得快,去得快,呈现出明显的一过性。但也正是在这一短短的时间内,其对人类造成的危害却无法估量,如 2003 年的 SARS 疫情暴发于冬春之交,却在夏季到来时悄无声息。

2. 危害性之力量蓄积

这是对上一特征的补充。虽然传染病暴发时如飓风过境,但在暴发前期的酝酿时间长,仿佛"量变"的积累过程,在达到"质变"后突然暴发。如 2013 年的 H7N9 型禽流感,在出现之前,经历了一系列同种病毒的演变,而后被小概率事件"引燃";2014 年在非洲肆虐的埃博拉病毒也是如此,经过了 20 多年的酝酿,终于大规模暴发。

3. 群体性之辐射广泛

突发性传染病在病理上和社会上的影响力持续时间会很长。虽然近几年出现的突发性传染病在地域上的扩散都得到了有效的控制,但所造成的危害和影响却很长时间挥之不去。尤为突出的即为 2003 年出现的 SARS 疫情,单北京一个城市就注册有超过 300 人遗留下了后遗症。据非官方调查显示,该人群的 80% 因病离岗,60% 家庭发生变故,而患有肺部纤维化、骨坏死、抑郁症等病症基本都是非典后遗症患者常见的状态。对于医疗建筑而言,地处北京城北部 35 km 的小汤山镇,由于当时连续一周抢建出来的面积为 25 000 m² 的小汤山非典定点医院位居于此,受到了世界范围内的广泛关注,并被 WHO 称作"奇迹",如今这块地界已经完全被弃置,鲜有人问津(图 4.1)。

(a) 2003 年患者出院时的场景　　　　　　(b) 废弃几年以后

图 4.1　小汤山非典定点医院运行时与荒废后对比

4.1.2　新医改下医疗建筑布局的演化

在我国,医疗设施发展不均衡一直是严峻的问题,这也造成了在面对传染病时各级医院不能各司其职、各尽其用,而其中某些医疗部门反而存在起反面作用的危险。

医改是一个涉及国计民生的重要话题,对于大众生活的安定以及舒适度都有着极大的影响,因此必须借助相对完善的体系才能保证其良好地运转。20 世纪末,这一改革已经深入到了城乡,并且获得了较好的效果。如今,新一轮的医疗改革正如火如荼地进行着,在绝对的市场调节并不符合医疗事业的宗旨和社会需要的观念下,新医疗改革更加强调医疗事业公益性的方向,提倡多元、多层次医疗互补。近年来,伴随着新医改政策的试行与逐步实施,医疗设施的主体——医疗建筑的布局也体现出了多种演化趋势。

1. "城市-社区"二级医疗服务功能的架构

该功能构架的核心目标在于确保资源分配的公平性,以期可以形成"轻疾入社区、重病进医院"的病人分流,借助这一手段来降低综合类型医院的负荷,同时提升基层医治部门的作用,以此来缓解缓全国范围内"治病难"的困境。

具体来说有"双向转诊"制度,如在黑龙江省大庆市,依托油田总医院这一大型综合医院的功能,在覆盖大庆市的 86 个居民社区内,建立了 13 个社区卫生服务中心和 44 个社区卫生服务站(统计截至 2005 年),服务人口达 55 万。除此之外,在总院以及各个社区医治部门中构建"双向转诊通道",即患者在基层单位经过诊定后,假如有必要,可以直接由医务人员陪伴转移至总院进行医治,避免了挂号等一系列烦琐的程序,病人自总院出院以后,可以到社区卫生服务站进行之后的康复治疗。

但这样的理想化的预期,却在现实之中频频遭遇尴尬。在大多数城市中,从社区"上移"至综合性医院的数量庞大,而"下移"的人数却较为稀少,形成了"单向"的转移。究其原因,病人在双向的"拉扯"下不知所措,而除了病人自身对社会医疗部门缺乏足够的信任度以外,宣传匮乏、医院及社区卫生医疗服务部门间利益分割不统一、转诊信息不流畅等也是造成这一局面的主要因素。"双向转诊"的发展趋势是正确的,思路也值得肯定,但如何能够抓住综合医院面向城市社区卫生服务中心的对口支援机会,并尝试纵向"链条式"管理,通过医院实现对社区卫生服务中心的带动,再由社区卫生服务中心来促进社区卫生服务站的发展,进而建立起金字塔形的医疗服务网络系统,实现优势资源的互补与共享,是"城市-社区"二级医疗服务功能架构的关键。

2. 一、二级综合医院和专科医院的转化

1989 年颁布的《医院分级管理办法》将我国的医院分为三级十等,即按照功能而区分的一、二、三级医院,各级医院在通过评审之后再确定的甲、乙、丙三等以及在三级医院增加的特等级别。如果将这些分级纳入到上面所说的"城市-社区"二级医疗服务功能架构中,原有的三甲医院由于设备完善、医疗水平高等,将成为城市的核心医疗机构;之前存在的一级医院,可转化成社区医治部门。而其中最为尴尬的则是之前位于中游的大量一、二级综合医院和专科医院等,在新型的结构中难以明确自身的定位,只能向以下两级转化:一部分降为社区卫生服务机构,因其规模较大、设备完善,可承担更多的作用;另一部分则只能向更为专科的医疗机构方向发展。

3. 社区卫生服务机构将承担更多功能,成为公共卫生服务体系的基础

在 2009 年的最新一轮医改的纲领《中共中央国务院关于深化医药卫生体制改革的意见》中,特意提到以覆盖城乡居民的基本医疗卫生机制的构建与完善,保障人民拥有更安全、更有效、更便利的医疗卫生服务为长期发展目标。其中,最为核心的一点是实现新式医疗系统的构建,将社区医疗放在更为重要的位置,形成以基层为核心的互相关联的网络。在这种情况之下,社区医疗部门将会担负相对更为多元化的职责,不仅要对居民的疾病进行医治,还要给予疾病预防、生育保健以及传染病防治等诸多方面的服务,通常出现的各类病症均可在基层诊所进行较为有效的医治,从实质上变成大众健康的守护者。

4. 按照城乡一体化的发展态势,加强农村医疗卫生服务体系

如果想建设一个较为完善的医疗系统,城乡资源的平等分配是不可忽视的。农村往往是医务服务相对薄弱的区域,如果能够将其医疗卫生服务工作做好,将会大幅度提高农民的幸福系数,对整个社会的公平大有裨益。在新型医改过程当中,以县医院为领头者,村镇级别的诊所为基石的医疗服务体系将得到更深层次的完善。其中,县医院的核心职责在于提供基础医治以及对危急患者的抢救,而与之对应的村镇诊所则担任着治疗普通病症以及传授疾病预防、生育保健等方面知识的职能。政府的工作重点是办好县级医院,同时在每个乡镇办好一所卫生院,通过多种形式支持村卫生室建设,保证每个行政村都有"一村一卫生室",并对农村医疗卫生条件进行大力改善,从而提高服务质量。

在此趋势之下,可以发现我国新型医改所带来的一系列成就,然而不得不承认的是,这一体系仍然存在着诸多的漏洞。纵观世界各国,医改的过程都充满了复杂、艰辛与挑战,牵扯着广大民众的根本利益。我国从 1985 年的"医改元年"伊始,出台了一系列关于医疗体制改革的政策和意见,但却一直没有很好地找到适合中国国情的医疗建设道路。直到 2003 年,SARS 疫情在全国蔓延,才使得医疗资源配置效率低这一缺陷完全展露出来,其背后的一些关键性矛盾也随之浮出水面。

4.1.3　演化过程中所产生的新矛盾

如果仅从防控突发性传染病的角度来审视前面所提到的医疗建筑布局的新趋势,可以看出还存在着一定的不完善。

1. 疾病预防控制中心建设如火如荼,但在职能设置上还存在着一定偏差

自 SARS 疫情之后,在国家医疗政策的指引下,全国各省、市、县都开始了大量疾病预防控制中心的建设,仿佛只要建成该中心,疾病防控网络就完善了。在这一过程中,许多未经过前期详细策划论证的项目,在建成之后,因职能设置上存在着一定的偏差,都处于搁置运行中。

2. 传染病专科医院处于尴尬境地,定位上处于双重矛盾中

在 SARS 疫情之后,传染病医院建设量也开始加大,但与疾病预防控制中心相比,它处于一个更为尴尬的境地。其原因之一是,在 SARS 疫情之前,传染病医院和综合医院的传染科因病患数量较少,很多都已经进行了改制,而在突发性传染病隐患出现之后,各地又开始纷纷设立传染病医院项目,却没有一定的医疗基础;另外一个原因则是人们心理上的"谈病色变",尤其是传染病,故很多地方都将新建传染病医院建在距市区几十千米外的郊区,这也造成了实际使用的不便,使其功能大打折扣。

3. 大型综合医院成为突发传染病防控的"双刃剑",医院感染危机四伏

大型综合医院在成为绝对的救治主力时,也常常是高密度的各类患者的集中和集散地,这其中也包含一些突发性传染病患者。因患者免疫力普遍低下,医院内各种人员流动又十分复杂,更容易造成各类传染病尤其是突发呼吸道传染病的医院感染,继而又向社会散播。对于出现在 2003 年的大规模的 SARS 疫情而言,其疫情得到快速地扩散就和医院内部的传染存在密不可分的联系。

4. 基层医疗机构布点不均衡,大量基层医疗机构医疗条件不符合防控要求

基层医疗机构往往是面对突发性传染病的第一道防线,但随着近年来城市化进程的加快,一直体现出两极化的不均衡趋势:在旧城区内,基层医疗机构覆盖率高,但往往都处于社区内或居民楼一角等地,规模小、环境嘈杂、设施陈旧、设备不完善;而城市新区新建的社区医疗机构则往往规模很大,呈现出单独布置的趋势,但覆盖率却较低。

从上面的论述可以看出,针对突发性传染病的变化特征,寻求医疗建筑在防控上的适应性十分必要。我国幅员辽阔、人口众多、病源复杂,这给传染病防控工作带来了很多困难,只有建立更加完善的、协同变化机制下的医疗建筑网络体系,才能充分发挥医疗资源的效力。

4.1.4　医疗建筑网络模式萌芽

当今的突发性传染病,有着意外性、群体性和严重危害性等特点,往往需要综合和系统的处理,主要体现为应急能力强、救治快和防控力度大、救治面广等方面,这就要求人们必须把握突发性传染病发生及扩散的一般特征和演变规律,将涉及传染病防控的多种类医疗建筑以特定的形式分散与整合,形成医疗建筑的网络体系。

"以史为鉴,可以知兴替",欲探索面向传染病的医疗建筑网络体系之网络模式,以及模式中的"节点"与"联系",有必要对现行的医疗建筑系统进行回顾与分析。

在我国现行的医疗制度下,对于突发性传染病的防控已形成一套体系,而医疗建筑的网络结构也可略窥一斑。具体主要体现在以下 4 类防控突发性传染病的医疗建筑上。

1. 疾病预防控制中心

疾病预防控制中心由政府举办,负责实施国家级疾病预防控制与公共卫生技术管理与服务的公益性事业单位,是预防和控制突发性传染病的"大脑""中枢"。

2. 传染病专科医院

传染病专科医院是传染疫情暴发阶段的核心救助部门。与疾病预防控制中心一起,构成了防控突发性传染病的医疗建筑主体。

3. 综合医院

综合医院往往是发现和控制传染源的主要场所。其内部所设的传染病科室、急诊室等也会在突发性传染病发生时承担部分救治任务;所设发热门诊等具有筛查性质的科室承担预防和监测的任务。

4. 基层医疗机构

基层医疗机构分为乡镇、街道卫生所、社区卫生服务机构等。由于医疗条件有限,不具备救治能力,仅承担预防和发现传染源的任务。

　　以上这 4 种不同层面的医疗建筑,各就其位、各司其职,互相支持与配合,组成了目前我国防治传染病的医疗建筑主体,并且以"点—面"的布局方式(疾病预防控制中心和传染病医院在城市中以点状布局为主,综合医院与基层医疗机构在城市中以面状布局为主),初步形成了"节点—域面"的网络组合模式(表4.1),并体现出不同的拓扑结构类型(图4.2)。

表4.1　面向传染病的医疗建筑组合模式

区位要素 及其组合	医疗建筑 子系统	医疗建筑组合类型	拓扑结构 类型
点—线	预防	市级疾病预防控制中心—县级疾病预防控制中心	树型结构
点—面		疾病预防控制中心—综合医院—基层医疗机构	扩展星型结构
面—面		基层医疗机构—基层医疗机构	网状结构
点—线	控制	市级传染病专科医院—县级传染病专科医院	树型结构
点—面		传染病医院—综合医院传染科	扩展星型结构
面—面		综合医院传染科—综合医院传染科	网状结构
点—面	信息	公共卫生信息网络平台—国家公用数据网	总线结构

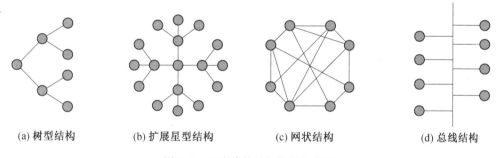

(a) 树型结构　　(b) 扩展星型结构　　(c) 网状结构　　(d) 总线结构

图4.2　医疗建筑的拓扑结构类型

　　但这样的网络结构,在近年来与突发性传染病的屡次战斗中,依旧显得苍白无力。2003 年 SARS 疫情来临时,由于医疗体制职权过度分散,致使针对 SARS 疫情的调查及预防系统未趋向高效和透明。而后的禽流感疫情来临时,虽控制得较好,但也凸显出了我国医疗管理和防疫体制的弊端。

　　在这样的背景下,笔者认为,应改变思路,从更深层次的角度出发,去演化、改变医疗建筑网络的架构模式,从而加强和完善公共卫生系统与社会公共危机应急体系。故可以从这一角度入手,对防控突发性传染病的医疗建筑之间的关系进行梳理,并以此为基础,建构起医疗建筑的网络体系。

4.1.5　医疗建筑网络协同趋向

　　协同指协调多个主体,使其齐心协力达成某一任务的过程。为了医疗建筑能够更好地对突发性传染病进行防控,研究突发性传染病与医疗建筑网络之间的协同十分必要,而欲研究协同,20世纪末期系统论研究的重要分支——协同论,则不可不提。

协同论创立于20世纪中后期,是基于跨学科的前提下探讨事物之间共性以及协作原理的理论。协同论强调,世界上各种各样的系统间都有着彼此影响而又相互合作的关系,其研究的主要内容是对平衡态开放系统的远离及在与外界有物质或能量交换关系的前提下,怎样利用自身的内部协同作用,形成自发的时空及性能上的有序架构。

从这一方面来看,可以将突发性传染病的潜伏、出现、暴发及消失的过程看作一个系统,而与其相关联的医疗建筑的布局、空间、运行模式等可看作另外一个系统。相对来说,前者有序但不可捉摸;后者实际存在却无序、不成整体,且目前来看,可分为多个各自为政的子系统。从医学、传染病学本身的角度出发,可以梳理清楚前一个系统的特点,并以此为参照,介入协同论的方法,可探究医疗建筑系统从无序变为有序的可能性,探寻内部多个子系统协同运作、互为支撑的方式,并发现其系统内部自组织的适应性,最终为防控突发性传染病的医疗建筑网络体系指明发展方向。

其核心内容可表述为以下3部分。

1. 协同效应

协同效应是指由于协同作用而产生的结果,在复杂的开放系统中,大量子系统彼此间互相作用,形成整体效应或集体效应。协同效应认为任何复杂系统,当处于外来能量的作用下时,抑或在物质的聚集态达到某临界值时,子系统之间就会产生协同作用,而当系统处于临界点时,就会发生质变产生协同效应。

防控突发性传染病的医疗建筑网络体系作为一个复杂的系统,其面临外来能量即突发性传染病的侵袭,而突发性传染病的"始出现"与"终暴发"即可看作外来能量聚集态的临界值,都会造成系统中各元素之间的联系出现实质性的变动,形成协同效应。从这一趋向入手,可以对网络系统内的子系统进行更为精准的划分,即网络层级构成。

2. 伺服原理

根据系统内部稳定因素和不稳定因素间的相互作用,对系统的自组织的过程进行了描述,主要体现为快变量服从慢变量,序参量支配子系统行为,子系统伺服于序参量。其中,序参量是保证系统得以进化的真正动力,描述着各子系统间协同所形成的总的趋势,指示出新的网络结构的形成,反映着新网络结构的有序程度。

前面说过,对于防控突发性传染病的医疗建筑网络体系来说,外来能量为传染病的侵袭,是其得以协同的外因,而其具体程度的高低,则通常是由内因来确定的。

3. 自组织原理

自组织原理指的是系统在不存在任何命令的前提下,内部各体系可以依照特定的规律自身生成若干功能,具备自发性以及内在性的特征。也就是说,在一定的外部信息流、能量流和物质流输入的前提下,系统会通过大量子系统之间的协同作用而建立起全新的时空或性能有序结构。

从这一趋向入手,可以对防控突发性传染病的医疗建筑网络体系中的各子系统的内在性和自生性进行挖掘,去探究在何种系统配置下,子系统之间或子系统内部各要素之间按照某种规则而形成的一定结构或功能。这种结构可能是具体抑或是抽象的,可以是宏观上的城乡医疗服务设施规划,可以是中观上的医疗建筑空间组合策略,也可以是微观上的医疗建筑技术措施。

协同的这 3 方面主要内容,使得防控突发性传染病的医疗建筑网络协同趋向明晰起来。

除此之外,该理论还帮助我们发现了一个更加关键的原理:每一个体系都是构成复杂的开放性体系。假如系统不与外部进行资源以及信息的沟通,自身就会形成孤立或是闭合的状况,在此种形态之下,不管其原始景象如何,最后其内在的构造均会受到毁损,表现出混沌模糊的情形。

防控突发性传染病的医疗建筑网络体系也如此。虽然组成网络的主体是静态的建筑物,但维持这一系统运营的关键则应是建筑中的人、建筑之间的组织以及建筑所处的多元复杂的环境。上述部分均会促使整个系统表现出更深层次的变动性以及可拓展性。

既然人类目前仍无法从根本上使传染病消亡,突发性传染病的出现就没什么可怕的,真正可怕的是不能在一次次与传染病的斗争中进行学习与反思。当这一网络体能够在每次与传染病的交锋中不断汲取经验,不断地与外界进行物质、信息和能量的交流,表现出可持续的发展与前行,可以相信其未来将会更为有序,也将发挥出更为强大的作用。

4.2　医疗建筑网络的架构与机制

前文已经提到过,目前我国对于突发性传染病的防控,主要由 4 类医疗建筑组成,即疾病预防控制中心、传染病专科医院、综合医院传染病防控空间和基层传染病防控医疗机构。一般来说,这 4 类建筑就可以构成医疗建筑体系的 4 个层级,可以看作大的医疗建筑系统下的 4 个子系统。但如果逆向思考,这样的分级方式也使得 4 个子系统相对"孤立"起来,之间的网络联系不够凸显。值得深思的是,是否存在更为合理的架构手段呢?

4.2.1　医疗建筑网络层级构成

从传染病暴发的全过程来看,以 2003 年的 SARS 疫情为例,几个关键的时间节点见表 4.2。对表 4.2 再进行深层次梳理,可以发现持续 8 个多月的整个 SARS 疫情可大致分为以下几个阶段:

(1)疫情出现阶段。

从 2002 年 11 月 16 日第一例病例的出现至 2002 年年末,疫情已经以个例的形式零星在广东省部分地区出现,但并未通过医疗建筑网络全面监测及感知。互联网中已然出现了有关疫情的各类信息,然而鉴于对于具体病情的掌握不深,评价十分杂乱。

表 4.2　SARS 疫情全过程一览表

时间	地点	事件
2002 年 11 月 16 日	广东佛山	公认的该病最早出现的病例
2002 年 12 月 15 日	广东河源	第一例报告的患者黄杏初就医
2003 年 1 月 2 日	广东河源	将有关情况报告广东省卫生厅
2003 年 2 月 10 日 截至 15 时整	广东省	共发现非典型肺炎病例 305 例,死亡 5 例,其中医务人员感染发病 105 例
2003 年 2 月 21 日	中国香港	病患来港入住香港京华国际酒店,传染另外 7 名旅客
2003 年 3 月 6 日	北京市	接报第一例输入性非典型肺炎病例
2003 年 3 月 12 日	—	世界卫生组织发布全球警告,建议隔离治疗疑似病例
2003 年 3 月 27 日	中国香港	宣布禁止探视感染病人等一系列控制措施
2003 年 4 月 2 日	—	中国政府承诺会与世界卫生组织全面合作,并向其申报了所有病例
2003 年 4 月 9 日	—	中国大陆共报告非典型肺炎患者 1 290 例,已经治愈出院 1 025 人,占总病例数的 79%
2003 年 4 月 13 日	—	中国决定将 SARS 列入《中华人民共和国传染病防治法》法定传染病进行管理
2003 年 4 月 15 日	—	世界卫生组织将新加坡、加拿大多伦多、越南河内及疫情始暴发地区的中国广东省、山西省及香港特别行政区列为疫区
2003 年 5 月 1 日	—	在原有小汤山医院的基础上紧急建设的小汤山非典定点医院,开始接收全国各地的 SARS 病人
2003 年 5 月 5 日 截至 18 时整	—	全球共有非典型肺炎确诊病人和部分疑似病人 6 583 例,其中死亡 461 人,痊愈 2 764 人;有疫情的国家和地区总数为 30 个
2003 年 5 月 8 日	北京市	作为非典定点医院,北京中日友好医院进行投入使用
2003 年 5 月 9 日	—	国务院总理温家宝签署国务院第 376 号令,公布施行《突发公共卫生事件应急条例》
2003 年 5 月 18 日	—	中国大陆地区 SARS 疫情共统计患者 4 698 例,其中医护人员 917 例,统计死亡 224 例,康复 1 529 例
2003 年 5 月 21 日	—	北京最后一名非典病例张某从北京地坛医院出院
2003 年 5 月 23 日	—	北京市 747 名密切接触者全部解除隔离,北京地区非典患者的救治工作已经结束,非典传播链完全切断
2003 年 5 月 31 日	—	WHO 将新加坡从疫区中除名
2003 年 6 月 20 日	北京市	小汤山非典定点医院最后 18 名患者出院;医院实现了自建设、运转到关闭的整个过程,共计 672 名非典医患人员在这里获得救治,实现了 98.8% 以上的治愈率
2003 年 6 月 24 日	—	WHO 将中国从疫区中除名
2003 年 7 月 11 日	—	WHO 公布此次 SARS 疫情统计共有疑似病例 8 000 余例,其中死亡 775 例

（2）疫情的公布及扩散阶段。

从 2003 年 1 月份广东省首次发布关于 SARS 的消息,直到 3 月末,疫情以极为迅猛的速度在各地扩散开来,不仅得病者的数量剧增,分布地区也扩大到了中国香港和中国台湾乃至东南亚。除此之外,欧美地区也纷纷出现了大量的病例。在这一阶段,虽说针对疫情也采取了一定的控制措施,但从结果上看,收效甚微。

（3）针对疫情大规模公开防治阶段。

从 2003 年 4 月份 WHO 介入作为起始,直到 5 月中旬,世界范围内均对 SARS 疫情采取了规模较大的预防措施,以避免地区间受到牵连。这一时期内,除了就地隔离、全范围筛查等控制措施之外,开始出现一大批针对患病人群的定点收治医院,并积极投入使用,相关的研发力度也得到了大幅度的提升。

（4）疫情被扑灭阶段。

到 2003 年 5 月末,北京市超过 700 名紧密接触人员得到全员危险解除的指令,这意味着该地区的 SARS 疫情已经被彻底地控制住,在传播源头被完全切断以后,世界范围内纷纷进入到了扑灭时期。

从这一过程中,我们不难发现,如果在疫情出现阶段就能够很好地对 SARS 进行监测,抑或是在疫情扩散阶段能够采取更为必要的措施进行控制,那么到了大规模公开防治阶段,整个社会（尤其是医疗机构）所面临的压力就会减轻许多。不得不承认,人类与 SARS 进行的这场异常惨烈的战斗,从起始阶段人类就受到了重创,在经过无数的努力后方缓解了这场危机。这也说明,在整个突发性传染病的防控系统中,监测和控制是前期最为重要的两个方面。根据近年来的发病趋势,"来无影"已成为突发性传染病的标配,传统的大范围接种疫苗的预防方式,对于 SARS 这种完全陌生的传染病作用甚微,故在"风吹草动"时,能够通过全方位的监测以"现牛羊",及时发现传染病患,并采取积极措施,成为预防范畴内最为重要的一环。而在基本明确了病毒的传播途径之后,如何通过"天网恢恢",使病毒"疏而不漏",同样考验着整个医疗建筑体系的防控能力。

当 SARS 疫情到了后期的大规模公开防治阶段时,最开始的混乱情况已逐步被理顺,我国政府通过特有的组织优势,在非常时期,以一个"超权力"的指挥中心进行对社会资源的动员,综合运作各方力量,最终打赢了这场战役。而在这一紧急阶段,通过系统合理地对传染病患进行救治来消灭传染源,则是目前看来最为有效的控制办法。

于是,我们可以从预防、控制和救治这 3 个最为关键的行为出发,对防控突发性传染病的医疗建筑网络进行重新审视。

1. 真实空间网络

首先从最为具体的救治行为出发,这一行为需要依靠精密的医疗设备和专业的医护人员,需要一个客观的、实际的医疗建筑空间来承载这一功能。而为了探讨此类建筑空间所构建而成的网络,将其放到空间地理学的范畴之内是比较合适的。

在空间地理学当中,"空间"被理解成能量、资源、信息的多少以及行为在该范围之内的拓展性存在方式。而对于具体的"空间"划分,数位地理学家都提出了自己的观点。

在博拉瑟的描述中,具有 3 类互异的空间,分别为生存空间、爱因斯坦相对空间以及普朗克空间。而另一位地理学家萨卡拉的提法则更为具体,他区分了建筑空间、飞行空间和信息空间。在萨卡拉的理念中,建筑空间是不变的、具体的以及基础性的,与之对应的,专家会借助此空间来了解更广范围景象的现状;飞行空间则是全球层面航空、太空、电子符号和人们互动的空间;而信息空间则属于电子讯息及思想等空间。

上文提到的救治空间,更为接近萨卡拉所提出的建筑空间。在这一建筑空间建构成的网络中,每一个空间要素必须是可靠的,能够满足个体救治行为的发生;空间要素之间的联系必须是稳定的,具备在疫情发生区域的大规模救治行为的可能。同时,这一空间在整个医疗建筑本书必须是最为基础的,是防控突发性传染病的根本。

本章将这样的主要面向突发性传染病救治的空间构成的网络层次称之为真实空间网络,其主要构成要素为传染病专科医院,也包括综合医院中的传染病救治空间。

以2003年SARS疫情中的北京市为例:临危受命的小汤山非典定点医院作为最主要的非典病患收治医院,是北京市真实空间网络的核心,而收治病人195例的佑安医院、收治病人329例(40%是感染的医护人员)的地坛医院、收治病人453例的首批非典病人定点收治医院胸科医院则成为这一网络的副核心。其他的组成元素则为各个分区当中所设置的定点医院,涵盖了门头沟石龙医院、中日友好医院、宣武医院、协和医院西院、煤炭医院、冶金医院、长辛店医院、玉泉医院、朝阳医院、整形医院、酒仙桥医院以及房山第一人民医院共12家。其网络模式如图4.3所示。

于是,我们整理出这一网络体系的关键属性:

(1)距离。

距离并不是各医疗建筑要素之间的直线距离,而是借由一定的交通方式之下的距离,如车行距离、步行距离等。图4.3中的救治核心——小汤山非典定点医院与胸科医院、门头沟石龙医院之间的距离,就应该以城市6环的交通距离来判定。

(2)可达性。

可达性指网络层级中可以到达某网络要素的一种定性评判,和该网络要素的地理位置、周边的交通情况等有较大关联度。图4.3中,除距北京市中心较近的协和医院西院、宣武医院、朝阳医院等,其余大部分医院都距市中心较远,但却都位于北京市主要的交通环线附近,在一定程度上保证了突发病患救治的可达性。

(3)集聚性。

集聚性指各网络要素之间的关系在相互位置、相互距离和彼此可达性上的体现,这决定了网络要素之间是否会形成一定的规模效应。从图4.3中能够清晰地看出来,城市东北部医疗建筑集聚性过于紧密,而在城市西北部、东南部则集聚性明显不够。

(4)大小规模。

大小规模指的是各个网络元素的对应规模。从绝对化的角度而言,意味着建筑尺寸以及医疗空间的大小等;而从相对意义上看,则可以理解为是否与其服务的区域的医疗需求相适应。图4.3中的核心部分是小汤山非典定点医院,是包含了508间房屋,600多个床位,占地2.5万 m² 的大型应急战地医院。救治副核心地坛医院是北京市最大的传染病医院,SARS时期建筑面积为2.9万 m²,床位500张,但由于在SARS疫情中暴露出医院设计和基础设施等方面都不具备收治呼吸道传染病的条件,于2006年又开始迁建至京顺路与来广营东路交汇处,总建筑面积为74 787 m²,设计床位600个,其效果图如图4.4所示。

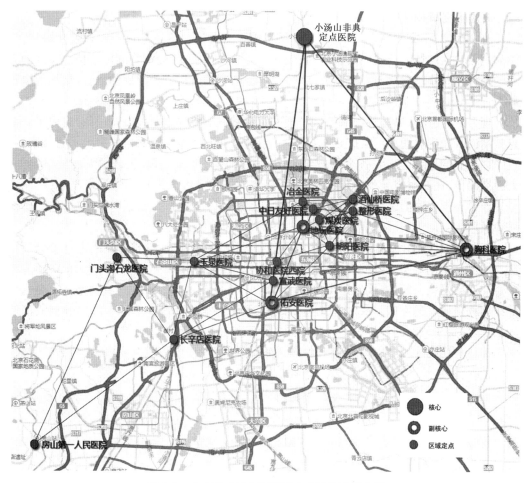

图 4.3　北京市 SARS 期间医疗建筑救治网络图

图 4.4　北京市新地坛医院效果图

2. 虚拟空间网络

事实上,对于突发性传染病的防控,仅靠传统的医疗救治还远远不够。前文提到,传染病是随着人类社会的发展而发展、演变的。而当前,人类所处的空间由于信息技术的介入与融合,已经出现了根本性改变,与此同时,传染病的传播也变得更加迅猛,更加难以控制。

现今,人类所从事的各项活动已经不一定能够在一个具体的空间场所中完成了。信息技术以及数字化通信的集成正在形成一个赛博空间,它意味着数字网络的多媒体束,并且正以迅猛的速度进入到各个领域中。到底是真实的地理空间,还是虚无的网络空间?是时空同步,还是时空异步?是物质活动,还是虚拟活动?人们在不停地做出选择,而正是基于对不同空间的选取,已经使城市交通、通信等基础设备需求受到了影响,进而也对城市及区域空间组织形式造成影响。

如图 4.5 所示,Narushige Shiode 在其中对真实空间与虚拟空间的关系进行了分层描绘,他指出,不同空间之间的互相补充便形成了整体上的赛博空间(Cyberspace),即多维信息空间或网络空间,连接着这个世界上所有的人、机器和信息资源。赛博空间不是由世界中一种同质性的空间组成的,而是指无数个迅速膨胀和迅速萎缩的个性差异极大的空间的集合,每一种空间都提供了一种不同的数字相互作用和数字通信形式。

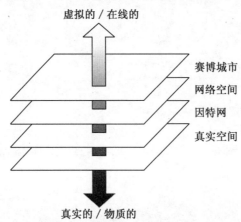

图 4.5　从物质世界到虚拟世界的不同类型空间分层

而对于监测行为,在当今的信息社会下,更多地具备了一种赛博空间的属性,其理想的状态是只要存在足够覆盖面的信息采集点,那么只需要一个纯粹技术层面的虚拟网络将各点联系起来即可。从这样的监测预防模式出发,可以构建一个防控突发性传染病的医疗建筑网络的另一个层级。从理论上讲,这将是一个不依附于地球上任一确定地点而存在的无限大的网络层级,但在实际的城市中,这一网络层级则体现为数目众多的信息采集点所构成的空间网络格局。由于这样的特性,其格局不取决于交通的便利性和土地的有用性,而是受互动性和连接性以及"信息瓶颈"的制约,具备相当程度的虚拟性,故本书中称其为虚拟空间网络。

以 SARS 和 H7N9 疫情之后,大力建设防控突发性传染病的医疗建筑网络体系的广州市为例,其监控传染病的虚拟空间网络布局如图 4.6 所示。

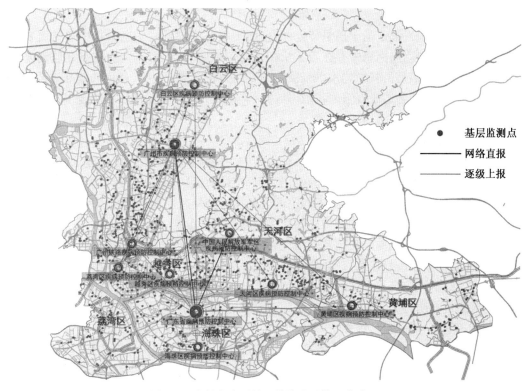

图 4.6　广州市主要城区传染病监控网络布局

　　虚拟空间网络中所包含的医疗建筑主要有:具监测功能的基层传染病防控机构,这是整个网络信息采集的基础;各级疾病预防控制中心,这是整个网络信息的"中转站"和"处理器";同时,也包含综合医院中的一些传染病监测空间,以及城市疫情时设立的各种查验机构,如 SARS 疫情期间在机场、火车站、地铁口等地设立的体温监测装置等。

　　虚拟空间网络有如下关键属性:

　　(1)互动性。

　　互动性指在虚拟空间网络中的各网络要素存在着互动的关系,信息在这些网络要素间非单向传播,有传达、有反馈、有关注、有分析,这样可以保证信息的流动产生更大的效应。

　　(2)连接性。

　　连接性指在虚拟空间网络中的各网络要素之间的联系方式,有直接相连和间接相连等。因防控突发性传染病涉及大量社会问题,故决定了在这一虚拟空间网络之中,信息传递的路径会得到一定的限制。如在 SARS 疫情期间,争论了好久的逐级上报和网络直报的信息传递方式。其实两种方式均各有优势,在疫情初期,可以采用逐级上报,但要避免"信息瓶颈",而当疫情有扩散趋势时,网络直报有利于更好地控制疫情。

　　(3)信息瓶颈。

　　在瓶颈理论中,系统里注定存在某个束缚因素阻碍其实现更高层次的目标,针对信息也如此,传输的时候同样会发生类似的效果。疫情发生时,信息量瞬时过大,抑或是数据过于复杂而无序,一旦超出了网络处理的能力范围,就极易造成瓶颈效应。

（4）短板效应。

前3个关键因素都是基于信息传播而言，而短板效应则是在信息采集中非常需要注意的一点。在虚拟空间网络中存在着数量相当的信息监测点，而这些监测点在监测疫情时的功效如何，并不是由其平均水平来决定的。因为在疫情发生时，任何的疏漏或没有第一时间发现疫情，都会造成疫情的扩散。因此，监测能力的最低标准反而决定了这一方向预防的"网络"之功效。

3. 中介空间网络

之前说到的实际存在以及虚拟的两种类型的空间将世界做二元化处理，这种表述对掌握信息社会的实质具有至关重要的作用。但世界同时是一个错综复杂的各类空间的集合体，这样的二分法模型并没有将不同空间之间连接的复杂性及矛盾性体现出来，也没有对地理及虚拟空间之间存在的多维空间作用予以足够的重视。

防控突发性传染病的医疗建筑网络也是如此。传统地理学意义上的空间是客观存在的物质空间，构成了医疗建筑真实空间网络层级，主要针对传染病救治行为。那么，相对应于虚拟空间的以信息为主体的空间则构成了医疗建筑虚拟空间网络层级，主要针对传染病的监测性预防行为。这两个层级之间不是孤立存在的，而是在整个传染病的全过程中不断的相互影响和融合，虚拟空间及真实空间之间的相互影响与融合便会建立起新的过渡性空间，起着在真实与虚拟之间联系、转换的作用，我们称之为中介空间网络层级，这一空间并没有实质的形态，而是随着疫情的发展而不断变化着，其功能则更多地体现为对传染病疫情的有效控制。具体体现在以下几个方面。

（1）规划隔离。

如果说虚拟空间网络的预防行为是为了发现传染源，真实空间网络下的救治行为是为了管理传染源，使传染源转化为非传染源，则介于二者之间的中介空间网络的功能更偏向于切断传播途径和保护易感人群。在规划上体现为两类：一是大范围隔离区域的划定，是为了宏观上将疫情传播控制在一定范围内；二是疑似病例隔离点的设置，则是为了在微观区域内控制传染病的传播。SARS疫情之后建成的广州市第八人民医院隔离病区如图4.7所示。

图4.7　SARS疫情之后建成的广州市第八人民医院隔离病区

（2）建筑转换。

中介空间网络层级体现在建筑层面上，则可指对传统的4类医疗建筑的拓展与补充。如综合医院内预留部分传染病防控空间，通过应急预案之干涉，可以摇身一变成为救治空间、隔离空间,可以变成筛查病例的监测空间,也可以一直作为后备空间,等待与疫情的"战斗"。例如,疾病预防控制中心、传染病医院中的研究性实验室,平时可以对疾病信息进行处理,战时也可以有针对性地进行疫苗研制,而这往往是战胜某种突发性传染病的最为根本的手段。又如,某些具备相应条件的基层传染病防控机构,当疫情紧急时,也完全可以作为隔离空间使用,而当传染病致死周期很短的时候,也可以作为应急救治的空间。再如,在SARS疫情暴发时期,北京市海淀区依照自己的实际状况,用最快的速度成立了一个专门的医院——北京市胸科医院,以供非典患者就诊,另外还成立了专门接待疑似非典患者的医院——北京市中西医结合医院,除此之外,将此区范围内运行最为成熟的海淀医院当作发热定点医院(图4.8)。如此一来,该区出现了分别专门接受发烧、疑似以及确诊3类病人的医院,构建了预防、控制、医治互相分离的系统,有效地避免了交叉感染的出现,而且在特定情况下还可以对患者进行不同医院的转移,即上面所述的中介空间网络的构成部分。

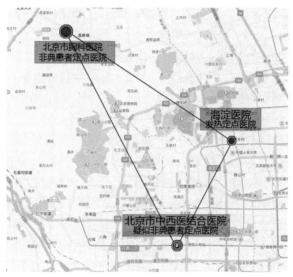

图4.8　SARS暴发期间北京海淀区定点医院分布图

总之,医疗建筑中的这些具备一定的弹性、可变性、应急性的空间,都可以看作中介空间网络的构成要素,它决定了一个国家或城市应对突发性传染病的效率与效益的问题。

(3)技术层面。

中介空间网络层级体现在技术层面上:一方面可指在密集的疫情监测网络之后的网络技术支持,如美国"9·11"事件之后投入大量资金建设的全国公共卫生实验室快速诊断应急网络系统、现场流行病学调查控制机动队伍和网络系统、全国医药器械应急物品救援快速反应系统以及大都市医学应急网络系统等。而这些系统的建立,在这次SARS疫情中,在美国起到了早发现、早诊断、效率高、反应快、及时切断传染渠道等作用,可以认为是美国没有SARS大暴发的主要原因之一。另一方面,也可以指机动性强的应急建筑与装置等,如在2014年非洲西部埃博拉疫情中起了关键作用的移动实验室、医疗船、病患隔离及转运装置等,这些应急装备在针对一些医疗设施配置薄弱的地方,往往是最为关键的。

防控突发性传染病的医疗建筑网络体系分为3个层级:实空间网络、虚空间网络和中介空间网络。上述 3 个部分各自皆有独特的功能,并且分别在不同的时期发挥着至关重要的作用。同时,它们又相互补充,有机地整合在一起,达到预防、控制、救治的三位一体化。

4.2.2　医疗建筑网络运行机制

网络运行机制,也可称为网络协议,原指在计算机网络中为进行数据交换而建立的规则、标准或约定的集合。在这里,用它来指代防控突发性传染病的医疗建筑网络体系中的各元素之间的关系,其决定了这些建筑如何以一个综合、完整的网络体系模式在疫情的全过程中发挥作用。

基于前文中对于网络空间架构的分析,相应的运行机制主要有以下 3 类。

1. 立体空间模式

原有的医疗建筑网络体系萌芽状态中,由疾病预防控制中心、传染病专科医院、综合医院传染病防控空间、基层传染病防控机构所形成的子网络系统呈现水平式延展布局,关系不够密切,运行时常常各自为营。从这样的现状出发,提出了防控突发性传染病的医疗建筑网络立体空间模式。

立体空间模式下的运行机制主要指由医疗建筑要素所组成的 3 个层级之间的空间架构关系,即将真实空间网络、虚拟空间网络、中介空间网络有机地整合在一起,形成多层级的立体空间网络,以达到预防、控制、救治职能的三位一体化,以期形成有效、系统、完整的空间体系。

如图 4.9 所示,一次突发性传染病疫情的全过程从平时开始,经历预备期、暴发期及处理期,如果疫情顺利得以控制,则进入到恢复期。在全过程中,虚拟空间网络的主要职能集中于预备期,其空间形态前面已经提到,是基于互动性和连接性的数目众多的信息采集点所构成的水平空间网络,形成信息采集"面",以密集的形态而网罗全局;真实空间网络的主要职能则集中于处理期,其空间形态属于城市主要医疗建筑布局的部分,是由传染病医院领衔具备救治能力的综合医院在城市中的分布,依托真实的距离、可达性等要素构成的水平空间网络,体现的是救治"点"和"点"之间的大尺度的网,以稀疏的形态而网状分布。

而中介空间网络在这两个层次网络之间的作用不容小觑,除了其在暴发期可以起到相应控制疫情作用之外,其与另两个层次之间的合力作用,虽然无法达到虚拟网络的无所不在,也无法替代实体的网络模式,但它能够通过提供节省时间和成本的功能来支持真实空间与虚拟空间,使得预防、控制和救治职能能够在有机共存的基础之上相互支持,并在特定时刻互为转换。而这时,中介空间网络则成为相对于之前的密集的虚拟网络与稀疏的真实网络之间的联系,串联起整个网络体系,形成立体空间模式。

2. 动态互联协议

作为对立体空间模式的补充,动态互联协议指的是网络中的各医疗建筑在应对传染病疫情时的互操作性和联系程度。协议的主要作用是通过中介空间的医疗建筑变化,对整个医疗建筑网络进行动态调节。中介空间中的一些特定医疗建筑节点就如同介于虚实空间的悬浮体,根据突发性传染病的发展情况,间或补充到虚实网络中,间或成为虚实网络的转化桥梁(图 4.10)。

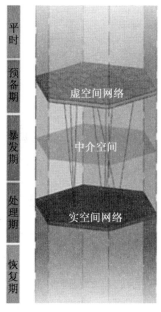

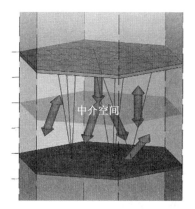

图 4.9　多层次立体空间网络结构　　　　图 4.10　动态化的中介空间

（1）针对虚拟空间网络的动态互联。

针对虚拟空间网络的动态互联指通过中介空间网络的动态变化，增强虚拟空间网络的监测与预防能力。

如在突发性传染病从预备期转向暴发期时，常常会出现信息交互能力不足的问题，这时可在中介空间中建设应急指挥中心，用以组织建立一套完整的应急信息收集、分析、发布、处理、核实工作系统，形成对以疾病预防控制中心为中心的信息网络的补充，并对疫情的防控实现统一部署，快速反应，把危害控制到最低。应急指挥模式与我国的国情具有极高的契合度，已经发展成为当前不同级别公共安全主管部门在应急预案中考虑的首要环节。其中有一条被称为首长可视应急指挥交互系统解决方案，主要指在疫情发生时，省、市级的行政主要负责人可通过整套系统查看事发地点的监控画面，查看公安、交通、作战指挥室等相关单位的情况，并及时发出指令，真正实现平台、通信、部署、指挥及调度的统一。应急指挥系统拓扑图如图 4.11 所示。亦可以在中介空间中完善针对突发性传染病的预防物资储备和分布，以期进行合理的资源调配。

当基层传染病防控机构的监测能力不足以对逐渐蔓延的疫情进行预防时，可在中介空间中设置多个规模更大的监测点，相应策略有在综合医院内设置发热门诊、划定重点防控区域、工作人员上门筛查等。上述手段均能够极大地完善虚拟空间网络的功能，且因为其灵活性、机动性强，使得整个网络体系在发挥功效时具备相应的动态缓冲。

（2）针对真实空间网络的动态互联。

针对真实空间网络的动态互联指通过中介空间网络的动态变化，增强真实空间网络的救治能力。

当突发性传染病进入到暴发期，或者从暴发期转向处理期时，都是突发性传染病病患暴发式增长的时候。这一阶段的暴发式增长的典型特点是局部地区会出现井喷式的救治

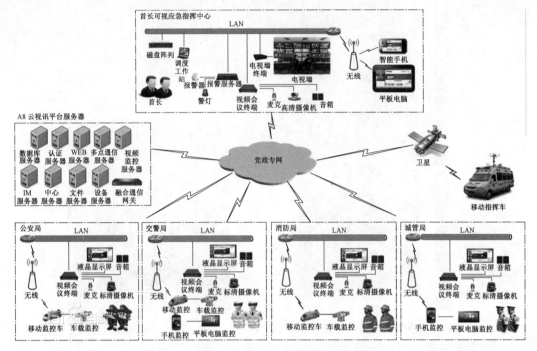

图 4.11　应急指挥系统拓扑图

需求,如 SARS 期间中国香港的淘大花园和北京的北京大学附属第二医院,都出现了大量的交叉式感染,而在出现于非洲的埃博拉疫情中,病毒在极短时期内传染至村落中每个人身上的局面也不在少数。这就需要:一方面,要在短时间内增强区域救治能力,要求周边的医疗建筑系统要能够迅速地做出反应,用最短的时间将中介空间网络中可能的医疗设备、医疗能力马上转换为可以处置疫情的传染科室、传染病医院;另一方面,则对于更为机动灵活的移动式控、治单元的要求也凸显出来了,可以促进快速应对此类突发性传染病的诊断、治疗、隔离,并且可以安全地将已经感染的患者转移至相关治疗机构,或者可以移动式地完成可能感染患者的检查和基本处理,并兼顾将已经发现的患者用隔离的方式转运至更专业的治疗机构的功能,如负压救护车(图 4.12)。

图 4.12　负压救护车

3. 持续发展方向

持续发展方向指防控突发性传染病的医疗建筑网络随时间发展的应变问题。传统的网络不具备自我进化的能力,整个防控网络处于一个相对均匀、简单、平衡的状态,这种平衡状态在处理常见型传染病时,依据既有的经验和救治方案比较容易处理。但是面对新型突发性传染病时,这样一个均匀、简单、平衡的防控网络系统就要向有序、复杂、非平衡的稳定状态演变。宏观上,需要医疗建筑的网络结构具备自组织、自适应能力,实现可持续网络的建设;而在微观上,则要求组成网络系统的节点要素——各类医疗建筑,具备自发运动、自我演化的功能,即可持续建筑。

对于一般的医疗建筑来说,因为其使用者是动态的而非静态的,所以在设计中不应只考虑现在的使用需求,还应考虑兼顾未来的使用需求。对于特殊的防控突发性传染病的医疗建筑来说,可以理解为不仅要考虑到目前的传染病特质,也要考虑到未来可能发生的新型传染病的流行趋势。近年来出现的突发性传染病,如 SARS、甲型 H1N1、埃博拉以及中国广东的登革热等,都说明了一个无奈的事实,即传染病会随着人类历史的发展而不断进化,全范围地根治传染病是不可能的事情。面对这种情况,人类只能通过在每次与传染病抗争的暂时胜利中吸取经验与教训,用以在下一次的传染病到来时能及时发现、严阵以待。具体应做到以下几点:

(1)经历每次的突发性传染病后,虚拟空间网络中监测网点的增加、防控信息网络的建设应该体现出一个递进性的扩展关系,在保证经济效益的基础之上逐步完善监测网络,求得最大的效率。

(2)真实空间网络中具体的医院建筑也要在一次次的战斗中变得更加成熟,拓展业务职能,增强对疫情全过程的控制,重视核心功能与综合能力,以便在面对未来的严峻的救治考验中能够更加稳定。

(3)对于中介空间网络,建议多应用开放建筑与长效医疗的理念,促进一个具有高度灵活性、开放性的医疗建筑体系的生成,并通过适时的调整以应对各种变化和发展,达到可持续地使用和更新。图 4.13 就表达出了医疗建筑在空间架构和设备装置方面的灵活性,其中结构体、建筑立面、屋顶、楼电梯、室内隔墙、卫浴设备、空调、强电、弱电、给排水、消防、医疗气体供应等都可以分属不同层级,而每个层级也具备着不同的适应性。

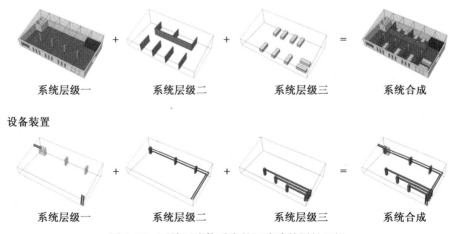

图 4.13　开放医疗体系中的医疗建筑层级组织

4.3　医疗建筑网络的配置计划

防控突发性传染病的医疗建筑网络体系是上位的抽象概念,只有具体到构成网络的每个医疗建筑要素的规划和建筑设计、空间设计策略等,才能更具实践意义,这种将网络体系在城乡规划和建筑设计领域内的具体化可称之为网络配置。防控突发性传染病的医疗建筑网络体系主要有 3 类配置计划。

4.3.1　网络硬件计划——医疗建筑设计策略

网络硬件计划主要指防控突发性传染病的医疗建筑空间构成,属于医疗建筑设计的范畴,是网络配置中较为中观的部分。

1. 功能计划

功能计划指作为整个医疗建筑网络中的个体之一,首先要满足与自己性质、规模、等级、位置等要素相当的防控突发性传染病的功能,不能使自己成为整个医疗建筑网络中的"短板";其次,应从平战结合角度出发,将预防和发现与控制和救治这两类功能有机结合、互为倚重,同时也应从医防结合的角度出发,将医疗与防控这两类功能在保证重点的情况下,有所兼顾;最后,单独的医疗建筑本身,应有效结合其他的医疗建筑,形成医疗建筑集群,使其功能互补,其中功能计划是对于医疗建筑空间构成最基本的要求。

2. 性能计划

性能计划主要指医疗建筑在防控突发性传染病时的效率问题。相对于功能计划,属更上一层级,更接近于"质"的要求。

每一次面对突发性传染病都可谓是一场旷日持久的战争,在战场上,除了要保证一定数量的"士兵"——除医疗建筑之外,每个参与战斗的医疗建筑的战斗力更为重要,这体现在对于生命的抢救效率、对于疾病的控制效率、对于患者的关注效率以及对于患者的康复效率等多个方面。具体到建筑空间构成方面,即医疗建筑设计中的建筑因素如何做到组合最优、协调运转和动态平衡,从而进行更加合理的资源配置,构建理想高效的空间体系。

对于性能计划而言,通常表现在借助科学的运算来对设计过程里的各项主观判定进行审核,检测其合理性;抑或是对已经运行的医院进行校核,找寻其可以改进的部分,并对其实现针对性的完善;对于尚未建设的方案可比照评价模型进行自我检验及调整。

3. 效益计划

效益计划主要指对于医疗建筑在防控突发性传染病的医疗建筑网络建设中的性价比要求。

医疗建筑对于突发性传染病的防控,是设计问题,同时也是一个社会问题,这就必然涉及社会投入的均衡。一方面,从社会的多领域角度来看,对于突发性传染病的防控应做出多大的投入,方可既满足防控要求,也能平衡社会多个领域之间的投资;另一方面,从时间角度上来看,什么样的资源投入方式能够满足在突发性传染病发生时起到充分的作用,而在平时又无资源闲置,不造成浪费。

这就需要在成本控制理念下,采用功能定量下的空间配置方法和空间调节方法,关注建筑全生命周期中的材料、人工和能耗的利用关系。用最低使用标准和最高承受限度等因素来平衡医疗建筑的资源投入。在此,资源投入不单纯涵盖用于建造的资金,还包含着正常运营过程中的人工以及各项消耗的成本。此类计划可以与医院的各项设计整合起来,为新型医疗建筑的研发带来更为多元化的思路。

本书的第 3 章已针对网络硬件——几类重点医疗建筑分别进行了详细阐释。

4.3.2　网络整合计划——医疗建筑规划方法

对于整合而言,指的是将网络构架中的某些分散的元素借助特定手段实现互相之间的关联,进而形成系统整体的协调工作以及资源共享。其核心是将分散的元素整合起来,并且构建成具有高价值、高效率的系统。

整合与分化相对,如果传统的医疗卫生设施规划是将医疗卫生建筑合理均质的分散于城市各区域之中,用人口覆盖数、交通可达性等因素来衡量其功效,那么防控突发性传染病的医疗卫生设施规划则更多体现出网络体系下的整合性,是城市及城乡公共卫生体系规划的一部分,是网络配置中较为宏观的部分。

近年来,我国好多地市都对城乡公共卫生体系进行了重新修编,或者是在城市总体规划的基础上增加了公共卫生体系的内容。但总体来看,侧重于突发性传染病防控部分的则偏弱。本研究提出针对突发性传染病防控的医疗建筑网络整合计划这一概念,即是为了补充这一缺陷。

基于前面的论述,防控突发性传染病的医疗建筑网络整合应该具备以下几个共有的特性:

(1)全面性。

全面性指在医疗建筑的网络整合时,每个医疗建筑的位置都应当统筹兼顾,对于未来的防控范围要考虑周全,且尽量让不同类型的各医疗建筑处于合理的位置。

(2)实用性。

实用性指医疗建筑的网络整合应根据城市规模、城市交通状况、经济条件、城市现有防控力量等因素来具体实施,不宜过疏或过密。

(3)可靠性。

可靠性指无论怎样整合,最终的目的都是保证在出现突发性传染病时,医疗建筑能可靠稳定地发挥作用,使得整个城市的公共卫生体系正常运转。

(4)可持续性。

可持续性指规划整合后所形成的医疗建筑网络不是一成不变的,应便于发展和升级,即随着城市的发展以及医疗水平与传染病之间的此消彼长,医疗建筑网络应具备可持续性,且需要不断地完善和扩充。故而很有必要在规划设计的过程中,将网络后续的延伸以及完善升级纳入考虑的范畴内。

以上特性同时也是对医疗建筑网络整合的指导性要求,是针对医疗建筑网络整合的指导原则,具体的规划控制要素(规划要点)有以下几方面:

（1）防控半径。

防控半径指单个医疗建筑在突发性传染病的防控过程中所能负责的范围。一般可以抽象简化为以医疗建筑为圆心，以防控半径为半径的一个圆形面积。这一圆形面积的边界在理论上是模糊的，距离圆心越近的地方，该建筑的防控力度越强；反之，距离圆心越远，防控力度越弱。

（2）防控区域。

防控区域指多个医疗建筑或医疗建筑群在面向突发性传染病时所能防控的区域范围。不完全等同于每个医疗建筑的防控半径的简单累加，而是依据防控半径所形成的各圆形面积的平均加权，并根据交通条件、区域边界条件等因素所得出的综合区域。这一区域的最大特点就是要有一定的封闭性，这是疫情得以隔离控制的关键。

（3）救治距离。

救治距离指医疗建筑之间面向病患救治的综合转运时间。

本章将针对网络整合计划，即防控突发性传染病下的医疗建筑规划模式进行更为深入的阐释。

4.3.3　网络软件计划——医疗建筑技术措施

网络软件计划主要指防控突发性传染病的医疗建筑网络技术措施，属于建筑设计中偏重于技术的细节处理部分，是网络配置中较为微观的部分。

1. 数字化技术应用计划

当今时代是信息化时代，信息技术在世界上的方方面面都起着不可替代的作用，而信息的数字化也越来越为研究人员所重视。对于突发性传染病的防控来说，走向完全的数字信息化已经是必然的趋势，故数字化技术在建筑设计中的应用也已势在必行。

随着网络的发展，互联网上的信息正以每天几亿兆的速度增加，这其中对于大量信息的搜集和有用信息的筛选甄别也是一门独立的学问。建筑设计的大部分前期资料都可以从网络中获取，变成辅助设计的依据，而许多软件提供的三维虚拟城市环境也为我们提供了更为真实的用地模拟，我们可以借助这两个方面的支持极大丰富我们前期获取的信息，从而使设计更加有的放矢。作为新兴的表现技术，虚拟现实已经广泛应用在了游戏和电影等行业，创造出人们前所未见的光影效果和参与者体验感。作为虚拟现实技术中的一部分，建筑表现技术目前只停留在建筑渲染图、动画的层面，虽然这极大地满足了人们对于未建成建筑效果的好奇和与非专业人士的交流，可是对于建筑设计本身的帮助却是微乎其微的，所以应研究致力于探索一条虚拟现实技术辅助设计本身的应用之路。

基于建筑雏形和界面处理的能耗评价系统，现在已经得到了比较广泛的应用，其中模拟大气环境和地理环境得到建筑生成后的光环境、建筑热损失情况、建筑通风情况和局部气候情况的数据都将为建筑的后续修改和完善提供很好的支持。

2. 安全技术应用计划

在传染病防治的医疗建筑中，安全层面的技术显得尤为关键，一旦出现漏洞，极易对社会造成不可估量的危害。故而在建筑设计的过程中，应当采取隔离源头、断绝传播路径、医治患者的方式来避免病菌扩散的情况出现。

其应用计划可以概括为如下方面：

（1）隔离与流线技术安全隔离控制。

从对交叉感染进行合理规避的角度来看，遭遇突发性传染病时，医疗建筑要坚持"医患分流，洁污分区"的原则，在建筑设计的基础上，对各个不同分区进行区分与隔离，严格控制分区间联系与交通流线，以实现对感染的控制。

（2）空气洁净度控制。

空气洁净度控制对医疗建筑在运行过程中采用的供暖、通风以及给排水设备提出了高要求，因这些设备都有别于普通类型的建筑设备，故这几方面的技术应特殊考量。此外，由于突发性传染病病种繁多，极易通过暖通、空调等设备扩散到院内其他区域，因此在设计时需要考虑采用特殊的技术措施手段进行空气洁净度控制。

（3）特殊病室正负压控制。

对于一些承担传染病救治的病室来说，在有病患入住的时候，其本身就是传染源。这就应当借助正负压变换的控制来与紧急情况结合起来，尽量兼顾，降低医院的运行成本。

（4）废物、废水、废气安全控制等方面。

在防控突发性传染病的医疗建筑内，大部分废弃物、传染病人的排泄物等物质都危险性极高，若不加处理或者没有按照要求任意排放，不仅会造成周边环境的污染，也有着引发更大范围感染，造成更严重后果的隐患。一般来讲，污染废水应依国家标准特殊消毒排放，污染废物应集中消毒处理。

在整个人类的疾病谱系中，传染病占据了浓重的一笔，且随着人类认识世界能力的拓展而不断变迁，并对医疗建筑的规划与设计提出更高的要求。在我国，随着新医改体系的逐步实施，医疗建筑布局也在不断演化，防控突发性传染病的医疗建筑网络模式已经萌芽，并体现出网络协同的趋向。在这种情况下，本章提出了真实空间网络、虚拟空间网络、中介空间网络三位一体的防控突发性传染病的医疗建筑网络空间架构，并将它们间的错综复杂的关系总结为以下3类运行机制：立体空间模式、动态互联协议及持续发展方向。最后，对网络空间架构和网络运行机制的具体化进行了指引，即从宏观角度，以城乡医疗卫生设施规划为主体的网络整合计划；从中观角度，以医疗建筑空间设计策略为主体的网络硬件计划；从微观角度，以医疗建筑技术服务措施为主体的网络软件计划。

诚然，一个完善的防控突发性传染病医疗建筑网络的正常运转还需要政策、管理、公共危机处理、防灾减灾等多方面的协同，但对于医疗建筑网络结构的改进与更新方为"治本"之道。搭建起这样的网络，将使防控突发性传染病的医疗建筑网络体系更加确定与明晰，既有助于整体上发挥系统的合力，共同抵御突发性传染病带来的高风险与强危害，也会使个体医疗建筑本身有了增强实力的契机而建设得更加完善。这一建设任重而道远，涉及对目前已有的网络结构、网络布局以及网络中各要素的深层次调整，困难与风险必然共存。可喜的是，由于全球化带来的信息系统愈趋强大，上述的演变趋势在许多发达国家已有所呈现，这也为我国医疗建筑的发展提供了可供借鉴的样本。

4.4　医疗建筑网络的整合模式

　　"城市规划和城市整治是有意识的干预,因而也就是实践(即行动)。换句话说,这种规划与整治实际上就是落实、履行、做法、应用、与现实进行对比、踌躇,由此产生的是经验而不是知识。"

——皮埃尔·梅兰

　　诚如皮埃尔·梅兰所说,防控突发性传染病的医疗建筑网络体系,不能是超然于城市的存在,需要在城市中落实、履行、应用及实践,由此所产生的宏观的网络控制更类似一种网络整合模式,具体表现为医疗建筑的城市规划问题,隶属于城乡医疗卫生设施规划的一部分。

4.4.1　整合的目标与原则

1. 整合目标

　　医疗卫生系统是城市建设中最为重要的一环,是保障、维系、增进人民健康的一项公益事业,是构建和谐社会的重要条件,促使着人类社会的进步与发展。其中,城市医疗卫生设施布局规划是为了满足国民不同层次的医疗卫生服务需求,对医疗卫生机构的发展、土地利用、空间布局以及各项设施建设所进行的综合部署、具体安排和实施管理(图4.14)。其布局适宜与否、相应设置标准的高低等,都对城市建设水平和居民的生活质量造成直接影响。一般来说,一份合理的医疗卫生设施布局规划,体现着对卫生资源的合理配置和有效利用,应匹配行业规划的发展要求,顺应医疗卫生体系的改革方向,促进医疗卫生体系和社会发展的步调一致,可持续地改善人民健康水平。

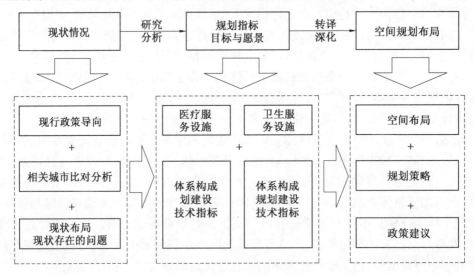

图 4.14　城市医疗卫生设施布局规划的基本框架

　　在与突发性传染病相关的一系列医疗建筑中,疾病预防控制中心作为"神经中枢"、传染病医院作为"网络伺服"、大型综合医院作为"网络拓展",其数量虽不多,但却应更多地发挥起控、治突发性传染病的核心职能。在规划布局上,位置的选择变得尤其重要。一方面,如何在城市的公共卫生系统规划中落好这"寥寥几子",使其"针灸式"地带动起整个城区、市域的医疗建筑网络是最终目标;另一方面,基层医疗机构所构成的多点触控式"神经末梢网络"也是防控突发性传染病的重要医疗模式。在功能设置上,应该具备全范围、缜密的查筛、预防能力,既能在疫情初发时及时发现传染源,又能提供灵活的隔离空间,以便在疫情传播广泛时适当控制病情,同时,还应具备一定的功能转换和对接能力,在疫情全过程中保持与其他医疗机构良好的协同运转。

因此,本节研究的主要任务就是探讨在现有的城乡医疗卫生设施规划体系中,如何建立一个面向突发性传染病的医疗建筑防控网络布局框架,以及在这一框架下的防控突发性传染病的医疗建筑规划模式,协助政府和医务工作者有效防控突发性传染病。同时,还能与其他医疗机构相辅相成,在医疗建筑研究领域内对国家的防控政策进行响应和配合,并促进新医改政策在疾病防御体系的具体应用。

2. 整合原则

(1)系统协同原则。

把防控突发性传染病的医疗建筑网络视为一个系统,则系统内各要素之间以及要素与系统所处环境之间的协同非常重要。本原则主要体现在以现有的城市医疗卫生设施布局现状为基础,以当前突发性传染病的演变趋势与防控政策为导向,以各单体的医疗建筑本身为骨架,以除医疗卫生设施之外的城市公共设施配置(如交通系统、危机管理体系、防灾减灾系统等)为依托,协调系统内部要素之间、子系统之间的平衡关系,全面创新和完善协同机制、运行制度和功能组织,实现突发性传染病的整体防控。

(2)多目标协调原则。

多目标协调原则指在规划目标的确立上,追求在不同的突发性传染病的情况下,以及在一定的社会资源调配的约束条件下,协调不同城市区域的医疗卫生设施规划,使得平时和战时的医疗卫生设施功能得到平衡,实现医疗建筑网络在空间和时间的连续性和一致性,也使得整个网络体系达到整体功能的最优化,即当前效益、长远效益和各自效益最大化,以及三方效益的合力更大化,从而实现突发性传染病的多层级防控,其计算公式

$$E_{整体} > E_{当前} + E_{长远} + (E_1 + E_2 + \cdots + E_n)$$

其中

$$E_{当前} \rightarrow \infty, E_{长远} \rightarrow \infty, E_n \rightarrow \infty$$

(3)优势互补原则。

优势互补原则指在规划过程中,应按照不同医疗建筑的职责权益进行分工与协作,加强不同尺度区域内的医疗资源、医疗空间、医疗技术、医疗信息等要素的重组,在突出各自特色的同时,兼顾医疗建筑功能的可变性与转换性,并加强不同尺度的规划衔接,注重区域协同,强调一体化发展,从而实现突发性传染病的弹性防控。

(4)可持续原则。

在医疗建筑网络的统筹布局中,要正确考虑每个医疗资源与其他医疗资源之间以及其所处区位、社会的关系,着眼代际公平,实现经济、社会、医疗资源、环境的协调发展,从而实现对突发性传染病的可持续性防控。

3. 网络整合下医疗建筑规划的特质

以上这些原则都使得防控突发性传染病的医疗建筑网络体系体现出兼顾静态联系与动态变化的特质,使其能全面均质地覆盖到突发性传染病的全范围,并能够在突发性传染病的全过程中发挥灵活机动的作用,将这种特质用两个字来概括,即联动。

以往的大量案例都表明,突发性传染病是"不发则已,一发惊人",暴发时更是"携汹汹之来势,殃芸芸之众生"。若不能第一时间发现并控制,便如洪水猛兽般快速扩散。要达到有效预防、及时控制的要求,迫切需要医疗建筑形成完整的网络布局。而在突发性传染病的发展过程中,"网"中之"络"如何针对疫情的变化而变化,在及时迅速的调配医疗资源的同时又不顾此失彼,也是关键的问题。

于是,我们可以从"网"和"络"两方面来探讨网络整合下医疗建筑规划的特质。

(1)医疗建筑规划"网之联"。

单纯从字面角度来理解,网络中的"网"字偏重于静态联系,是一种布局的模式,其关键在于"联",具体可用3个意义相近又存在一定微差的词汇来表达:

①联结。

联结指互为相连,并结而成网,是各网络要素之间联系的最基本要求。在一定区域内,医疗建筑之间有着合适的交通距离,具备一定的人流、物流可达性,且保持通信畅通,才可以说具备了医疗建筑网络的雏形。

②联合。

联合指在联结所成的区域网络中,在疫情发生时,部分相关网络要素具备在统一指挥下紧密合作的可能。

③联营。

联营指在疫情发生时,若干网络要素之间可紧密合作;而在无疫情时,也可探求功能之间的协同,共同营造。

三种"网之联"在字面上区别不大,但却因分属3类不同空间尺度而体现出微差,并分别对应于疫情的不同阶段,即疫情潜伏期和预备期的初现阶段,以防为主的城市医疗建筑网络联结;疫情暴发期的广泛阶段,以控为主的区域间医疗建筑网络联合;以及在疫情全过程中若干医疗建筑之间在空间构成模式中的网络联营(表4.3)。

表4.3 "网之联"不同模式层级示意

联动网络模式	联结	联合	联营
城市域面	全城市范围	城市局部区域	若干医疗建筑之间
过程阶段	疫情初现阶段	疫情广泛阶段	疫情全过程
网络模式简图		联合区域A 联合区域B	功能联营 功能联营

（2）医疗建筑布局"络之动"。

相对于"网"字的静态之联，"络"字更具动态意味，其也可用3个以"动"开始的词汇来表达：

①动势。

动势指在网络体系之中，从较大尺度的全城市范围来看，医疗建筑的布局所自然体现出的扩张、紧缩、集聚、离散等"动"的势头或形式。

②动态。

动态指在网络体系之中，从中等尺度的城市局部区域范围来看，医疗建筑所形成的联合布局，随疫情的规模、大小、严重程度以及暴发点位置的不同等而呈现有机变化的态势。

③动平衡。

动平衡指在网络体系中，从微小尺度的医疗建筑单体或组合来看，医疗建筑内部空间模式体现出的变化中的平衡。例如常规医疗功能空间和用于防控突发性传染病的功能空间在互为区别的同时也互相依存；再如不同功能属性的建筑单体之间的联营等。

3种"络之动"在字面上的区别不大，但却因分属3类不同空间尺度而体现出微差，并分别对应于疫情的不同阶段，即疫情潜伏期和预备期的初现阶段，以防为主的城市布局动势；疫情暴发期的广泛阶段，以控为主的区域间布局动态；以及在疫情全过程中建筑空间构成模式中以适应为主的空间布局动平衡（表4.4）。

表4.4　"络之动"不同模式层级示意

联动网络模式	动势	动态	动平衡
城市域面	全城市范围	城市局部区域	医院建筑内部空间
过程阶段	疫情初现阶段	疫情广泛阶段	疫情全过程
网络模式简图			

将上面的"网之联"与"络之动"综合来考虑，会发现它们作为一对共轭关系，互为配合。"网之联"是"络之动"的根本，而"络之动"是"网之联"的外延，两者相辅相成、互为补充。从这两个角度的合力出发，可以很清晰地建构整个防控突发性传染病的医疗建筑网络规划模式。

这样的规划模式，将具备以下特质：

①层级均衡，整体平衡。

②动态多变，变化快、转化能力强。

③灵活适应，多区域适应，多时段适应。

将它们统一在医疗建筑上，即为联动网络模式。这一强调均衡性和层级性的网络整合模式，将具备快速动态变化、强转化能力、灵活的适应能力等特点。同时，作为一种网络体系,也将更为整体与平衡。网络整合模式以现有防控突发性传染病的医疗建筑为基础,最大限度地发挥医疗建筑对突发性传染疾病进行预防控制的能力,同时,还适当考虑到平灾结合,在非疫情期可以转化为普通医疗机构,充分发挥医院基础设施的效用,并有利于社会资源的合理配置。

4.4.2　垂直整合模式

突发性传染病与一般的疾病不同,其更多地体现出随时间快速演变的趋势,而在这一趋势下,医疗建筑防控网络的适应性和防控尺度也处在变化中,故对于突发性传染病的防控会涉及时空二维的复杂演变过程,而如何寻求一种科学的、切合实际的多层次间医疗建筑规划也是一个复杂的议题,涉及从规划功能、规划技术到规划程序的全方位调整。

在明确了医疗建筑网络的联动框架之后,防控突发性传染病的医疗建筑网络整合便可以概括为垂直性和水平性两种范畴。其中垂直性整合更像一次对现行城市医疗卫生设施规划的一次专篇性补充,且偏重于"规划"二字中更具政策意味的"规";而水平性整合则更偏重于具设计意蕴的"划",是单层次网络中的协同,具体为构成医疗建筑网络体系的各层次内部医疗建筑要素的分工与协作,着眼于医疗建筑综合的整体优化,体现在各医疗建筑要素之间以及与城市空间布局、开发时序的协调关系中。前者是宏观规划层面的多因子协调,是运营整个网络体系的基础和前提;后者则是网络体系的落实与细化。

1.垂直整合背景

在我国现行的城市规划相关规范中,涉及了部分有关医疗建筑的内容,但并未专门性的提及医疗卫生设施规划。

在2012年1月1日起实施的《城市用地分类与规划建设用地标准》(GB 50137—2011)中,医疗卫生设施用地属A大类公共管理与公共服务用地中的A5中类医疗卫生用地,其中综合医院、专科医院、社区卫生服务中心属A51小类医院用地,传染病医院等属A53小类特殊医疗用地,而社区卫生服务站则属于R大类居住用地中的R32小类服务设施用地。

在《城市公共设施规划规范》(GB 50442—2008)中,提出了医疗卫生设施规划千人指标床位数、医疗卫生设施规划用地占中心城区规划用地比例等规定,并提出一系列要求,如大城市中应预留"应急"医疗卫生设施用地;医疗卫生设施用地布局应选址在环境安静交通便利的地段,并应适当考虑服务半径;传染性疾病的医疗卫生设施宜选址在城市边缘地区的下风向等。

而在一般的城市总体规划中,在2003年SARS疫情以前,对于医疗卫生设施规划基本上是以一张医疗卫生设施布局规划图来简要说明的。2003年SARS疫情之后,加上新医改政策的实施,一些城市开始重视医疗卫生设施规划的编制,出现了以医疗卫生设施规划为主的城市总体规划修编,或者是专门的城市医疗卫生设施专项规划以及布局规划专篇等,并基于此制定了卫生管理服务体系规划和相关政策措施,明确了城市卫生事业的发展目标。同时,这样的医疗卫生设施规划,通过合理配置和有效利用医疗卫生资源,将医疗卫生行业规划与该城市的规划更好衔接,为国家医疗卫生政策和医疗卫生行业标准在空间上的落实提供了相应保证。

　　这些新出台的专项规划均体现出了对于疾病预防控制体系的强化。在新的架构下，疾病预防控制中心、专科防治所、中心血站、妇幼保健站等疾病预防控制机构都有所提及；对于紧急救援中心、急救站等，也要求地级以上城市必须独立建设。如在广州市天河区的医疗卫生设施布局规划（图 4.15）中，对专科疾病防治机构、疾病预防控制中心、卫生监督所等都做了说明。这些措施的出台对于突发性传染病的防控来说，是一个可喜的趋势。但如果细究这些专项规划，会发现仍存在着一些不足之处：

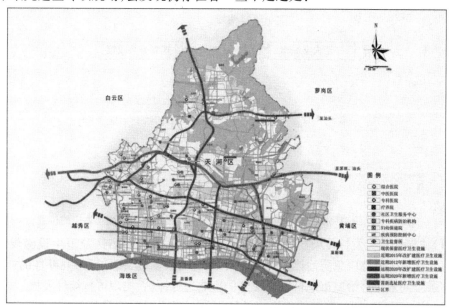

图 4.15　广州市天河区医疗卫生设施布局规划图

　　（1）较为偏重医疗救治体系，对于疾病防控体系缺少专门的规划设计。

　　（2）规划制定的基本指标过于固定、笼统，如千人床位数、城市医院床位总量、医疗卫生用地总量等；而在对于医疗建筑的服务能力的考量上，可达性、覆盖率、服务半径等因子的确定也稍显静态，没有很好地顾及突发性传染病疫情在时间上的瞬息万变的特点。

　　（3）在规划中对于指标的刚性和弹性区分不够。

　　基于以上种种，本章提出在城市医疗卫生设施专项规划中专门加入防控突发性传染病的城市医疗建筑规划专篇，作为对现有专项规划的补充，同时也作为在突发性传染病发生时，抵御疫情的技术依据（图 4.16）。

　　下面从规划功能、规划技术及规划程序 3 个角度对防控突发性传染病的城市医疗建筑规划专篇进行说明。

2. 规划功能整合

　　防控突发性传染病的城市医疗建筑规划专篇在规划功能的整合上：首先，应突出规划的可持续性与弹性，这两点也是其作为城市医疗卫生设施规划有力补充的出发点；其次，作为现有城市规划的补充，应充分尊重上位规划的要求，既有独立性，又能与上位规划互补；最后，还要具备相应的可操作性。主要体现为以下几方面：

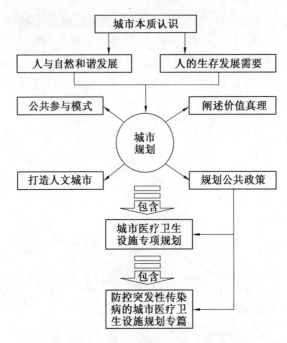

图 4.16　防控突发性传染病的城市医疗卫生设施规划专篇在规划中的位置

（1）协调防控突发性传染病的医疗建筑网络体系、现有城市医疗卫生设施规划体系与城市公共卫生事件应急防治体系之间的关系，针对平衡性、多样性与互补性的概念对 3 方面体系协同合作将给城市危机管理带来的影响进行评估，实现可持续性发展。

（2）依托不同时期的突发性传染病的特点，倡导连续性、多目标性、开放性和弹性的规划思想，允许医疗建筑网络体系的自发性成长，制定近、中、远期规划，并根据全世界内突发性传染病的演变趋势不断修正和完善，增加规划的开放性和灵敏度。

（3）尊重城市上位规划，加强真实空间、虚拟空间、中介空间三级架构下的医疗建筑网络规划间的衔接，并强调三级架构下空间布局的一体化发展。

（4）着眼于规划系统的整体优化，加强医疗建筑布局与交通、通信、基础设施、物质储备、应急场所等与城市危机管理相关的公共部门的整合与联系，协助防控突发性传染病的医疗建筑网络的建设，推进我国的城市危机管理走向精细化。

（5）要将物质规划与城市的社会、经济、生态规划相结合，充分考虑经济成本、社会影响与生态环境等问题，充分利用现有城市医疗卫生设施资源，在通盘的考虑下，确保规划的针对性、可操作性与实战性。

（6）承担社会责任，体现社会关怀。通过规划手段规范与促进卫生应急专业人员的应急处置能力，并借此带动社会公众的卫生应急意识及传染病防范意识，向社会公众普及危机应急知识及相关的传染病知识，有效减弱传染病引发的恐慌。

3. 规划技术整合

实现防控突发性传染病的城市医疗建筑规划功能整合的基础在于规划技术体系的整合。由于防控突发性传染病的医疗建筑网络体系是一个涉猎到城市规划学、建筑学、危机管理学、社会学等多个学科的研究，故在规划上也应以相关的城市医疗卫生设施规划理论与方法为基础,广泛借鉴相关学科的理论与方法,并充分运用信息网络技术、数字化技术等。

让·保罗·拉卡兹在所著的《城市规划方法》一书中,提出了城市规划的几种类型以及在每种类型下的专业干预方法(表4.5)。

表 4.5　城市规划方法分析表

方法类型	首要目标	侧重的城市方面	城市要素	参考标准	专业范围	主要决策方式
战略规划	城市空间结构的改造	经济中心	时间	生产效率	工程师经济学家	专家政治
城市布局规划	建设新街区	建设现场	空间	美学文化标准	建筑师城市设计师城市整治人员	独裁
可参与的城市规划	居民日常生活中的改善	社会关系的空间	人	空间占有习惯标准	社会学家社会活动家	民主
管理的城市规划	提高现有服务的质量	服务业网状系统的集中	服务	适合成本/效率比的要求	管理人员	管理
通信的城市规划	吸引企业	整体概貌	象征性外貌	知名度	建筑师通信专家	个人化

从表4.5中可以看出,防控突发性传染病的城市医疗建筑规划作为总体城市规划下的专项规划,首先具备了城市战略规划的属性,其改变的是城市中医疗空间的结构。故常规的城市医疗卫生设施规划中所使用的方法均适用于此。

除此之外,其他相关学科的理论与方法也值得借鉴与交叉利用。从基础理论角度来看,主要包括系统论、协同论、区域发展理论、可持续发展理论等;从城市公共危机管理角度来看,主要包括公共危机管理学以及风险预测与评估、危机协同治理等辅助理论;从公共卫生事业角度来看,主要包括公共卫生管理学以及流行病学、传染病学、卫生统计学、医院管理学等辅助理论。

而信息网络技术与数字化技术的出现,也会促进防控突发性传染病的城市医疗卫生设施规划的编制与实施。基于信息互联技术,可以构建出面向突发性传染病的医疗建筑一体化预防网络、面向突发性传染病的医疗建筑智能化控制网络、面向突发性传染病的医疗建筑应急救治网络等。基于数字化网络技术,可以构建基于云数据库的突发性传染病疫情广泛分析平台、基于GIS算法的突发性传染病疫情精确控制平台、基于遗传算法的突发性传染病疫情优化救治平台等。

相对来说,只要人类没有从根本上消灭传染病,那么,对于防控突发性传染病的医疗建筑的规划研究就会持续发展,且成为城市规划中不可分割的一部分,强调一种基于经济、社会、公共卫生系统相互联系的,涉及多个层级的,联系的、动态的、弹性的规划方法,

并追求经济、社会、公共卫生的可持续性。因此,必须通过以下几个方面实现经济目标、社会目标、公共卫生目标的协调:

①形成三方规划团队。

防控突发性传染病的城市医疗建筑规划的规划团队应以不同学科领域的人员组成,主要为以下3类:从事规划研究的学者、规划师、建筑师等,是规划编制及综合协调的主力;大量的从事传染病防治的医务工作人员,以征求意见和问询的方式参与到规划中;当地政府、专家咨询组、公共危机管理专家、社区代表等,承担规划审核的责任。

②确立防控突发性传染病的城市医疗建筑规划的利益相关者。

除在疫情时的控制与救治之外,平时大量时间内的医疗建筑应提供给公众使用,这时就需要保证公众的参与,希冀这一专项的规划能为全民卫生事业、为社区的发展提供机会。

③突出监督规划执行的必要性。

评估和预见可能的风险,创造一个适应突发性传染病变化的过程和以城市公共危机管理为主的规划。

④在规划时,不拘泥于静态的布局。

应该提出多种可能性方案,为分阶段的防控提供不同的机会,提高战术上的可操作性、选择性及应对疫情的敏捷性,同时,整合不同层次的决策,确保决策的连贯性。

4. 规划程序整合

在城市已有审批通过的城市医疗卫生设施规划及公共危机管理应急体系的情况下,防控突发性传染病的医疗建筑规划应包括规划前置作业、规划目标确定、规划制定、规划实施和调整4个阶段。而不具备这些条件的城市,在规划时还应该加上前期准备阶段(图4.17):

(1)规划前期准备。

根据现有城市医疗建筑布局情况,分别抽取出面向突发性传染病预防、控制和救治的医疗建筑网络情况。

(2)规划前置作业。

规划前置作业分别从突发性传染病预防、控制和救治的角度对现有城市医疗建筑体系进行网络评价,并根据评价结果,对现有医疗建筑网络进行 SWOT 分析,找出优势、劣势、机会和威胁。

(3)规划目标确定。

规划目标确定包括确定防控战略及目标、界定重点防控区域和发现潜在防控区域,确定该规划的目标和相对应的策略等。

(4)规划制定。

对原有的医疗建筑布局进行调整,并制定新的、具体的医疗建筑布局规划。

(5)规划实施和调整。

实施和调整可区分为两种情况。可能在规划实施之后,一直无疫情发生,在这种情况下,调整的原则与依据为效率优先,即目前的这一套突发性传染病防控系统是否可以满足平时的公共卫生事业的需要;而当疫情发生时,则可以检验上一轮规划的适应性,在这种情况下,调整的依据则为在疫情的全过程中是否发挥了应起到的作用。

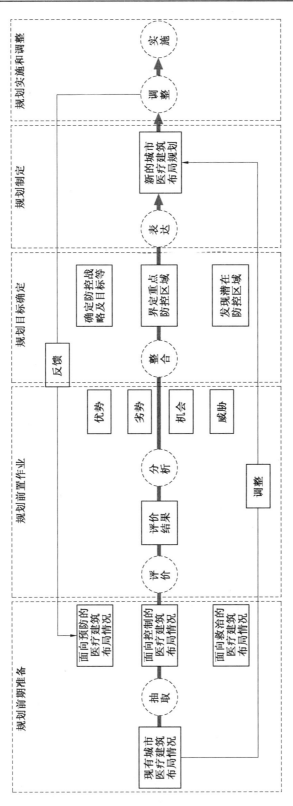

图 4.17 防控突发性传染病的城市医疗建筑规划流程示意

4.4.3　水平整合模式

相对于垂直整合模式在规划功能、技术、程序方面的探讨,水平整合模式则体现为具体的医疗建筑规划模式。

前面已经说过,在网络整合下,防控突发性传染病的医疗建筑网络体系体现出联动网络的特质,且在城市的不同域面上、传染病疫情的不同阶段中体现出不同的模式。其同样也对应着网络结构的3个水平空间架构,即虚拟空间网络、真实空间网络和中介空间网络。

1. 虚拟空间网络中的医疗建筑规划模式

远距离的、基于网络的联系的日益重要性意味着城市经济日益被电子通信的逻辑或者虚拟规律所推动,这个电子通信是一个新的节点和枢纽、加工和控制中心。后信息时代将移走地理的限制,数字生存将包括越来越少的对特定时间特定场所的依赖,并且场所自身的传输也将变得可能。

——尼葛洛庞帝

(1)联结。

防控突发性传染病的医疗建筑虚空间网络,更多的是具备一种赛伯空间的属性。它主要起着预防的作用,即通过无处不在的网络覆盖,及时发现疫情,并经过虚空间网络内的联系,将疫情转化为有用的信息。从这一角度来说,采集疫情和传播消息便成为这一网络层级下的主要功能,前者仍是实体空间、物质城市网络的范畴;后者则以虚拟城市网络的形式存在,服务于前者的物质城市网络,通过提供节省时间和成本的功能支持物质城市网络。两者互为结合,共同以智能方式扩展防控突发性传染病的医疗建筑虚空间网络。

从虚空间网络结构的这一特性出发,承载防控突发性传染病的虚空间网络的主要网络要素呈现出两种状态:一是集中布局的疾病预防控制中心;二是分散布局、无处不在的基层医疗机构。因两种医疗建筑的性质、功能、规模、数量、覆盖面等方面有所不同,故在整个虚空间网络结构中所起的作用也不尽相同。疾病预防控制中心在整个网络结构中属于"大脑"和"神经中枢",而大量的基层医疗机构则就像连接到"神经中枢"的大量的"神经末梢",而"中枢"与"末梢"之间的联系呈现出"联结"的趋势,即各成结点,虚拟相连(图4.18)。基于此,若将基层医院看作城市中的一个个医疗点,每个医疗点都以线性的方式与城市中的突发性传染病防控枢纽(疾病预防控制中心)相联系,这样的网络形式称之为"联结"。

可以看出,在城市医疗建筑虚拟空间网络布局下,如何能保证资源、信息的畅通性,已成为医疗建筑规划布局的重点。由电子数据集合构成的赛伯空间,无法代替真实空间,但却可以通过提供节省时间和成本的功能来支持真实空间的存在。这也说明,在虚拟空间网络布局内,虚拟网络服务与现实的基层医院分布应相互共存,并且前者服务于后者,并以智能的方式促进着扩展城市区域的可能性。

(2)动势。

实际上,每个城市都有着自己独特的一面,城市边缘的中心新城、城市旧区的城中村等,都经常存在着背弃城市人口分布的大趋势。故根据每个城市人口密集度的不同,防控

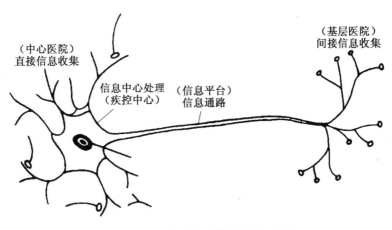

图 4.18　虚空间网络"联结"趋势示意图

突发性传染病的医疗建筑虚拟空间网络还应体现出动势的特点,即预防的中心极化与控制的边缘离散。

中心极化与边缘离散的概念来源于增长极理论与核心-边缘理论。增长极理论公认最早由法国经济学家弗朗索瓦·佩鲁在经济学领域提出,并由法国地理学家 J·布德维尔等人在 1957 年将这一概念引入地理空间。其核心理论为,在任意区域之中,并非所有地方都能够均质地增长,而是从一些增长点开始,然后通过不同的渠道向外扩散,进而带动整个区域,而这些增长点的极化是空间结构重组过程中新节点形成并壮大的根本原因。在此基础上,弗里德曼又发展出了核心-边缘理论。他认为,任何一个国家或区域都是由核心区域和边缘区域(转向繁荣区、转向衰退区和资源未开发区)组成的,核心区域由一个城市或城市集群及其周围地区所组成,边缘的界限由核心与外围的关系来确定。核心区域对边缘区域起着支配和控制作用,其主要思想在于:生产要素从边缘向中心转移,边际生产力最高,经济发展将使区域收入和福利差异逐步缩小。

这两个理论为突发性传染病防控网络体系中医疗建筑的布局提供了相应支持。对于预防行为来说,其主要承担的医疗建筑为城市中密布的基层医疗机构。我国的基层医疗机构在现有城市发展建设的基础上,其规划布局一般为如下模式:在城市中心,以综合医院为中心的城市区域,基层医疗机构的密度大于其他区域的医院密度,基层医院成为综合医院的辅助与补充;同时,由于城市中心区域人口密度大,基层医院的功能设置更偏重于突发性传染病的预防,控制功能则依托于综合医院。从大的网络体系来看,这体现为"预防的中心极化",即离中心联结点越近,基层医疗机构更应注重无疫情时期的传染病预防。

而那些位于城市边缘区的基层医疗机构,因其大部分以新建为主,则传染病控制的基础设施数量、质量均高于区域中心的基层医院,这使得在疫情初期,一旦发现疑似病例便能够立即在就近的、具相应实力的基层医疗机构进行短期的隔离观察,发挥防控作用。从大的网络体系来看,则体现为"控制的边缘离散",即离中心联结点越远,基层医疗机构更应体现出预防与控制的综合效应。

这种中心集聚与边缘离散的扩张趋势,即体现为虚拟空间网络架构的动势。

综上所述,动势联结的网络模式,有利于解决新旧城区医疗建筑网络衔接不够畅通的问题。这样的层级模式可使城市边缘区的医院发挥更大的作用,也有助于弥补我国目前在流动人口传染病防控中所存在的盲区。这样的规划布局模式,可促进医院建筑区域网络的合理建构与逐步完善,将使基层医疗机构功能愈趋全面,中心极化作用将慢慢减弱,而边缘离散作用将逐渐增强,网络体系也逐渐趋于均衡。

2. 真实空间网络中的医疗建筑规划模式

前面已经提到,针对真实空间网络架构的特性,防控突发性传染病的真实空间网络的主体是传染病医院和综合医院传染科(室)。不同于虚空间网络架构中,各网络要素可以依靠无处不在的数字化通信系统所联结的模式,在真实空间层次下,城市交通能力、物流转运能力、区域隔离能力、城市生命线控制能力等都会对网络布局产生影响。医疗建筑救援安置场地、医疗资源调配、医疗搜救末端也是需要适当考虑的因素。而传染病医院以及综合医院传染科(室)的预警能力、隔离能力、救治能力、平灾转换能力等则成为至关重要的因子。

(1)联合。

联合主要指在疫情发生之后,在城市局部区域内的一种医疗建筑网络布局模式,这里的区域一般指疫情的暴发区域。在这一网络模式下,区域内的数个具有救治能力的医院围绕着区域中心医院,联络结合在一起,共同抵御传染病的扩散趋势,是为联合控制,简称联合。

一直以来,我国的城市规划都是将医疗卫生设施归属于公共服务设施类,按服务半径的不同来寻求其在城市中的均值分布;如《综合医院建设标准》(2014 年修订版)规定:综合医院的建设规模,按病床数分为 200 床、300 床、400 床、500 床、600 床、700 床、800 床共 7 种,一般情况下,宜建设 300 床、400 床、500 床、600 床共 4 种建设规模的综合医院。按照这样的规定,随居住区分布的不同,城市中医院分布的理想状态应该是各种级别兼而有之。再来看目前中国城市内的医院现状,却往往是大医院人满为患,小医院门可罗雀。这种情况虽然还属于医疗改革转型期中的“阵痛”,但也反映出了那种按居住区级设置综合医院的方案的不合理性。

于是,多个城市都针对这种现状,进行了适当的政策性调整。如《广州区域卫生规划(2001—2005 年)》就提出:“建立以综合医院、专科医院为依托,社区卫生服务机构为基础的医疗服务系统”,同时鼓励各区“医院间多种形式的合作合并,走医院集团化的管理道路,形成 2~3 个区域医疗中心,充分发挥医疗资源的规模效应”。而对于其中能够承担突发性传染病防控任务的医院来说,面对综合性更强,且占地面积均较大的需求,并考虑到医院的污染程度,这样的政策反而显得更加适宜。

而根据近年来突发性传染病扩散时的特性,在疫情大面积扩散时,仅仅依靠在医院隔离患者,已很难更好地控制疫情。如果能将疫情隔离与控制划定在一定的区域范围内,形成“孤岛效应”,则会更为有效。如在 SARS 疫情中,2003 年 3 月,疫情在高密度的淘大花园居住区暴发,截至 4 月中旬,整个居住区内共有 321 宗 SARS 个案,且大量集中在 E 座,占总病例数的 41%。在集中的区域性暴发与迅速扩散的情况下,中国香港政府采取史无前例的紧急行动,宣布把淘大花园 E 座紧急隔离 10 天,所有 E 座的居民,除了事前暂住亲友家中的人员外，一律强制迁进鲤鱼门度假村和麦理浩夫人度假村隔离。虽然这是面对疫情暴发时的无奈之举，但也充分表明了，在防不胜防的呼吸道型传染病面前，孤岛式的隔离是控制传染源、切断传播路径的最佳选择。

而随着疫情的发展变化，"孤岛"内的配置较完善、专业性较强的传染病医院或个别规模较大的综合医院可以迅速转变为区域内的控制中心，因其具备着较强的传染病控制和一定的救治能力，可以成为孤岛区域内的二级枢纽，向上担负起单方面与城市疾病预防控制中心和大型综合医院的信息、医护人员、医疗设备的沟通和衔接任务，向下则负责组织网络内其他基层医院进行有效隔离与救治。

（2）动态。

在前面提到的防控"孤岛"中，每一个"孤岛"中的医疗建筑都会形成一个防控的联合体，在面对汹涌而来的突发性传染病时，医院间联合体发展变化的情况，可呈现出依疫情暴发点位置、规模大小、严重程度的不同而有机变化的态势，称为动态。

在动态趋势下的常见的医疗建筑联合体模式为"1个中心+1个枢纽+N个隔离点"。其中，一个中心，即传染病救治中心，一般由区域内实力强劲的传染病专科医院和综合医院承担；一个枢纽，则指救治中心之外的负责病患收治、隔离、转运的医疗空间，一般由后备医院来承担；而区域内的其他医疗建筑则作为战时的隔离点。

这样形成的"1个中心+1个枢纽+N个隔离点"的联动网络，一方面可以根据传染病的暴发区域，迅速调整联合范围，在不同区域内部组织起更具防御能力的控制网络；另一方面，也可以根据不同时期、不同类型的传染病的特点，在二级枢纽的选择上产生动态变化。"枢纽"对"中心"的单方面联系，使疫情信息能够最快速地传递给上层医院，患病人员也可以进行迅速地转移，减少患病人群对其他人口的传染概率。

图4.19显示了理想状态下的医疗建筑网络体系模型。从中选取特定区域，随着突发性传染病暴发点的不同和隔离"孤岛"范围的变化，从而使医院A和B发生了从基层医疗机构到二级联系枢纽的动态转变（图4.20）。

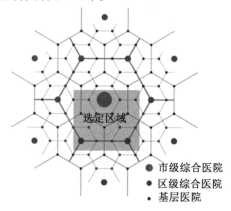

图4.19　理想状态下的医疗建筑网络体系模型

另外，各个区域控、治单元的区域范围之间保持一定的搭接，在必要时，可以进行相互的转换与范围的调整。这样的动态联合的网络模式，有利于解决在突发性传染病大规模暴发时，集中精力在关键点位上的问题，而其一直处于动态变化中的模式，除了有助于在疫情时充分发挥医疗建筑网络体系的作用之外,也使得城市医疗建筑不至于产生功能冗余式的资源浪费。

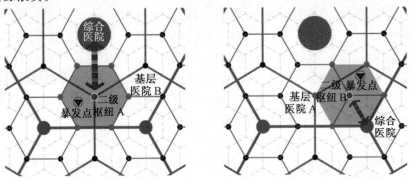

图 4.20　作为二级枢纽的基层医院动态变化

3. 中介空间网络中的医疗建筑规划模式

前文中已经提到,防控突发性传染病的医疗建筑网络中介空间并没有实质的形态,而是随着疫情的发展而不断变化着,其功能则更多地体现为对传染病疫情的有效控制。针对这一特性,我们可以认为中介空间网络一直处于可持续的变化中的动态构成,其由各医疗建筑中可发展的部分组成,其存在可以有效弥补突发性传染病发生时的各种状况。其规划布局特点为动平衡联营。

(1)联营。

中介空间网络内医疗建筑的一大特点即为没有固定的医疗建筑性质,任何医疗建筑、医疗建筑的任何部分,只要具备联系、发展的属性,均可视为中介空间。作为医疗建筑"联动网络"的最末端,其中联营即指构成中介空间网络的各个医疗建筑空间之间,或与真实空间网络、虚拟空间网络中的医疗建筑之间,在互为区别的同时也互相依存,形成联营的模式。

相对于虚拟空间网络的城市级范围内联结、真实空间网络的区域级范围内联合,中介空间网络联营的范围显得更加小一些。一般来说,几所医院之间,或一所医院的几栋建筑之间,都可能会有联营的状态存在。

(2)动平衡。

在医院间或医院内部的联营模式中,为了更好地适应从无疫情到疫情初现直至疫情广泛及疫情结束的全过程的变化,需要医疗空间之间能够通过互为转换与扶持,在可持续性的变化中寻求平衡,可以简称为动平衡。具体如个别的医疗建筑,在疫情暴发时,可以转化成为区域救治中心,具有比较强的救治能力。这就要求在医院设计之初要考虑未来救治能力的实现。这类医院的隔离病房平时可以作为普通医疗病房使用,疫情突发时期可迅速转化成为高效能的隔离病房应对疫情。而某些医院则可以将原有的普通病房迅速改造成为条件相对不是很完善的补充隔离病房,针对疑似病例进行控制。

由于突发性传染疾病的发生具有时间上的瞬时性、空间上的聚集性,往往会引发井喷式的救治需求,这时专业的传染病医院也未必能够满足传染病的救治要求。这就要求相应区域内的相关医疗建筑应该具有迅速的转化能力,从而将疫情在最短时间内控制在最小范围内,可以在主要救治的传染病医院之外,选择部分一级医院作为定点收治医院和集中临床观察医院、临时观察后备医院等。而在非传染病暴发时期,这些医疗部门要承担正常的医疗工作,从而节省传染病防控医疗系统的硬件投入,提高整个医疗网络对传染病暴发时期的承受能力(图4.21)。

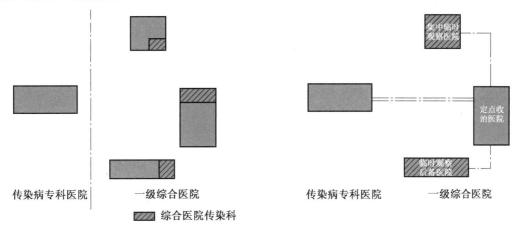

传染病专科医院　　　　　一级综合医院　　　　　　传染病专科医院　　　　一级综合医院

▨ 综合医院传染科

图 4.21　中介空间内的医院功能转化

另外,也应在医疗建筑和规划中预留出一定的场地,作为疫情暴发时的紧急空间,可以用于大量人群的传染病筛查、紧急救援等。

(3)动平衡下的医疗建筑开放设计。

为了使医疗建筑在面向突发性传染病时,可以做到更好地转化自身空间布局,以适应疫情需要。近年来受到研究者较多关注的建筑全寿命周期理论和开放医疗建筑设计为其提供了良好的策略。

基于动平衡模式,防控突发性传染病医疗建筑的发展受传染病防控的医疗需求、医疗技术和医疗体制以及各种不可预见因素的影响,始终处于动态更新的过程中。因为医疗建筑的使用者是动态变化的,因此,在设计时不应该只顾当代人的需求,还要考虑后续紧急情况下的使用需求。对于特殊的防控突发性传染病的医疗建筑来说,可以理解为不仅要考虑到目前的传染病特质,也要考虑到未来可能发生的新型传染病的流行趋势,考虑到未发生传染病时的平时使用需求。随着可持续发展观念在建筑设计界被广泛地接受和推广,在未来,面向突发性传染病的医疗建筑的设计也应该向更为关注未来发展需求和建筑生态化的方向转化。

全寿命周期的概念始自产品设计领域。这一理论的关键是要在设计时考虑到产品寿命历程的所有环节,并在设计的分阶段将所有相关因素综合规划和优化。而对防控突发性传染病的医疗建筑的全寿命周期进行研究,是为了保证医疗建筑网络体系的可持续发展,使其既满足当代人的需求,又不对后代人的发展构成危害,这也为医疗建筑网络指明了设计目标(表4.6)。

在这一目标体系中,确保网络中医疗建筑的长效使用和运行机制十分重要。这可以简单地理解为平时和战时空间功能使用的自由转换,用这样的方式来延长医疗建筑的使用寿命;也可以理解为平时和战时空间组织方式的灵活调整,保证医疗建筑在不同条件下都能够顺畅运行。

表 4.6 防控突发性传染病的医疗建筑全寿命周期设计目标

设计目标		目标描述
基本目标	医疗可靠性与安全性设计	建筑本身便具有高安全与稳定性,使用后不发生或较少发生医疗感染,充分保障医疗人员的安全
	医疗功能性设计	从传染病预防和救治角度出发,尽可能采用简洁明晰的空间组织形式,使建筑满足医疗功能
	工程系统寿命匹配性设计	减少整个系统的"短板效应",通过合理的设计与规划,使建筑各子系统之间的寿命期达到最佳匹配状态,从而延长寿命周期,提高经济效益
	全寿命周期费用优化设计	对于整个建筑物从设计、制造、购置、安装、运行、维修、改造、更新直至报废的全过程进行经济效益考量,优化全寿命周期的费用
可持续目标	可维护性设计	考虑建筑物运行中进行正常修理与维护的方便性、可靠性、精度、安全性和经济性等要求
	可扩展性设计	考虑建筑物全寿命周期中的可用性、扩展性及后续的改造,为工程建设、建筑物资深的规模扩展和更新改造留有余地
	防灾减灾设计	在建筑物使用过程中出现突发事件后能够做出预防,并采用对应的措施,保证建筑物可以被长期使用,其受到灾害的影响最小,易于恢复
理性目标	环境友好型设计	建筑物与周边生态环境和谐发展,降低医疗建筑对周边的影响,从资源节约型工程设计、绿色设计、可回收性设计等方面提高可持续能力
	人性化设计	设计要满足医务人员、患者和周边居民生理和心理的需要,提供健康、无害、舒适的环境,以人为本

这涉及对医疗建筑中固定部分和变化部分的思考。美国的开放建筑研究专家 Stephen Kendall 提出了这样的相对性的 4 层级结构:①相对于城市设计而言,城市中的基础设施是固定不变的;②相对于一栋建筑而言,其周围环境是固定不变的;③相对于建筑内部的装修装饰而言,建筑是固定不变的;④相对于建筑中的设备而言,装修装饰是固定不变的。

这样的层级结构有助于应对医疗建筑未来所面对的变化:在从城市基础设施—街区和街道—基本建筑—建筑装修—家居、装备和设备这样的层次之中,不同层级之间有着重要的依存关系,并决定了不同部分之间的联系关系,上一个层级是下一个层级内容的舞台,如建筑装修的改变并不一定要引起建筑的变化等。

于是在医疗建筑初始的规划与设计中,我们认为一个兼顾到全寿命周期的平面,可以变成不同使用功能的平面。将已有的平面中除去可变的部分,剩余的部分作为设计竞赛的初始元平面,每个部门(可以是设计师、医院管理人员、不同科室的负责人等)基于初始元平面布置自己心目中的医院的功能。

医疗建筑网络评价体系应本着全过程、全局性和准确性的原则,从网络预防、网络救治和网络恢复 3 个角度出发,选取一系列能够代表面向突发性传染病的监测、预警、准备、救援、治疗、恢复重建等能力的指标,通过权重计算的方式建立数据模型,并进行数据模型的评测分析。该部分内容将在本基金研究的其他部分进行详细介绍,本书不做阐释。

　　因防控突发性传染病的医疗建筑网络配置计划更像一次对现有医疗建筑和未来预期发展之间的一次整合,故本章将整合目标定位成在现有的城乡医疗卫生设施规划体系中,如何建立起一个面向突发性传染病的医疗建筑防控网络布局框架,以及这一框架下的防控突发性传染病的医疗建筑规划专篇,并有针对性地提出了系统协同、多目标协调、优势互补和可持续 4 条整合原则。

　　在政策与策略层面的垂直整合模式上,主要体现为规划功能与规划技术的有机统一。进而得出防控突发性传染病的医疗建筑规划程序,即从规划的前期准备出发,通过前置作业确定规划目标、制定详细规划,最后进行规划的实施和调整。因这一规划面向的是发生情况不确定的突发性传染病,故这一网络在平时状态下的功用和战时的预期效用,都是在规划中需重点考量的。

第5章　医疗建筑网络应对突发公共卫生事件能力的评价体系

防控突发性传染病的医疗建筑网络评价体系借鉴应急管理的过程管理理论,从医疗建筑网络防控过程的基本概念出发,根据突发公共卫生事件管理各个阶段的特点,构建一个防控突发性传染病的医疗建筑网络评价指标模型。

5.1　医疗建筑网络评价指标设定

医疗建筑网络防控突发性传染病的全过程评价以医疗建筑网络防控能力为评价对象,以突发性传染病扩散机理的各阶段为参照,以危机管理理论为指导构建评价指标体系,建立评价模型。医疗建筑网络的全过程评价依据突发性传染病发展的时间序列设置界定医疗建筑网络防控突发性传染病的运行周期。根据应急过程管理理论中芬克的4阶段生命周期、密特罗夫的5阶段模型以及学术界认可的最基本的3阶段模型,将突发性传染病的防控过程划分为潜伏和形成期、暴发和相持期、消退期3个基本阶段,即突发性传染病发生前医疗建筑网络的准备阶段、突发性传染病发生过程中医疗建筑网络的反应阶段和突发性传染病发生后医疗建筑网络的恢复阶段。城市突发性传染病全过程的运行规律如图5.1所示。根据传染病发展的周期理论,充分认识传染病扩散各阶段,再根据不同阶段提供具体支持项目,以便有的放矢,建立清晰完整的医疗建筑网络评价指标体系。

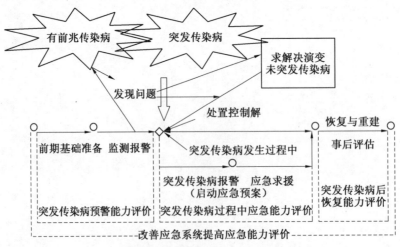

图 5.1　城市突发性传染病全过程的运行规律

根据医疗建筑网络体系对于突发性传染病的防控全过程,可以将防控突发性传染医疗建筑网络体系构架为预防体系、救治体系、恢复体系 3 大部分,3 部分相互连接转化、互相制约、往复循环(图5.2)。

图 5.2　防控突发性传染医疗建筑网络体系构架

以这 3 个部分为基本的框架来构造一个时间体系内的医疗建筑网络防控突发性传染病能力总指标表(表 5.1)。指标体系贯穿突发性传染病防控的各社会层面、各部门功能系统,全面覆盖突发性传染病发生的全过程中所涉及的各种要素。它整合了各社会体系对于突发性传染病防控相互关联又互相制约的复杂网络关系体系,直接有效确定医疗建筑网络体系对于突发性传染病的防控各阶段节点中具体的建筑功能空间指标要求。

表 5.1　医疗建筑网络防控突发性传染病能力总指标表

医疗建筑网络防控突发性传染病能力（A）		
突发性传染病发生前的 预防能力（A1）	突发性传染病过程中的 救治能力（A2）	突发性传染病发生后的 恢复能力（A3）

5.1.1　医疗建筑网络预防评价指标

应对传染病的预防是在传染病大规模暴发前,能够比较早期地发现、可以实施早期的诊治和尽可能地早期治疗的"三早"预防措施。在这一时期,如果能尽可能地早期发现,并做到早期地诊断和进行及时的治疗,可以预防疾病大规模蔓延,使传染源在早期就被发现和控制,缩短救治的时间,避免或减少传染病大规模破坏的发生。

为实现早期发现、早期诊断、早期治疗的"三早"预防措施,在突发性传染病发生前,医疗建筑网络体系需要设置平时的传染病监测部门,对传染病的突发征兆进行日常监控,实现对传染病的尽早发现。这取决于监测预报网络的密度、反应频率和组织效率。监测部门统计的传染病信息需要预警部门收集汇总并进行科学的统计分析,确认传染病疫情的发展情况,并迅速发布信息,以供传染病的医治部门快速准确地反应应对。在突发性传染病发生前,对传染病的培训学习和物资准备也是传染病防控的重要一环,其应对传染病的效果取决于普通群众和救治人员的应急能力,这需要在平时进行周期性的宣传教育和应急演练。另外,平时还需要储备充足的应急物资,并保障这些物资的物流调配渠道通畅、物资的循环流通顺畅。

医疗建筑网络在突发性传染病发生前的预防能力评价指标包括对突发性传染病的监测能力、对突发性传染病的预警能力、对突发性传染病的准备能力 3 部分内容(表 5.2)。

表 5.2　突发性传染病发生前医疗建筑网络的预防能力指标表

突发性传染病发生前医疗建筑网络的预防能力（A1）		
传染病监测（B11）	传染病预警（B12）	传染病准备（B13）

1. 突发性传染病监测评价指标

突发性传染病的防控监测能力需要城市医疗建筑网络系统根据预防措施中的突发性传染病发生征兆,通过预警监测系统提供自动的监控功能。监测通过长期的、连续的、系统的数据收集,对指定的环境和人群做流行病学、血清学、病原学以及临床状况等其他方面的妨碍人体健康的原因做调查和研究,对相关的传染病的产生、流行和发展的规律进行有效的预测,对数据进行分析后及时反馈,以便为采取措施提供科学准确的依据。科学的监测需要系统地收集有关资料信息,需要系统地汇总、分析和评价资料,并及时反馈信息,以便制定相应的防治对策和措施。根据我国突发公共卫生事件报告工作流程可知(图5.3),可能存在的突发性传染病的监测预报能力由监测预报工作队伍、数据分析结果准确性、台网密度、监测周期与频率和监测手段5部分决定(图5.4)。

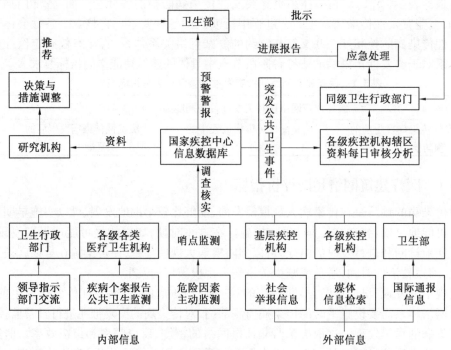

图5.3　我国突发公共卫生事件报告工作流程

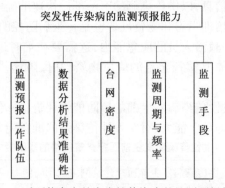

图5.4　对可能存在的突发性传染病的监测预报能力

在突发性传染病发生前,医疗建筑网络布置监测预报网点,监视传染病发生环境,对其环境变化做出预报,收集信息并发出信号通知系统其他部门,以保证传染病暴发时其他系统能够快速反应,将灾害损失降到最小。它包含的内容见表5.3。

表 5.3　医疗建筑网络的传染病监测能力指标表

医疗建筑网络的传染病监测能力（B11）				
监测预报终端 （C111）	监测预报网点 （C112）	系统反应频率 （C113）	监测台网密度 （C114）	辅助监测部门 （C115）

（1）医疗建筑网络监测预报终端。

医疗建筑网络与城市环境监测网络协作,设立针对传染病的监测预报终端,监测城市突发性传染病产生和传播的基础环境,预报传染病的发展状态。其中,如果可以有效监测城市节点菌群数量、性质、生长和突变状态,即可直接监控引起传染病病发的病原菌群状况,但这种方法对于公共场所情报收集设备要求较高,现阶段,大城市人口密度大、菌群监测数量众多、样本检测数量众多,小城市经济条件又不足以负担昂贵设备,因此难以普及推广。公共场所人群体温监测和行为状态影像监控可以辅助监控病原人群数量与状况。城市的自然环境基础监测,如温度、湿度、水质、空气质量等,它们与病原菌生长息息相关,可作为基础监测手段。在网络大数据逐渐被理性运用的时代,还可以利用网络数据统计监测传染病发展状态,如某搜索网站已投入试运行的利用特定发病特征或特定药物名称的搜索量统计来推测某种病情的发病量,愈来愈多的网络监测手段作为辅助传染病监测方法被投入实际使用中。

（2）医疗建筑网络监测预报网点。

医疗建筑网络与城市医药检验网络协作,设立针对病原的监测预报网点,监测城市突发性传染病产生和传播的基础数据,预报传染病的发展状态。其中,综合医院的专科门诊和发热门诊的病发统计量上报可提供传染病统计的基础数据。目前正推进社区医院在平时对于普通症状的处置能力建设,理想状况下传染病暴发初期可以在社区医院得到受理和初诊,避免病人在交通过程中和综合医院中扩散病菌。各级疾病预防控制中心联络社区医院收集统计传染病发病情况,统一上报和发布病情。药品销售部门经过了部分国企改制后,实现了分散销售、统一管理的格局,在实际生活中,药品销售网点比社区医院更加贴近普通百姓的日常疾病状况,但由于目前药品的销售环节众多,药品销售的数量统计周期和方法与普通商品类似,因此暂时不能实现高效快速的数据统计来为传染病监测提供支持。近年来,人畜共患病病菌的几次侵袭使人们对动物检疫部门的重要性和准确性要求越来越高,动物疫情的监测成为传染病监测不可缺少的辅助手段。

（3）医疗建筑网络监测系统反应频率。

医疗建筑网络监测系统在多大的时间跨度内实现一个周期的检测过程,并提出一套有效的监测数据,决定了其对于传染病的监测能力,周期越短,频率越快,监测能力越强。其中,对于不同的监测终端或监测网点不能一概而论,基础环境数据变化周期长,影响因素小,可缓慢监测;敏感菌群数据突变迅速,快速传播,应密切监控。对于传染病的不同发展周期,检测频率也应分别适应,根据突发性传染病应急预案有效调控转换医疗建筑网络监测系统反应频率。评测中对统计主要监测指标的汇报频率进行对比,其他指标相应配置汇报频率。

(4)医疗建筑网络监测台网密度。

医疗建筑网络监测系统监测网点在城市中的分布密度越大,对于传染病的监测能力越强。台网的密度与城市的社会经济水平直接相关,城市经济水平高,通常社会活动越密集、人口流动性越强,对台网密度要求也越高。台网分布要求均匀,均衡管控城市片区。由于台网平时由不同部门审批建设和分割管理,极易出现低水平重复建设和高密度重合建设的情况,因此应统计有效监测网点,剔除重复数据。台网间要求实现快速直接的链接,打破不同单位分管下的部门壁垒,综合统计监测数据,并互为修正。正处于城市化进程高度发展中的城市,城区发展状态也不相同,在城市扩张过程中,常有城市设立新区或开发区,与主城区社会状态明显不同,本书统计城市已成熟的主城区监测台网密度,并以此作为基础评测,城市新城区根据其不同性质的特点,结合主城区联结状态进行单独评测。

(5)医疗建筑网络辅助监测部门。

医疗建筑网络与城市其他功能模块协作,设立针对传染病的辅助监测部门,监测城市突发性传染病在城市其他功能模块中的发展状况。其中,中小学和幼儿园中的儿童群体生活规律、管理严格,同时体质弱、易感染,是辅助监测的有效部门。商业建筑、办公建筑人员密集,是菌群的主要生活和传播场所之一,但平时统计数据数量大,传染病暴发后由于人员明显减少,统计数据又不足,需进一步研究设置有效的管控方法。城市交通枢纽是病菌的主要传播路径,只有对城市轨道交通实现有效管控才能控制住病原体的传播。以广州市为例,城市已设立轨道交通应急平台,在广州白云机场还针对出入境口岸设立了传染病监测和控制的分级管理系统,其中包含检测、检疫和隔离负压留观病房。

2. 突发性传染病预警评价指标

监控得到的预警信息被有关部门和相关专家初步证实之后,由系统进行发布,并进行加工处理。防控突发性传染病预警的目的是在事件发生前发出警报,这需要对监测到的信息进行测定,并根据测定的结果预先报警,使人们可以提前采取有效的措施,把可能发生的突发事件或是可能恶化的事态控制在初期状态,防止其恶化。防控突发性传染病的预警需要首先选定预警目标、制定预警计划,然后对信息进行整理分析和评估预测,最后对信息进行发布。其工作流程如图5.5所示。

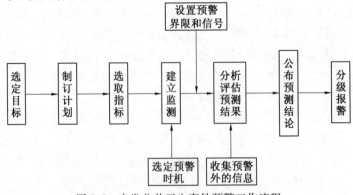

图5.5 突发公共卫生事件预警工作流程

　　预防监测预警系统直接影响医疗建筑网络系统对突发性传染病的应急管理能力。预防检测预警系统的评价包括 3 个重点方面。具体是:对可能存在的突发性传染病的监测预报能力、对已经发生的突发性传染病的报警能力(图 5.6)及监测预警技术能力(图 5.7)。

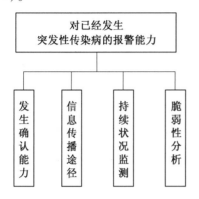

图 5.6　对已经发生的突发性传染
　　　　　病的报警能力

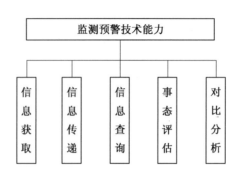

图 5.7　监测预警技术能力

　　在突发性传染病发生前,预警系统在医疗建筑网络内传递、汇集、分析监测信息,通过对疑似传染病原进行实验辨识确定是否启动应急预案,同时及时进行信息发布,对传染病的救援和公众的行为提供正确的指导。它包含的内容见表5.4。

表5.4　医疗建筑网络的传染病预警能力指标表

医疗建筑网络的传染病预警能力(B12)			
信息的传递路径(C121)	信息的实验辨识(C122)	信息的分析中心(C123)	信息的发布路径(C124)

　　(1)医疗建筑网络信息的传递路径。

　　医疗建筑网络与城市其他信息系统协作,收集和传递传染病预警相关信息。其中,医院系统内部网络是疾病信息的主要载体,它与疾病预防控制中心网络相连,收集传递传染病监测的相关指标信息。政府内部网络在城市出现突发卫生事件征兆后也投入到传染病预警功能模块中,并联系城市医疗系统外的危机处置部门。民用电信中的 110、120、119、122 等专用应急线路是突发公共卫生事件中市民与政府连接的基础平台。虽然越来越多的民用网络成为信息发布和收集的重要平台,但对于网络中的虚假信息和煽动性信息应加以及时管理,以避免危机状态下公众的恐慌性集体破坏行为。当大规模危机全面暴发时,部队内部通信网络也可作为安全的信息平台被临时征调而投入应急使用。

　　(2)医疗建筑网络信息的实验辨识。

　　突发性传染病相关病毒样本需要进行准确的实验检测,对突发性传染病的病原病症做出明确的辨识。医疗建筑网络中各省、市疾病预防控制中心均设置不同规模的生物医学实验室,同时各城市大型综合医院内也设置生物实验室,实验室的级别和规模直接影响各城市传染病的实验辨识能力。在各级部门纷纷申请国家级或省级重点实验室的同时,应明确城市突发性传染病病原的最终辨识机构是哪里,使优势资源集中配置。在 SARS

疫情暴发期间,个别经济发展程度较高的城市的疾病预防控制中心配置高级别移动生物实验室,为病发地快速准确辨识传染病菌提供有力保障。医药科研水平发达的城市中,适应产业化要求,医药研发产业基地内微生物科研试验能力极为突出,也是突发性传染病暴发时实验辨识的辅助手段。

(3)医疗建筑网络信息的分析中心。

突发性传染病相关信息指标需要进行科学的分析评价,对突发性传染病的发展状态做出清晰的判断。医疗建筑网络中各省、市疾病预防控制中心均设置不同规模的病毒样本库、病毒数据库,对突发性传染病相关信息指标进行分析计算。如果各省、市能建立信息的分级共享平台,那么信息加工的能力则会更加突出。各城市通常建立病毒分析的临时专家储备库,同时需要配置与实验中心和信息分析中心的有效连接,能够安全应急的专家研讨中心,提供应急状态病毒专家的应急分析研究支持和安全稳定的生活保障。

(4)医疗建筑网络信息的发布路径。

医疗建筑网络与城市其他信息系统协作,统一发布官方传染病预警相关信息。其中,政府内部网络在城市出现突发卫生事件征兆后综合管控城市医疗系统的危机信息发布。医院系统内部网络是疾病信息主要载体,受疾病预防控制中心网络控制,而发布传染病监测的相关指标信息,应设置统一的官方信息发布平台。在突发性传染病暴发的危急时刻,政府媒体应准确发布传染病信息,并做出正确引导,杜绝瞒报、虚报,对社会媒体施以监督,辅助政府正确引导公众行为,杜绝夸大其词、引起恐慌。社区卫生部门直接面对公众的末端媒介,应及时发布信息,提供解释和教育宣传。

3. 突发性传染病准备评价指标

应急准备能力,指的是在突发性传染病发生前,人为地主动去采取合适手段来预防控制传染病的大规模暴发。尽管部分突发性传染病,尤其是未知突发性传染病的暴发无法避免,但前期评估与早期预警相结合并采取积极的预防和隔离措施,能够最大限度地减轻传染病暴发带来的人员伤亡和社会经济损失。图5.8从8个方面解释了减轻突发性传染病的扩散能力并进行应急准备的内容。

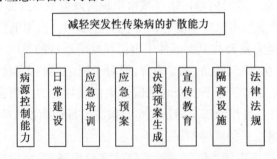

图 5.8　减轻突发性传染病的扩散能力

在突发性传染病发生前,医疗建筑网络按照传染病救治隔离要求配置、储备应急物资,并保证其处于良好的状态,一旦应急预案启动便可迅速投入使用,同时开展应急模拟训练、进行应急宣传教育,提高专业人员的应急医疗救护能力和公众对于突发性传染病的熟悉程度。它包含的内容见表5.5。

表5.5　医疗建筑网络的传染病准备能力指标表

医疗建筑网络的传染病准备能力（B13）			
应急培训场地（C131）	应急物资储备（C132）	救灾演习场地（C133）	宣传教育媒介（C134）

（1）医疗建筑网络应急培训场地。

医疗建筑网络应急培训场地是医疗救援队伍突发性传染病防控的有力保证，其中包括应急行政管理人员和医疗管理人员的管理培训中心、传染病医院和综合医院专业科室的紧急处置培训中心、综合医院的应急培训场所。有些城市在组织志愿者队伍进行应急救援培训，有些城市在民间设立应急救援协会，同时也有越来越多的慈善基金设立应急救助培训中心，这些都对突发性传染病的应急救治提供了有效支持。

（2）医疗建筑网络应急物资储备。

国家突发公共卫生事件应急预案明确规定城市依照城市规模设置应急物资储备中心，但各城市应急物资储备情况极不平衡，其中应急医疗物资储备比例更不明确。此外，应急医疗物资中的突发性传染病应急救援防护装备和药品等物资也没有明确规定，往往只是在当地疾病预防控制中心储备少量针对突发卫生事件的应急物资，而且不同于医院的药品储备循环系统，缺乏有效的与市场循环的措施。从突发性传染病的综合救治观点出发，城市应急物资储备库容量与城市人口的比例规模体现着医疗建筑网络应急物资储备的综合能力，具体统计应以满库状态下、合理比例状态下计算数值。近年来物流产业发展迅速，配送规模庞大、系统成熟，可作为城市应急物资储备调度的有力补充。

（3）医疗建筑网络救灾演习场地。

医疗建筑网络救灾演习场地是社会公众对突发性传染病防控的有力保证，其中包含对于公众宣传和教育的场所以及救灾演习场地，可以借用城市综合展馆或体育场馆进行集中救灾演习或综合宣传活动，也可以借用普通民用教育资源，由社区医疗网络末端指导进行小范围、针对性强的教育和演练。近年来连续地质灾害造成人员的巨大损失，暴露出普通百姓缺乏基本应急知识的问题，医疗建筑网络应将城市现有资源纳入到救灾演习教育体系中，提高社会公众对突发性传染病的防控能力。

（4）医疗建筑网络宣传教育媒介。

医疗建筑网络宣传教育媒介是对突发性传染病的防控教育路径统计，其中包含政府文件的发布途径、政府媒体宣传教育、社会媒体知识普及和医疗机构组织的宣传教育活动，还包括学校的专项普及教育。医疗建筑网络只有通过多途径的普及宣传，才能有效提高公众对于突发性传染病的防控认识能力。

5.1.2　医疗建筑网络救治评价指标

传染性疾病的治疗不同于普通疾病，普通疾病立足于消除病因、解除症状，而对于传染性疾病诊治的机理则要复杂得多。首先我们要保证做到诊治和预防相互结合，如果患者在第一时间确诊就要在第一时间进行彻底治疗，防止其转变成慢性的疾病，同时对于彻底消灭病原菌和控制传染病的流行起到关键作用；然后是治疗与隔离相结合，阻断传染病源体的传播,防止其传染给更多的人;最后是治疗与应急相结合,突发性传染病的治疗设施平时不发挥作用,在应急时期的需求量激增,为充分发挥医疗设施的作用,要求这些物资和设施平时战时可相互转换调配。

在已确定突发性传染病发生后,医疗建筑网络体系首先应根据传染病的传播特点在短时间内快速反应,对其进行有效的隔离管控,实施现场救援,并进行专业的传染病隔离诊治,同时配合维护社会秩序;同时实施现场救援工作,集结救援队伍,安置救援人员,调配救援资源,实施现场隔离救援;最后才是传染病人的住院治疗,治疗过程中需要在医院内保障传染病源的隔离消毒,但传染病大规模暴发时,为加大医院的应急救治能力,医院还要进行医疗功能的分割或转换,甚至临时改造建设工作。

医疗建筑网络在突发性传染病发生过程中的救治能力评价指标包括对突发性传染病的反应能力、对突发性传染病的救援能力及对突发性传染病的治疗能力 3 部分内容(表 5.6)。

表 5.6　突发性传染病发生过程中医疗建筑网络的救治能力指标表

突发性传染病发生过程中医疗建筑网络的救治能力(A2)		
传染病反应(B21)	传染病救援(B22)	传染病治疗(B23)

1. 突发性传染病反应评价指标

在已确定突发性传染病发生后,医疗建筑网络体系需要快速做出应对,首先在社会基础工程系统做出应急转换,然后调配应急救援物资、集聚救援人力、建设救援设施,以保障突发性传染病紧急救援的实现。

救治保障能力指的是在突发性传染病暴发之后,医疗建筑网络体系结合该突发性传染病特点跟进治疗的一个过程。包括医疗建筑网络体系的快速转换、医疗建筑网络的现场救援和医院救治。

图 5.9 从 6 个方面对传染病发生之后的社会保障能力进行了详细分析。

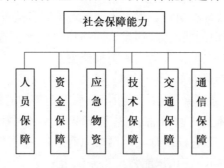

图 5.9　社会保障能力

具体含义:①人员保障,顾名思义,是指一些能够又好又快地应对突发性传染病的医学专家学者,此外还应包括相关单位的应急队伍和社会上的志愿者等;②资金保障,指每年度用于应对突发性传染病的政府财政资金,包括基础医疗设施的建设经费,以及用于医疗资源整合、应急计划、预案的编制审定,如资金调动等的应急资金和应急资金的多渠道筹措情况;③应急物资,主要是指在发生突发性传染病时,对应急药品的存放、使用等进行有效管理。如果发生病情,可以结合实际病情的大小及时进行使用和协调,使医疗保护系统效率提高;④技术保障的含义是在暴发突发性传染病的时候,医院里面各种医疗技术能力需要调用储备力量进行保障。医疗隔离保障,指在应对突发性传染病时的医生数量、医院数量、隔离病房数量、床位数量等基本医疗设施保障;⑤交通保障,指为保障传染病感染人群的紧急救治、隔离工作顺利开展提供相应交通管制和在暴发地点周围建立隔离警戒区域,提供物资、人员、药品运输通道的能力;⑥通信保障,指的是采用目前较为先进的仪器设备,如计算机网络、无线指挥系统等,在控制疾病的时候更方便地交流,在进行突发性传染病控制的时候要保证上级特别的加急指令能够迅速地传达下来,并能及时反馈。

　　医疗建筑网络的传染病反应能力与城市的社会经济发展状况密不可分,城市的规模越大、发展水平越高,对城市突发事件的控制设施越完善,但同时城市人口的密度也越大,流动性也越强,造成了传染病的传播更加活跃。城市的基础工程设施需要根据城市的不同状况为传染病的管控提供基础的物质保障。它包含的内容见表 5.7。

表 5.7　医疗建筑网络的传染病反应能力指标表

医疗建筑网络的传染病反应能力(B21)							
应急改造建设(C211)	指挥协调中心(C212)	通信系统支持(C213)	资源储备调配(C214)	交通运输控制(C215)	城市区域隔离(C216)	社会秩序控制(C217)	城市生命线(C218)

　　(1)医疗建筑网络应急改造建设。

　　医疗建筑网络在突发性传染病暴发时进行应急改造建设,能够进行应急改造建设的建筑面积与已有应急建筑面积的比例体现出总体工程对于突发卫生事件的防御能力。其中,综合医院的传染科室和住院部首先被纳入改造范围,但多数综合医院传染部与其他部分不能实现完全分隔,高传染性病菌的传播给综合医院的其他易感人群带来巨大威胁,所以应强化应急隔离改造的效果。有些经历过突发性传染病侵袭的城市已经将某些医院设立为突发性传染病应急医院,在传染病暴发时将医院总体改造成为应急医院,可有效控制传染病传播。

　　(2)医疗建筑网络指挥协调中心。

　　医疗建筑网络在突发性传染病暴发时进行应急指挥协调。其中,城市疾病预防控制中心的突发卫生事件应急指挥中心为常设机构,各省市政府同时设置突发事件应急指挥中心,交通部门设置城市交通综合指挥中心,消防部门设置城市消防应急指挥中心。有些部门的应急指挥中心规模巨大,其中包含平时的应急培训基地和战时可提供一定数量人生活服务的应急指挥保障体系。各应急指挥系统平时各司其职,在突发性传染病暴发时应纳入共同体系,明确指挥梯队,建立统一调控平台,各自发挥优势、共同协作,实现综合指挥决策。

　　(3)医疗建筑网络通信系统支持。

　　医疗建筑网络与城市其他信息系统协作,处置传染病的相关信息。其中,医院系统内部网络是疾病信息主要载体,与疾病预防控制中心网络相连,传递传染病信息;政府内部网络在突发性传染病暴发后也进入应急状态;民用电信中的 110、120、119、122 等专用应急线路是突发公共卫生事件中市民与政府连接的基础公共平台；当大规模危机全面暴发时，部队内部通信网络作为安全的信息平台可临时征调投入应急使用。有的城市设立有非政府组织的业余无线电台为应急通信提供帮助。某些经历过突发事件的城市设立了专用宽通道数字集群应急指挥调度系统，为突发性传染病的应急通信提供保障。

（4）医疗建筑网络资源储备调配。

医疗建筑网络在突发性传染病暴发时对资源储备进行调配。根据突发公共卫生事件应急预案规定，市应急委员会负责（政府领导兼任）应急资源的统一管理。有些城市已经建立城市应急资源 GIS 管理系统，但共同的矛盾在于大多数城市的应急资源储备都缺乏有效的配送中心，因此政府真正可快速调配的应急资源极为紧张。如何将应急资源的储存和调配产业化也是国家深化医疗系统体制改革的一个目标。现阶段往往是临时征用民用资源或部队直接进入操作，但临时性措施应急时效难以保障。

（5）医疗建筑网络交通运输控制。

医疗建筑网络应急状态下的救治能力受城市交通运输控制能力的影响。其中，城市的交通运输与商品流通的综合管控能力取决于交通部门交通组织与管制能力，从而定量化为交警部门业务用房建筑面积与城市汽车保有量之间的比例关系。此项作为医疗建筑网络体系在应急状态下配合交通控制系统协作能力的辅助评测指标。

（6）医疗建筑网络城市区域隔离。

医疗建筑网络应急状态下的救治能力受城市区域隔离控制能力的影响重大，在突发性传染病暴发时，需要迅速将城市危险区域隔离管控，以防病毒扩散，同时将安全区域分开治理，以便深入基层末端进行宣传教育、物资分发、疫苗注射等。城市社区规模现状极不均匀：新建社区规模由土地开发模式决定，有上百万平方米建筑面积统一开发的庞大社区，也有单独开发的独栋建筑；旧城区不同历史阶段建设的社区情况复杂；城市中心区里居住、商业、办公各种功能混杂，流动租住人口多，管控难度大。根据国家行政区划单元划分，街道办事处和街道派出所制度对于居民管控行之有效，危机暴发时，可按照街道行政划分区域隔离，同时借助户籍制度分派疫苗。但目前的医疗体制范围与街道办事处区划脱节，现阶段社区医院普遍配置不足，街道办事处层面缺乏突发公共卫生事件处置方法和设备，所以医疗建筑网络在城市区域隔离方面应有效链接街道办事处，成为突发性传染病的现场隔离处置末端单位，是目前需要解决的一大问题。

（7）医疗建筑网络社会秩序控制。

医疗建筑网络应急状态下的救治能力受城市社会治安控制能力的影响，在突发公共事件暴发时，社会利益矛盾激化，极易伴随其发生社会的明显对抗和尖锐冲突。城市社会秩序的综合管控能力取决于警察部门的社会治理与管制能力，从而定量化为警察部门业务用房建筑面积与城市人口规模之间的比例关系。与交通控制能力类似，此项目为评测的辅助指标。

（8）医疗建筑网络城市生命线。

医疗建筑网络应急状态下的救治能力受城市生命线控制能力的影响，在突发公共事件暴发时，城市供水、供电、通信、燃油、燃气、热力、排水等基础生活保障设施的应急防御保障能力统称为城市生命线应急控制能力。值得注意的是，历史悠久的城市往往基础设施老旧,近年来的大规模城市建设对于城市生命线中老旧设施的改造进展缓慢,多个城市出现大暴雨后防洪排水能力不足现象。在突发公共事件暴发后,应对城市生命线实施应急保护或紧急抢修、加固等措施。

2. 突发性传染病救援评价指标

突发性传染病的现场救援是突发性事件控制的起点,应根据现场流行病学的相关方法,在短时间内对传染病源进行控制。突发性传染病的现场救援首先需要准备相应的人力和物力资源,然后对现场进行保护和控制,并进行现场调查和急救。突发公共卫生事件的现场应急处理程序如图 5.10 所示。

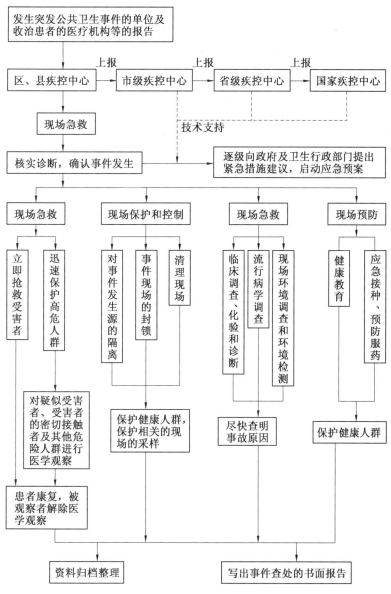

图 5.10　突发公共卫生事件的现场应急处理程序

在已确定突发性传染病发生后,医疗建筑网络应采取集结救援队伍,整合医疗建筑救援设备,到达救援现场,迅速阻断传染源的传播路径,对感染人群进行隔离、救助和转移,在病源区或疫区建立现场救援基地,监控现场病情发展,并搜索和安置疑似病员等救援措施。医疗建筑网络的传染病救援能力指标表见表5.8。

表5.8　医疗建筑网络的传染病救援能力指标表

医疗建筑网络的传染病救援能力(B22)					
救援队伍集合（C221）	志愿者组织（C222）	救援安置场地（C223）	医疗资源调配（C224）	医疗网点联动（C225）	医疗搜救末端（C226）

(1)医疗建筑网络救援队伍集合。

在突发性传染病救援阶段,医疗建筑网络为救援队伍集合提供安全的生活配套空间,其中不仅包括救援队伍的生活住宿,还包括饮食生活配套,同时包含卫生防护和检验检疫设施。城市人口越多,需要的救援队伍越庞大,可相应配合符合配套比例的建筑空间,从而定量化为救援队伍安全生活用房建筑面积与城市人口规模之间的比例关系。应对突发公共事件救援队伍的应急安全生活区可预先设定通过已有政府接待场所改造,但应设置应急隔离改造预留工程,而且应配备相应的安全附属设施,保障其在传染病暴发时可安全独立运行。

对于医疗建筑网络救援队伍集合的评测可根据城市提供的救援队伍的安全生活区建筑面积总和与人口的比例取值。救援队伍的安全生活区应配置应对突发性传染病的洗消防护和隔离设施,保障救援人员的生活安全。

(2)医疗建筑网络志愿者组织。

在突发性传染病救援阶段,医疗建筑网络为志愿者组织提供安全的生活配套空间,其中不但包括志愿者组织的生活住宿,还包括饮食生活配套,而且包含卫生防护和检验检疫设施。按照城市人口规模相应配合符合配套比例的建筑空间,从而定量化为志愿者组织安全生活用房建筑面积与城市人口规模之间的比例关系。应对突发事件志愿者组织的应急安全生活区可预先设定通过已有民用建筑空间改造。

对于医疗建筑网络志愿者组织的评测可根据城市提供的志愿者的安全生活区建筑面积部和与人口的比例取值。志愿者队伍的专业性与救援队伍相比较差,为他们提供的生活基地需要设置专业医疗队伍管理和指导的空间。

(3)医疗建筑网络救援安置场地。

在突发性传染病救援阶段,医疗建筑网络为减少患者感染提供临时安置和避难的场所。其中,城市的广场、绿地、公园、学校、大型体育场馆等都可以开辟为紧急避难场所,同时需要配合相应的生活辅助设施,并储存相应物资。根据国家应急预案规定,各城市都相应设置了较完备的应急避难场所系统,可为应急避难人群提供住宿和饮食,但普遍存在应急物资储备配套不足的情况。

对于医疗建筑网络救援安置场地的评测可根据城市提供的应急避难安置场所建筑面积总和与人口的比例取值。城市应配建应急避难场所,并将一些公共建筑设置为可应急改造的避难所,即在这类建筑的规划和设计中设置针对突发性传染病救援安置的相应空间。救援安置场地的建设要避免只靠增加指示牌来完成建设指标的表面化情况,同时还要加强相应的建设标准和验收标准。

（4）医疗建筑网络医疗资源调配。

在突发性传染病救援阶段，医疗建筑网络为应急救援提供医疗资源调配支持，其中包括人、财、物等资源的调动和集中使用情况，紧急物资的调拨能力和物资运输保障过程中各部门的协调合作。根据突发公共卫生事件应急预案规定，市应急委员会负责（政府领导兼任）应急资源的统一管理，医疗资源调配统一覆盖城市范围。

对于医疗建筑网络医疗资料调配的评测可根据城市中应急医疗物资的城区覆盖率取值。医疗资源的紧急调配是医疗救援的保障，城区中医疗储备资源分布不均，应急调度困难，会严重阻碍救援效果。

（5）医疗建筑网络医疗网点联动。

在突发性传染病救援阶段，医疗建筑网络中各医疗网点统一联动，将政府线路、医院线路、民用网络综合管控于联动设备之下。其中包括各级应急指挥中心的联动控制中心和各级疾病预防控制中心中的医疗网络控制系统。在医疗网络的救援过程中，只有将救援指令、救援方法及时传递到前沿网点，各网点实现统一联动，才能真正抑制传染源的蔓延，保障医疗防控的最终效果。

对于医疗建筑网络医疗网点联动的评测可根据城市医疗建筑网点的联动方式的数量值。网络医疗网点的多级联动、多渠道联动是医疗救援的保障。

（6）医疗建筑网络医疗搜救末端。

在突发性传染病救援阶段，医疗建筑网络为应急救援提供末端医疗搜救设施。其中包括应急通信指挥车、监护型急救车、救治型急救车、医疗转运车或直升机。应急通信指挥类现场车辆可与其他突发事件，如成熟的救灾应急系统或火灾应急车辆通用。急救类车辆应配备传染类疾病的安全防护措施和洗消配套设施。有的城市配备直升机为应急搜救提供快速有力的支持，如果担负运送感染人员则需要具备改造密封隔离舱能力。

对于医疗建筑网络医疗搜救末端的评测可根据城市医疗搜救方式的数量取值。医疗建筑网络需根据不同方式的搜救渠道，规划均质的站点密度并设置相应的建筑空间为其提供支持。

3. 突发性传染病治疗评价指标

医院作为突发性传染病救治的主体，其治疗能力可以通过量化指标进行清晰评测，但在应对传染性疾病的救治时，针对医院感染，有其独特的规律。医院感染是突发性传染病救治的主要课题。医院感染不但以患者为研究对象，医护人员和陪护家属也是危险人群，一旦医院内部不能有效控制感染源，传染病极易在免疫力低下的宿主中暴发。医院内部为了防止携带传染病菌的患者在门诊期间传播病菌，要求不同病种在不同区域中分别就诊（图5.11），快速将疑似病人转入隔离观察区。综合医院必须建立筛查和分诊制度，设置独立的传染病门诊、隔离观察区和隔离病区，建立严格的隔离消毒空间转换机构（图5.12）。

在突发性传染病暴发后，医疗建筑网络体系整合医疗资源、转换医疗设施、救护传染病人、隔离疑似病人、观察接触人群。传染病人的救治过程虽然原则上以传染病源为主，但大型综合医院的技术实力和综合设备配置更加全面，也成为突发性传染病救治的主体。但要求在平时只救治普通病人的综合医院的医疗建筑具备突发性传染病暴发救治时绝对有效的传染隔离能力。医疗建筑网络的传染病治疗能力指标表见表5.9。

图 5.11　传染病医院患者就诊程序

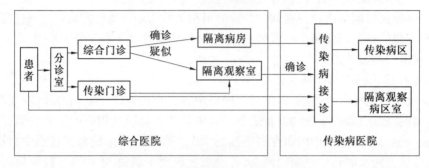

图 5.12　综合医院传染病患者就诊程序

表 5.9　医疗建筑网络的传染病治疗能力指标表

医疗建筑网络的传染病治疗能力（B23）					
传染病医院 （C231）	现场处置 （C232）	传染源隔离 （C233）	患者住院救治 （C234）	接触者观察 （C235）	医疗主体转换 （C236）

（1）医疗建筑网络传染病医院。

在突发性传染病治疗过程中,医疗建筑网络在当地的传染病医院和结核病院是医疗救治的中心。传染病医院不但对医护人员专业技术要求较高,而且医院规划建设本身也要根据传染性疾病的治疗程序进行设计。对于病毒的隔离、消毒等程序针对性强,可有效控制突发性传染病在医院内部的传播,尤其是为一线医生的防护提供可靠保障。由于专业传染病院平时运行需求量远小于传染病暴发期,因此各城市总结 SARS 经验后通常设立一所应急医院,应急医院平时为中、大型规模的综合医院,在传染病大规模暴发后,可迅速转换为专门收治特定传染病人的医院,有效加强传染病治疗,同时避免传染病在医疗建筑内部扩散。

（2）医疗建筑网络现场处置。

在突发性传染病治疗过程中,医疗建筑网络在城市发病现场诊治病患、处置病菌环境、进行医学宣传教育、传染病隔离筛查和接种疫苗等现场处置工作。其中不仅需要重症监护车到达传染源现场,而且需要大量医疗救助设备处置现场环境,还需要达到相应生物净化级别的运输车运送医药物资,甚至需要生物实验车现场确认病菌性状。一些经济发展较好的城市已配备高级别流动生物实验室,达到现场分离病菌的能力。一些城市配备移动医院,可在传染源现场驻扎,并开展医疗操作,同时配合移动医疗检测设施和一定床位的移动住院处及生活辅助设施。

（3）医疗建筑网络传染源隔离。

在突发性传染病治疗过程中,医疗建筑网络进行有效的医患分离和病区隔离,保护医疗力量,防止病菌蔓延。SARS 病毒传播的教训中最为惨重的莫过于大量医生被感染,医疗建筑对于医生的保护很多时候只是一层口罩,因为在实际调研中,多数综合医院气流组织不力,给病毒的传播预留了空间。医疗建筑应有效处置废水废物等医疗垃圾,实际调研中,综合医院中的常见病科室或本医院的重点科室往往常年超设计负荷运行,造成医疗垃圾配套处理能力不足,为传染病在医疗建筑内部传播造成隐患。

(4)医疗建筑网络患者住院救治。

在突发性传染病治疗过程中,医疗建筑网络中的医治部门既包含传染病医院,也包含综合医院的传染科和传染病房。传染病医院应对病菌传播的经验相对丰富,但综合医院科室复杂,医技及服务部门相互穿插、交流频繁,对病毒传播的控制极为不利,而病患初期往往会向综合医院求助,在下级医院不具备救治能力后又向高级别大型综合性医院转移。所以传染源也总在综合医院内首先确诊,可一旦确诊,就会在本医院出现大批感染者、疑似感染者或接触者,他们都需要隔离诊治。医疗建筑网络患者住院救治是各级医疗部门综合应对突发性传染病的系统工程,是能够收治传染性疾病的医疗单位总体共同完成传染病患者的住院救治的工程。

(5)医疗建筑网络接触者观察。

在突发性传染病治疗过程中,医疗建筑网络在综合医院中独立设置发热门诊,负责诊治有发热症状的门诊患者。发热门诊医师熟悉传染病症状,可以将疑似人群中症状明确或需要进行隔离观察的病患迅速分离出来。医疗建筑网络对于接触者的观察可以在医疗机构的隔离区进行,但当突发性传染病已经暴发后,在政府没有条件隔离巨大数量的市民时,发热门诊可为疑似症状的筛查提供基础保障。现阶段综合医院的发热门诊运行良好,在社区医院中则开设不利,需加强建设,或设置临战转换设施。

(6)医疗建筑网络医疗主体转换。

在突发性传染病治疗过程中,医疗建筑网络为充分利用大型综合医院或传染病医院外的专科医院的救治力量,将一些医院的诊治单元转换成为传染病提供诊治的隔离单元,进行医疗主体转换,紧急时刻时,甚至可以将整栋医院转换为应急医院,而将其他病人转院治疗。综合医院设施先进、医疗技术手段全面、药品血液储存量大,当传染病患者病情加重,出现病发症状,甚至器官衰竭时,需要借助其他科室设备和专家综合会诊,综合医院经过医疗主体转换能够更加全面地提供诊治服务。综合医院需要设置转换隔离设施,临战状态投入使用,并保障医院其他单元可以安全运转。

5.1.3　医疗建筑网络恢复评价指标

在突发性传染病得到有效控制和治疗后,医疗建筑网络体系进行自我恢复重建,并指导社会心理灾后恢复,同时对此次传染病暴发过程中城市系统的破坏程度、医疗建筑网络体系的防控能力进行科学的评价,指导医疗建筑网络良性进化。

医疗建筑网络在突发性传染病发生后的恢复能力评价指标包括对突发性传染病的事后评估能力和对突发性传染病的恢复重建能力两部分内容(表5.10)。

表5.10　突发性传染病发生后医疗建筑网络的恢复能力指标表

突发性传染病发生后医疗建筑网络的恢复能力(A3)	
传染病事后评估(B31)	传染病恢复重建(B32)

1. 突发性传染病事后评估评价指标

突发性传染病发生后的评估能力主要有两方面：一是对疾病过后造成的损失的评价；二是要进行疾病过后重新恢复需要的物资能力的评价。

损失评估能力是在突发性传染病发生时造成的人员、物资、资金损失，应当在城市医疗建筑网络的统一指挥下，启动损失评估程序，建立损失报告系统。通过此系统获得突发性传染病发生的时间、受影响人群、感染人群以及如何处理等全部完整的数据资料。具体来说，主要对以下几部分进行评价：一是经济损失；二是人员损失；三是紧急情况下医疗技术能力等。

在突发性传染病发生后，医疗建筑网络汇集全部防控救治过程的历史数据，分析总结数据信息，对其医疗防控能力进行总结评估后，据此研究应用突发性传染病防控技术，完善医疗建筑网络设施。医疗建筑网络的传染病防控事后评估能力指标表见表 5.11。

表 5.11　医疗建筑网络的传染病防控事后评估能力指标表

医疗建筑网络的传染病防控事后评估能力（B31）		
信息汇集路径（C311）	数据分析中心（C312）	应急技术应用（C313）

（1）医疗建筑网络信息汇集路径。

医疗建筑网络与城市其他信息系统协作，汇集传染病防控过程中的灾害损失、防控成果、管理经验等基础数据。其中，医院系统内部网络是疾病信息主要载体，它与疾病预防控制中心网络相连，收集、传递传染病监测防控过程的相关指标信息；政府内部网络与民用电信网路配合总结收集信息。

（2）医疗建筑网络数据分析中心。

突发性传染病全部防控过程的相关信息指标需要进行科学的总结评价，对突发性传染病的防控过程做出清晰的判断。医疗建筑网络中各省、市疾病预防控制中心在此时丰富病毒样本库、病毒数据库，对突发性传染病相关信息指标进行分类总结。各城市的病毒分析的临时专家组在解散前，需要对此次突发事件进行完整的总结汇报。

（3）医疗建筑网络应急技术应用。

突发性传染病过后，医疗建筑网络需要总结防控过程中行之有效的应急技术。例如，SARS 过后，遭受巨大损失的广东省建立了广州市政府综合应急数字平台，为迎接新的挑战打下基础。

2. 突发性传染病恢复重建评价指标

所谓灾后恢复重建能力评价，主要是指将病情过后整个城市尽快恢复到以前的生产、生活状态。具体包括恢复计划的建立、恢复时间、医疗设施规划、经验总结、长期发展规划等（图 5.13）。

在突发性传染病发生后，医疗建筑网络恢复遭到破坏和应急改建的城市设施，将经过应急转换的医疗建筑通过逆转换或重新建设恢复到平时状态，并根据突发性传染病的全过程防控要求对医疗建筑体系进一步建设。同时，依托医疗建筑体系内的心理救治系统对治愈人群和普通社会公众施以灾后心理救治，帮助社会恢复到灾害发生前的状态，并借此进一步普及传染病防控知识，提高社会对突发性传染病的认知水平。医疗建筑网络的传染病治疗恢复重建能力指标表见表 5.12。

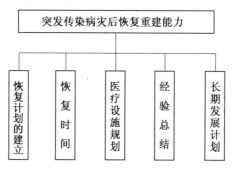

图 5.13　灾后恢复重建能力

表 5.12　医疗建筑网络的传染病治疗恢复重建能力指标表

医疗建筑网络的传染病治疗恢复重建能力（B32）			
城市生命线恢复（C321）	医疗系统逆转换（C322）	灾后补偿重建（C323）	灾后心理救治（C324）

（1）医疗建筑网络城市生命线恢复。

医疗建筑网络在应急状态下的城市生命线遭受破坏或临时改建，在突发公共事件发生后，城市供水、供电、通信、燃油、燃气、热力、排水等基础生活保障设施进行恢复性重建。值得注意的是，恢复重建既要保证恢复事件发生前状态，又根据投入预算尽可能解决事件中暴露出来的薄弱环节或突出问题。恢复重建应建立在对此次事件全面的评估指导下，进行科学的设计基础上，将事件中的经验教训总结落实。

（2）医疗建筑网络医疗系统逆转换。

在突发性传染病治疗过程中，医疗建筑网络的一些诊治单元转换为传染病诊治的隔离单元，进行了医疗主体转换，在传染病过后，医疗主体需要进行逆转换，恢复平时使用状态。同样需要注意总结事件中的经验教训，在恢复重建过程中，进行强化建设，为下一次事件做好准备。

（3）医疗建筑网络灾后补偿重建。

在突发性传染病事件过后，医疗建筑网络进行补偿重建。根据传染病事后评估结果，系统地进行医疗建筑网络改进设计，并根据设计进行统一建设。建设过程中需要突破部门的限制，结合各部门的经验，将医疗建筑网络整体进行加强。因此，补偿重建应吸纳各种组织机构的力量，包括政府组织、保险机构、社会企业和基层社区等。补偿重建应建立长期机制，分步骤、分阶段，并考虑可持续发展。

（4）医疗建筑网络灾后心理救治。

在突发性传染病事件后半程，社会逐渐出现经历过传染病侵害人群及亲属和参加应急救助人群的心理伤害问题，医疗建筑网络应提供长期心理救助服务。医疗建筑网络中的精神疾病专科医院和综合医院心理专科门诊可提供专业性治疗场所，对感受到突发社会事件打击的普通民众来讲，更加细致的救助应在社区层面得以解决。调研结果显示，目前社区心理救助正在逐渐加强的过程中。

防控突发性传染病的医疗建筑网络评价指标体系如图 5.14 所示。

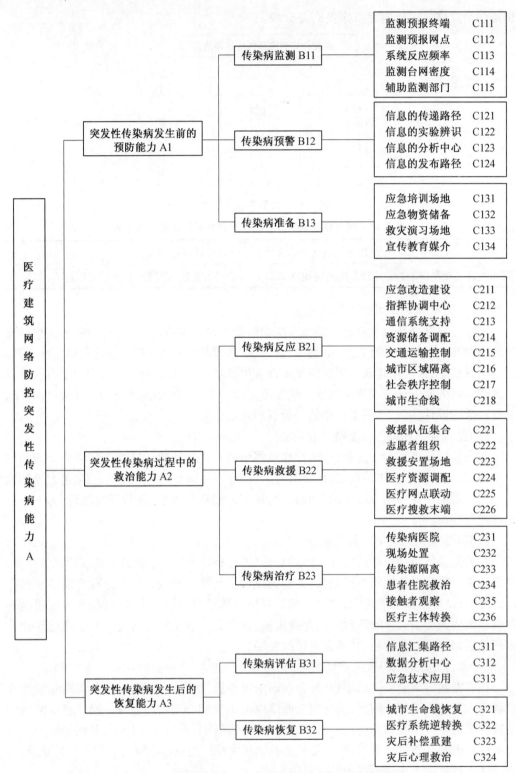

图 5.14　防控突发性传染病的医疗建筑网络评价指标体系

5.2　医疗建筑网络评价模型设计

5.2.1　医疗建筑网络评价模型方法原则

1.评价模型设计方法

现阶段灾害管理中存在两种危险的趋势:一是重救轻防,事后设防;二是部门分割分散管理,资源低效重复配置。防控突发性传染病的医疗建筑网络评价指标体系把被动的危机应对观念提高到城市综合风险管理和城市综合危机防控体系的理论层面,从优化配置城市减灾资源思想入手,整合利用由各部门分散管理的其他灾种防控资源,设计一套从灾前预防、灾中救治、灾后恢复全过程的医疗建筑网络评价指标体系。

医疗建筑网络评价指标的设定以危机管理和传染病防控的相关理论为依据,根据传染病防控全过程中所对应的建筑空间来构建突发性传染病的全过程医疗建筑评价指标体系。突发性传染病的全过程防控是对突发性传染病发生发展全部周期过程的管控,医疗建筑网络体系应对突发事件需要从城市危机管理纵向出发,从传染病发生根源遏制其发展,从传染病发展重点环节控制其扩散,在传染病消亡后恢复建设。突发性传染病的全过程防控结合城市应急管理的组织行为流程,按照全面参与、全过程防控的理念设置医疗建筑网络评价模型:

(1)从恶性传染病突然暴发的前提出发,建立由城市最高决策层直接领导的控制中枢,统一调配城市应急防灾各项工程设施,整合各专业部门减灾资源,协调各方救援能力,从组织方式上建立一元化管理保障。

(2)从传染病潜伏期到扩散的全过程理念出发,建立防控突发性传染病的过程整合。依靠医疗建筑网络在传染病暴发的各工作环节中内在的统一性,实现医疗建筑网络对于传染病暴发前、中、后的综合管控,提升医疗建筑网络的控制成果。

(3)从医疗建筑网络的具体实践层面出发,将防控突发性传染病的评价指标落实到具体的现实数据。把具体城市的防灾数据落实到指标体系中,建立针对我国国情的指标论域。将各城市具体指标进行比对,跳出纯理论概念研究的束缚。只有评价指标针对具体部门的具体数据才能具有指导实践的现实价值。

(4)从医疗建筑网络资源的优化配置观点出发,解决城市防灾资源的低水平重复建设问题。通过对医疗建筑网络评价指标体系的整合分析,对分散的城市减灾资源进行集中整理和配置,实现灾害管理的规模效应。

2.评价模型设计原则

评价过程的客观、准确是对医疗建筑网络评判结果的保障。根据系统评价的相关理论和应急管理的特殊性,防控突发性传染病医疗建筑网络评价模型设计应遵循以下基本评价原则:

(1)系统性原则。

突发性传染病的防控过程是传染病发生前监测、准备;传染病发生中反应、救治;传染病发生后总结、恢复的一个环环相扣的防控系统。应以系统论的分析方法作为基础,对医疗建筑网络整体进行全面评价。

（2）科学性原则。

突发性传染病的防控过程是传染病病原的产生、传播、消除的一个一一对应的防控体系。应从传染病学的视角出发,将医疗建筑网络针对传染病病毒的控制过程进行科学评价。

（3）操作性原则。

突发性传染病的防控过程是涉及各级政府、相关部门、卫生系统的一个步步为营的防控组织。应以现行统计部门的基本数据为依托,对医疗建筑网络在城市管理系统中的客观现状进行实际评价。

（4）适应性原则。

突发性传染病的防控过程是根据不同城市特点、不同城市发展阶段的一个层层递进的防控水平。应与城市基本社会状况相衔接,使医疗建筑网络适应不同城市进程进行实践评价。

（5）最小化原则。

突发性传染病的防控过程根据"短板理论"是受最小指标制约的一个环环相扣的"防控木桶"。应以传染病的全面防控为目标,将医疗建筑网络的滞后性指标进行强化评价。

（6）经济性原则。

突发性传染病的防控过程是需要社会财富合理分配的一个面面俱到的防控配置。应符合资源分配的均好性要求,让医疗建筑网络的有限资源统筹各控制项目而进行经济性评价。

5.2.2　医疗建筑网络评价模型运算原理

1.运算方法

防控突发性传染病的医疗建筑网络评价模型计算方法基于统计分析软件 SPSS,它是一个用于统计学分析运算、数据挖掘、评测分析和决策支持任务的软件产品。SPSS 是世界上最早的统计分析软件,广泛应用于自然探索以及科技研发等诸多相关行业中。

此软件具有极为强大的功能,能够将信息录入、整合、梳理以及剖析结合一体,能够依照医疗建筑网络评定的需求来选定相应的模块。其最为突出的功用涵盖了信息梳理、高效整合、图表剖析以及后续输出等。其具体的流程包含了描述性统计、回归分析以及多重响应等若干分类,每一类中又被分成多个统计过程,诸如曲线估计、Logistic 回归等。在单个过程里,该软件准许使用者选定有所差异的手段以及相关指标,依照医疗建筑网络各系统计算要求进行统计分析。

防控突发性传染病的医疗建筑网络评价模型应用 SPSS 的变量编码功能进行医疗建筑网络评价因子定量取值和数据的无量纲化;应用 SPSS 的个案加权功能进行医疗建筑网络评价权重计算;应用 SPSS 的计算变量功能进行医疗建筑网络评价结果计算。

同时,由于 SPSS 拥有高度可视化的构造图表和交互界面的图形构建器,可以根据医疗建筑网络评测数据绘制各种图形。清晰的图表能够将复杂的评测过程和结果信息明确地表现出来,使医疗建筑网络评测数据结果更加直观地为防控突发性传染病的医疗建筑网络体系建设决策提供指导。

2. 运算步骤

防控突发性传染病的医疗建筑网络评价模型相关运算是以模糊评价方法作为基础的,其对应的流程涵盖了下列 3 步。

第一步:进行防控突发性传染病的医疗建筑网络评定参数的赋值。运算借助五分制,5 个常规指标各计 1 分,核心指标不得缺失。

第二步:得出防控突发性传染病的医疗建筑网络评定相关参数所占的权重。

第三步:依照前面两步得到的数据进行防控突发性传染病的医疗建筑网络模糊评定相关运算。具体运算步骤如下:

(1)将评判指标的集合表示为 A,集合中每个评判指标的量化取值表示为 a,建立相应的矩阵。

$$A = \bigcup_{i=1}^{m} A_i, \boldsymbol{a} = \begin{bmatrix} a_{11} & a_{12} & a_{13} & \cdots & a_{1m} \\ a_{21} & a_{22} & a_{23} & \cdots & a_{2m} \\ \vdots & \vdots & \vdots & & \vdots \\ a_{m1} & a_{m2} & a_{m3} & \cdots & a_{mm} \end{bmatrix} \tag{5.1}$$

其中,将评判指标的权重集合表示为 W,每个指标的权重表示为

$$\boldsymbol{W} = \{w_1, w_2, w_3, \cdots, w_m\} \text{ 且 } \sum_{i=1}^{m} w_i = 1 \tag{5.2}$$

(2)依照之前得到的评价要素的 $\boldsymbol{a}$、$\boldsymbol{W}$,建立单元素评价矩阵 $\boldsymbol{X}$。

$$\boldsymbol{X} = \boldsymbol{a} \cdot \boldsymbol{W} = \{x_1, x_2, x_3, \cdots, x_m\} \tag{5.3}$$

其中

$$x_i = \{a_1, a_2, \cdots, a_m\} \cdot \begin{bmatrix} w_1 \\ w_2 \\ \vdots \\ w_m \end{bmatrix}$$

(3)反复执行上述的运算,最终得到多元化模糊评价矩阵,输入评价指标的数值即可得到评判结果。

3. 质量控制

防控突发性传染病的医疗建筑网络评价模型在执行运算的时候必须实施合理的质量控制,防控在进行评判时出现过大的偏差,从而确保结论的准确性。防控突发性传染病的医疗建筑网络评定偏差通常出现在目标选取、数据搜集、整合以及统计的过程中,能够造成结论有悖于事实的情形出现。

首先,要防止由于选取评价目标的错误而导致的偏差:在进行抽取样本的过程中,应当对各个指标的特性以及变动范畴做出精准的划定,选定影响程度大、高效的评判指标,并且依照各自的重要性来制定相应的权重;其次,要防止相关的数据出现偏差:在搜集以及整合数据的过程中,要对其得来的方式加以甄别,并且借助合理的手段来对其可信性进行检测,确保源头数据的准确性,防止由于不同机构运算标准的差异和信息失实而导致的偏差情况出现;最后,要防止各个指标之间的混杂而引发的偏差:进行评定的时候,应准确地划定各个指标之间的联系和分界点,防止不同评判体系对相同的内容进行重复评定的

情况出现。

在对待评定的指标进行偏差程度的检验之后,还要借助若干个突出的案例予以试运行,观测其与实际的符合程度,以此来对模型系统整体进行偏差剖析。选定典型的案例以及合理的模型予以评定检测,选取典型城市和理想城市模型进行评价试测,借助得到的结果进行剖析,对其构造进行整合,检测模型的合理性以及可靠性,确保其对医疗建筑系统的评判品质,在最大程度上降低误差的数值。

随着经济的迅猛发展,中国城市化程度的逐步加深,环境以及大气质量出现了显著的恶化,这对于大众的健康无疑形成了较大的威胁,导致医疗用药剂量以及种类均增多。在这种情况下,病菌也出现了不同程度的变异,其抵抗药物的能力大大增强。防控突发性传染病的医疗建筑网络评价模型应当依照相关情形的变动而处于动态演变中,依照各个地区以及机构的实际需求来形成对应的信息库。令模型和待评估的对象保持一致,使之成为随指标集合和权重变动而动态发展的载体,实现准确度的动态调整。

现阶段医疗建筑网络正处在革新和健全的重要时刻。在医疗建筑的设计、审核以及建造过程中,防控突发性传染病的评价模型为其带来了高效而实用的指引,使各类评定和策略由原来的臆想猜测、经验主义变成了精确量化的合理结论。依照评测结果对现阶段医疗建筑网络的防控能力进行优劣的评判,找到其缺陷,总结经验,并指出完善的方向,确保在真正暴发传染病的时候能够为大众带来有效而及时的救治。

5.2.3　医疗建筑网络评价模型矩阵系统

1. 因子定量

(1)医疗建筑网络评价因子定量目标:评价医疗建筑体系的配置。

(2)医疗建筑网络评价因子定量内容:以传染病发生过程为主线,不是有什么设施,而是保障传染病发生过程中所需要的措施实现和空间支持。

(3)医疗建筑网络评价因子定量准则:借助五分制,对于常规指标每个计1分,假如缺失核心指标则全都不加分,重要项目分值加倍,次要项目分值折半;数值项目按数值去量化计算取分。

对应的指标定量取值见表5.13。

表5.13　防控突发性传染病的医疗建筑网络评价指标定量取值表

指标	定量取值(每项5分)
(C111)	每项1分:温度监测、影像监测、网络监测、空气菌群监测、水质质量检测
(C112)	每项1分:综合医院、疫控中心、社区医院、药品销售、动物检疫
(C113)	每 X 小时上报一次记作 Y 分:0.25—5分、1—4分、6—3分、24—2分、168—1分
(C114)	每 X km 1个站点计 Y 分:0.5—5分、1—4分、2—3分、4—2分、10—1分
(C115)	每项1分:交通枢纽、商业建筑、办公建筑、街道、幼儿园
(C121)	每项1分:医院专用线路、政府专线、部队专线、民用网络、民用电信
(C122)	依照生物实验室占地和该市人数之比进行分值的判定(X m²/万人—Y 分): 500—5分、200—4分、100—3分、50—2分、20—1分

续表 5.13

指标	定量取值(每项 5 分)
(C123)	每项 1 分:病毒样本库、专家研讨中心、病毒数据库、信息分析计算中心、信息共享平台
(C124)	每项 1 分:政府内部专用路径、政府媒体、社会媒体、民用网络、医疗系统信息管理
(C131)	依照培训房屋占地和该市人数之比进行分值的判定(X m²/万人—Y 分): 1 000—5 分、500—4 分、200—3 分、100—2 分、50—1 分
(C132)	依照储存物质占地和该市人数之比进行分值的判定(X m²/万人—Y 分): 200—5 分、100—4 分、50—3 分、20—2 分、10—1 分
(C133)	依照演练场所占地和该市人数之比进行分值的判定(X m²/万人—Y 分): 200—5 分、100—4 分、50—3 分、20—2 分、10—1 分
(C134)	每项 1 分:政府文件发布、政府媒体、社会媒体、宣传活动、学校教育
(C211)	依照改造占地和现有用地的比值进行分值的判定: 500%—5 分、200%—4 分、100%—3 分、50%—2 分、20%—1 分
(C212)	依照指挥场所占地和该市人数之比进行分值的判定(X m²/万人—Y 分): 50—5 分、20—4 分、10—3 分、5—2 分、1—1 分
(C213)	每项 1 分:政府专用卫星通信、专用无线电、民用计算机网络、民用电信系统、文件传达
(C214)	依照民用物资存储场所占地和该市人数之比进行分值的判定(X m²/万人—Y 分): 200—5 分、100—4 分、50—3 分、20—2 分、10—1 分
(C215)	依照交警单位占地和该市人数之比进行分值的判定(X m²/万人—Y 分): 2 000—5 分、1 000—4 分、500—3 分、200—2 分、100—1 分
(C216)	按单元人数取值(X 千人—Y 分):1—5 分、3—4 分、10—3 分、20—2 分、50—1 分
(C217)	依照警察部门占地和该市人数之比进行分值的判定(X m²/万人—Y 分): 1 000—5 分、500—4 分、200—3 分、100—2 分、50—1 分
(C218)	基本保障系统计 3 分、应急保护计 1 分、应急加固修复计 1 分
(C221)	依照救援单位可使用建筑占地和该市人数之比进行分值的判定(X m²/万人—Y 分): 10 000—5 分、5 000—4 分、1 000—3 分、500—2 分、100—1 分
(C222)	依照志愿人员可使用生活用地和该市人数之比进行分值的判定(X m²/万人—Y 分): 1 000—5 分、500—4 分、200—3 分、100—2 分、50—1 分
(C223)	依照救援可使用占地和该市人数之比进行分值的判定(X m²/万人—Y 分): 10 000—5 分、5 000—4 分、1 000—3 分、500—2 分、100—1 分
(C224)	按应急物流覆盖率取值:100%—5 分、90%—4 分、80%—3 分、70%—2 分、60%—1 分
(C225)	每项 1 分:联动设施设备、医疗体系专用线路、政府专用线路、民用网络、民用电信系统
(C226)	每项 1 分:通信指挥车、监护型急救车、救治型急救车、医疗转运车、救援直升机
(C231)	依照传染病院构筑物占地和该市人数之比进行分值的判定(X 千人/床—Y 分): 10—5 分、5—4 分、2—3 分、1—2 分、0.5—1 分
(C232)	每项 1 分:医务人员防护、现场消毒、疫苗接种、预防宣传、隔离筛查
(C233)	每项 1 分:医患分离、患者之间隔离、生物洁净技术、气流组织技术、废物废水处理
(C234)	依照传染病院床位数量和该市人数之比进行分值的判定(X 千人/床—Y 分): 20—5 分、10—4 分、5—3 分、3—2 分、1—1 分

续表 5.13

指标	定量取值(每项 5 分)
(C235)	依照发热门诊占地和该市人数之比进行分值的判定(X m²/万人—Y 分): 200—5 分、100—4 分、50—3 分、20—2 分、10—1 分
(C236)	依照可用于紧急疫情救治的用地和该市人数之比进行分值的判定(X m²/万人—Y 分): 500—5 分、200—4 分、100—3 分、50—2 分、20—1 分
(C311)	每项 1 分:医院专用线路、政府专线、部队专线、民用网络、民用电信
(C312)	每项 1 分:病毒样本库、专家研讨中心、病毒数据库、信息分析计算中心、信息共享平台
(C313)	每总结一项—1 分
(C321)	基本保障系统计 3 分、应急保护恢复计 1 分、临时设施修复计 1 分
(C322)	按改造建设可逆转比例取值: 100%—5 分、90%—4 分、80%—3 分、70%—2 分、60%—1 分
(C323)	按灾后重建组织取值:政府组织计 2 分,保险组织、企业组织、社区组织各计 1 分
(C324)	依照可用于心理医治的占地和该市人数之比进行分值的判定(X m²/万人—Y 分): 50—5 分、20—4 分、10—3 分、5—2 分、2—1 分

2. 权重计算

医疗建筑网络评价权重计算运用层次分析法确定模糊综合评价权重。评价因素集合中的每个因素在评估目标中的效果以及权重各具差异,在评价模型当中借助各自的相互关系来予以确定。各指标的相对重要性根据指标的相对关系研究所得出的指标重要程度对比来确定,计算方法如下:

首先在已有的医疗建筑网络树状层次结构模型基础上确立思维判断定量化的标度(表 5.14)。

表 5.14　权重量化标度表

标度	含义
1	表示两个因素相比具有等性
3	表示两个因素相比一个因素比另一个因素稍微重要
5	表示两个因素相比一个因素比另一个因素明显重要
7	表示两个因素相比一个因素比另一个因素强烈重要
9	表示两个因素相比一个因素比另一个因素极端重要
2、4、6、8	为上述相邻判断的中值

进而构建判定矩阵。借助两两互比的手段,对各个因素予以打分,依照中间层的相关参数,能够获得最终的判定矩阵。

最后求解特征根,计算权重。在这一过程当中借助"和积法",其计算步骤如下:

(1) 对矩阵按列归一化。

$$\overline{a_{ij}} = \frac{a_{ij}}{\sum_{i=1}^{m} a_{ij}} \tag{5.4}$$

（2）对矩阵每行求和。

$$W_i = \sum_{j=1}^{m} \overline{a_{ij}} \tag{5.5}$$

对矩阵各行归一化计算权重

$$\overline{W}_i = \frac{w_i}{\sum\limits_{i=1}^{m} w_i} \tag{5.6}$$

（3）求最大特征根。

$$\lambda_{\max} = \sum_{i=1}^{m} \frac{A\,\overline{W}_i}{n\,\overline{W}_i} \tag{5.7}$$

（4）检验矩阵的一致性。

$$C.I. = \frac{\lambda_{\max} - m}{m - 1} \quad （验证\ C.R. = \frac{C.I.}{R.I.} < 0.1） \tag{5.8}$$

防控突发性传染病的医疗建筑网络评价指标权重见表5.15。

表5.15　防控突发性传染病的医疗建筑网络评价指标权重表(W)

1.00(A)							
0.26(A1)			0.63(A2)			0.11(A3)	
0.43(B11)	0.43(B12)	0.14(B13)	0.26(B21)	0.11(B22)	0.63(B23)	0.25(B31)	0.75(B32)
0.23(C111)	0.10(C121)	0.10(C131)	0.06(C211)	0.08(C221)	0.40(C231)	0.20(C311)	0.49(C321)
0.23(C112)	0.25(C122)	0.55(C132)	0.28(C212)	0.08(C222)	0.04(C232)	0.60(C312)	0.17(C322)
0.23(C113)	0.55(C123)	0.10(C133)	0.06(C213)	0.25(C223)	0.09(C233)	0.20(C313)	0.17(C323)
0.23(C114)	0.10(C124)	0.25(C134)	0.06(C214)	0.25(C224)	0.19(C234)	—	0.17(C324)
0.08(C115)	—	—	0.06(C215)	0.25(C225)	0.09(C235)	—	—
—	—	—	0.14(C216)	0.08(C226)	0.19(C236)	—	—
—	—	—	0.06(C217)	—	—	—	—
—	—	—	0.28(C218)	—	—	—	—

3. 模型总表

防控突发性传染病的医疗建筑网络评价模型系统总表（表5.16）。

表5.16　防控突发性传染病的医疗建筑网络评价模型系统总表

	过程	权重	目标	权重	指标	权重	定量取值(每项5分)
医疗建筑网络防控突发性传染病能力A	突发性传染病发生前医疗建筑网络的预防能力A1	0.26	传染病监测B11	0.43	监测预报终端(C111)	0.23	定量分取值每符合一项—1分:温度监测、影像监测、网络监测、空气菌群监测、水质检测
					监测预报网点(C112)	0.23	定量分取值每符合一项—1分:综合医院、疫控中心、社区医院、药品销售、动物检疫
					系统反应频率(C113)	0.23	每X小时上报一次为Y分:0.25—5分;1—4分;6—3分;24—2分;168—1分
					监测台网密度(C114)	0.23	每X km 1个站点为Y分:0.5—5分;1—4分;2—3分;4—2分;10—1分
					辅助监测部门(C115)	0.08	每增加1个辅助部门—1分:交通枢纽、商业建筑、办公建筑、街道、幼儿园等

续表 5.16

	过程	权重	目标	权重	指标	权重	定量取值（每项 5 分）
医疗建筑网络防控突发性传染病能力 A	突发性传染病发生前医疗建筑网络的预防能力 A1	0.26	传染病预警 B12	0.43	信息的传递路径（C121）	0.10	每增加 1 条路径—1 分：医院专用线路、政府专线、部队专线、民用网络、民用电信
					信息的实验辨识（C122）	0.25	依照生物实验室占地和该市人数之比进行分值的判定（X m²/万人—Y 分）：500—5 分、200—4 分、100—3 分、50—2 分、20—1 分
					信息的分析中心（C123）	0.55	每具备 1 种分析途径—1 分：病毒样本库、专家研讨中心、病毒数据库、信息分析计算中心、信息共享平台
					信息的发布路径（C124）	0.10	每增加 1 条路径—1 分：政府内部专用路径、政府媒体、社会媒体、民用网络、医疗系统信息管理
			传染病准备 B13	0.14	应急培训教室（C131）	0.10	依照培训房屋占地和该市人数之比进行分值的判定（X m²/万人—Y 分）：1 000—5 分、500—4 分、200—3 分、100—2 分、50—1 分
					应急物资储备（C132）	0.55	依照储存物质占地和该市人数之比进行分值的判定（X m²/万人—Y 分）：200—5 分、100—4 分、50—3 分、20—2 分、10—1 分
					救灾演习场地（C133）	0.10	依照演练场所占地和该市人数之比进行分值的判定（X m²/万人—Y 分）：200—5 分、100—4 分、50—3 分、20—2 分、10—1 分
					宣传教育媒介（C134）	0.25	每设置 1 种媒介—1 分：政府文件发布、政府媒体、社会媒体、宣传活动、学校教育
	突发性传染病发生过程中医疗建筑网络的救治能力 A2	0.63	传染病反应 B21	0.26	应急改造建设（C211）	0.06	依照改造占地和现有用地的比值进行分值的判定：500%—5 分、200%—4 分、100%—3 分、50%—2 分、20%—1 分；
					指挥协调中心（C212）	0.28	依照指挥场所占地和该市人数之比进行分值的判定（X m²/万人—Y 分）：50—5 分、20—4 分、10—3 分、5—2 分、1—1 分；
					通信系统支持（C213）	0.06	每设置 1 套系统—1 分：政府专用卫星通信能力、政府专用无线电通信系统、民用基于计算机网络的通信系统、民用电信系统、文件传达
					资源储备调配（C214）	0.06	依照民用物资存场所占地和该市人数之比进行分值的判定（X m²/万人—Y 分）：200—5 分、100—4 分、50—3 分、20—2 分、10—1 分

续表 5.16

过程	权重	目标	权重	指标	权重	定量取值(每项 5 分)
医疗建筑网络防控突发性传染病能力 A	突发性传染病发生过程中医疗建筑网络的救治能力 A2	传染病反应 B21	0.26	交通运输控制 (C215)	0.06	依照交警单位占地和该市人数之比进行分值的判定(X m²/万人—Y 分):2 000—5 分、1 000—4 分、500—3 分、200—2 分、100—1 分
				城市区域隔离 (C216)	0.14	按照区域隔离可控单元人数取值:1 000 人—5 分、3 000 人—4 分、10 000 人—3 分、20 000 人—2 分、50 000 人—1 分
				社会秩序控制 (C217)	0.06	依照警察部门占地和该市人数之比进行分值的判定(X m²/万人—Y 分):1 000—5 分、500—4 分、200—3 分、100—2 分、50—1 分
				城市生命线 (C218)	0.28	基本保障系统(水电通信交通油气排水热网)—3 分、应急保护—1 分、应急加固修复—1 分
		传染病救援 B22	0.11	救援队伍集合 (C221)	0.08	依照救援单位可使用建筑占地和该市人数之比进行分值的判定(X m²/万人—Y 分):10 000—5 分、5 000—4 分、1 000—3 分、500—2 分、100—1 分
				志愿者组织 (C222)	0.08	依照志愿人员可使用生活用地和该市人数之比进行分值的判定(X m²/万人—Y 分):1 000—5 分、500—4 分、200—3 分、100—2 分、50—1 分
				救援安置场地 (C223)	0.25	依照救援可使用占地和该市人数之比进行分值的判定(X m²/万人—Y 分):10 000—5 分、5 000—4 分、1 000—3 分、500—2 分、100—1 分
				医疗资源调配 (C224)	0.25	按照应急物流的城市覆盖率取值:100%—5 分、90%—4 分、80%—3 分、70%—2 分、60%—1 分
				医疗网点联动 (C225)	0.25	每设置 1 套系统—1 分:联动设施设备、医疗体系专用线路、政府专用线路、民用网络、民用电信系统
				医疗搜救末端 (C226)	0.08	每设置 1 项—1 分:通信指挥车、监护型急救车、救治型急救车、医疗转运车、救援直升机
		传染病治疗 B23	0.63	传染病医院 (C231)	0.40	按照传染病医院医疗建筑面积与城市人口规模比例取值:10 千人/床—5 分、5 千人/床—4 分、2 千人/床—3 分、1 千人/床—2 分、0.5 千人/床—1 分
				现场处置 (C232)	0.04	每设置 1 项—1 分:医务人员防护、现场消毒、疫苗接种、预防宣传、隔离筛查
				传染源隔离 (C233)	0.09	每设置 1 项—1 分:医患分离、患者之间隔离、生物洁净技术、气流组织技术、废物废水处理
				患者住院救治 (C234)	0.19	按照传染病住院处床位数与城市人口规模比例取值:20 千人/床—5 分、10 千人/床—4 分、5 千人/床—3 分、3 千人/床—2 分、1 千人/床—1 分(包含封闭生活所需配套设施)
				接触者观察 (C235)	0.09	依照发热门诊占地和该市人数之比进行分值的判定(X m²/万人—Y 分):200—5 分、100—4 分、50—3 分、20—2 分、10—1 分
				医疗主体转换 (C236)	0.19	依照可用于紧急疫情救治的用地和该市人数之比进行分值的判定(X m²/万人—Y 分):500—5 分、200—4 分、100—3 分、50—2 分、20—1 分

续表 5.16

	过程	权重	目标	权重	指标	权重	定量取值(每项 5 分)
医疗建筑网络防控突发性传染病能力A	突发性传染病发生后医疗建筑网络的恢复能力A3	0.11	传染病事后评估B31	0.25	信息汇集路径(C311)	0.20	每增加 1 条路径—1 分:医院专用线路、政府专线、部队专线、民用网络、民用电信
					数据分析中心(C312)	0.60	每具备 1 种分析途径—1 分:病毒样本库、专家研讨中心、病毒数据库、信息分析计算中心、信息共享平台
					应急技术应用(C313)	0.20	每总结一项—1 分
			传染病恢复重建B32	0.75	城市生命线恢复(C321)	0.49	基本保障系统(水电通信交通油气排水热网)—3 分、应急保护恢复—1 分、临时设施修复—1 分
					医疗系统逆转换(C322)	0.17	按照改造建设建筑可逆转换回复的比例取值:100%—5 分、90%—4 分、80%—3 分、70%—2 分、60%—1 分
					灾后补偿重建(C323)	0.17	按照灾后补偿重建组织机构相加取值:政府组织—2 分、保险机构组织—1 分、社会企业组织—1 分、基层社区组织—1 分
					灾后心理救治(C324)	0.17	依照可用于心理医治的占地和该市人数之比进行分值的判定($X\ \text{m}^2/万人—Y$ 分):50—5 分、20—4 分、10—3 分、5—2 分、2—1 分

5.3　医疗建筑网络评价实测应用

5.3.1　典型城市医疗建筑网络评价数据采集

本节选取广州、哈尔滨、苏州三座典型城市进行测试分析,用典型城市的指标数值定义评价模型的指标。这三座城市各具特点,具有较强的代表性。

广州是抗击 SARS 经验丰富的城市。SARS 病毒于 2002 年 11 月出现在广东佛山,随后在广东省迅速形成流行态势,并从广州市扩散出去。SARS 疫情过后广州市医疗建筑网络防控体系已经建设了十多年,作为亲身经历过突发事件的城市,许多医疗建筑网络防控新技术、新方法都在广州市得以实现和推广。哈尔滨市位置偏远,近年未大规模暴发过疫情,但哈尔滨市是中国东北的典型城市,对于周围城市具有明显示范和代表作用。苏州市位于江苏省东南部,地理位置优越,在长江三角洲这个大的区域里,苏州是沪、宁、杭这些大都市群中极具增长潜力的城市。值得关注的是,苏州市这几年的经济增长非常迅速,是我国城市化进程中城市迅速膨胀并集群化的典型代表。

1. 广州市评价指标数据采集

广州市是我国的特大型城市,是继上海、北京之后的全国第三大城市,5 个大的国家中心城市之一,是中国东南片区的政治、科教和文体的中心所在。广州市位处广东省的东南部,濒临南海,毗邻中国香港和澳门,是珠三角都市圈核心城市,交通通信枢纽城市,同时也是中国南方最大、历史最悠久的对外通商口岸。广州市主城区(测评不含下属县级市)常住人口 1 118.56 万人,城区面积 3 843.43 km²。

　　广州市防控突发性传染病的医疗建筑网络评价指标数据采集信息统计基础数据来源于广州市统计信息网、中国广州政府网站、广州市疾病预防控制中心网站、广东省人民政府应急管理办公室网站。统计结果见表 5.17。

表 5.17　广州市防控突发性传染病的医疗建筑网络评价指标表

目标	指标	医疗建筑防控能力测量结果
传染病监测 (B11)	监测预报终端(C111)	温度监测、空气有机污染物监测、水质质量检测、网络监测。(广州环境监测网)
	监测预报网点(C112)	综合医院、疫控中心、动物检疫、移动监测车船
	系统反应频率(C113)	每周汇报一到两次
	监测台网密度(C114)	全市共 40 个监测网点实现网上直报,每 16 km 1 个站点
	辅助监测部门(C115)	小学、幼儿园、城市轨道交通应急平台和白云机场针对传染病的分级管理系统(包含负压留观用房)
传染病预警 (B12)	信息的传递路径(C121)	医院(内网)、政府(内网)、部队专线(广州军区 42 军)、民用网络、民用电信
	信息的实验辨识(C122)	生物试验室建筑面积与城市人口规模比值:100 m²/万人 广州市疾病预防控制中心实验室 1.9 万 m²,广东省疾病预防控制中心 3.1 万 m²,南沙区创新孵化基地生物医药科研产业,广东省微生物分析检测中心,广东省疾病预防控制中心移动 BSL-3 实验室
	信息的分析中心(C123)	病毒样本库、专家研讨中心、病毒数据库、信息分析计算中心、信息共享平台
	信息的发布路径(C124)	政府内部专用路径、政府媒体、社会媒体、民用网络、医疗系统信息管理,疾病预防控制中心印制宣传单
传染病准备 (B13)	应急培训场地(C131)	培训教室建筑面积与城市人口规模比值:50 m²/万人 广东省疾病预防控制中心应急培训基地、广州市健安应急救护培训中心、广州市应急救援协会培训中心、广州市应急办与国家行政学院应急管理培训中心
	应急物资储备(C132)	物资储备建筑面积与城市人口规模比值:50 m²/万人 广东省救灾物资储备中心 2 万 m²、广州天河救灾物资储备库 1.5 万 m²、广州市社会捐赠工作站 2 100 m²、广州市民政局救灾物资储备库 400 m²、广州物流公司承担区域性应急物资储备。(其中突发公共卫生事件应急物资只在疾病预防控制中心储存了少量物资)
	救灾演习场地(C133)	演习场地建筑面积与城市人口规模比值:10 m²/万人。 广州市卫生监督所负责,现状普通百姓缺乏救灾演习经验
	宣传教育媒介(C134)	政府文件发布、政府媒体、社会媒体、宣传活动、学校教育

续表 5.17

目标	指标	医疗建筑防控能力测量结果
传染病反应 （B21）	应急改造建设（C211）	改造建设建筑面积与已有应急建筑面积比值:20% 广东省第二人民医院设置为应急医院 2 万 m²,200 床,其他医院传染科设置不完全分隔
	指挥协调中心（C212）	指挥中心建筑面积与城市人口规模比值:26.8 m²/万人。 广东省应急指挥中心、广州市应急指挥中心
	通信系统支持（C213）	民用基于计算机网络的通信系统、民用电信系统、文件传达。广州电信建 800M 数字集群应急通信指挥调度系统、广州市业余无线电台应急通信(有利、需管理)
	资源储备调配（C214）	民用物资储备(可政府调配)建筑面积与城市人口规模比值:10 m²/万人。广州市应急委员会负责(政府领导兼任)、广东省应急资源 GIS 管理系统、缺乏配送中心
	交通运输控制（C215）	交通部门交通组织与管制能力以交警部门业务用房建筑面积与汽车保有量比值:200 m²/万辆。(2013 年机动车保有量 250 万辆)
	城市区域隔离（C216）	区域隔离可控单元人数:10 000 人。广州市区设置 126 个街道办事处(社区医院数量远不足,应急隔离需要按照行政区划隔离)
	社会秩序控制（C217）	警察局建筑面积与城市人口规模比值:200 m²/万人。 正式警察编制 2 万人,与市民比例 1:500 远低于世界平均水平 1:250,日本 1:150、美国 1:200、英国 1:300、印度尼西亚 1:350
	城市生命线（C218）	基本保障系统(水电通信交通油气排水热网)。设置应急防护措施,城市防洪排水设施陈旧,90% 是 20 世纪 50 年代苏联标准排水管线
传染病救援 （B22）	救援队伍集合（C221）	救援队伍可用安全生活区建筑面积与城市人口比值(包含消毒、生活、检验):50 m²/万人。广州市应急救援队伍
	志愿者组织（C222）	志愿者可用安全生活区建筑面积与城市人口比值(可利用民用建筑转换):50 m²/万人。广州市应急救援协会设社区应急救援志愿服务站(数量很少)
	救援安置场地（C223）	应急避难场所建筑面积与城市人口比值:275 m²/万人。 晓港公园、东风公园、陈家祠广场、番禺南区公园、花都广场、黄埔体育中心共计 30.7 万 m²(可提供食宿生活但实际储备物资不足)
	医疗资源调配（C224）	应急物流的城市覆盖率:100%
	医疗网点联动（C225）	联动设施设备、医疗体系专用线路、政府专用线路、民用网络、民用电信系统
	医疗搜救末端（C226）	通信指挥车、监护型急救车、救治型急救车、医疗转运车

续表 5.17

目标	指标	医疗建筑防控能力测量结果
传染病治疗（B23）	传染病医院（B231）	传染病医院和结核病院医疗建筑面积与城市人口规模比值:0.8 千人/床。应急医院 200 床、广州市第八人民医院 400 床+新址已建设 200 床(1 000 床计划未建成)
	现场处置（C232）	现场消毒、疫苗接种、预防宣传、隔离筛查(重症监护车、实验车)
	传染源隔离（C233）	医患分离、废物废水处理(现有医院气流组织不力)
	患者住院救治（C234）	按照传染病医院住院处床位数与城市人口规模比值:1 千人/床，包含封闭生活所需配套设施
	接触者观察（C235）	医院发热门诊建筑面积与城市人口规模比值:80 m²/万人
	医疗主体转换（C236）	可转换为传染病治疗建筑面积与城市人口规模比值:20 m²/万人。应急医院 2 万 m²
传染病事后评估（B31）	信息汇集路径（C311）	医院专用线路、政府专线、民用电信
	数据分析中心（C312）	病毒样本库、专家研讨中心、病毒数据库、信息分析计算中心、信息共享平台
	应急技术应用（C313）	广州政府综合应急数字平台、广东省应急产业技术创新联盟
传染病恢复重建（B32）	城市生命线恢复（C321）	基本保障系统(水电通信交通油气排水热网)、应急保护恢复、临时设施修复
	医疗系统逆转换（C322）	改造建设建筑可逆转换回复的比值:100%
	灾后补偿重建（C323）	灾后补偿重建组织机构:政府组织、保险机构组织、社会企业组织
	灾后心理救治（C324）	精神病院与综合医院心理科建筑面积与城市人口规模比值:50 m²/万人。广州白云心理医院 600 床 3.4 万 m²、广东省人民医院 45 床

　　在建筑空间大小的数据采集的同时,将广州市防控突发性传染病的医疗建筑主体现状落实在城区地图上,得到广州市医疗主体建筑现状分布情况如图 5.15 所示,据此进行城市防控突发性传染病医疗建筑空间分布情况的分析。

2. 哈尔滨市评价指标数据采集

　　哈尔滨市城区非农业户籍人口 4 713 574 人,城区面积 109.33 km²。(注:测评统计范围为城市主城区,不包含城市行政所属的周边乡村。)

　　哈尔滨市评价指标数据采集信息统计基础数据来源于哈尔滨市公共服务设施建设规划、医疗卫生设施规划(哈尔滨市城市规划设计研究院)、哈尔滨市突发公共卫生事件应急预案(哈尔滨市人民政府)、哈尔滨市卫生统计信息网、哈尔滨市人民政府突发公共事件应急委员会信息通报、哈尔滨市卫生局网站、哈尔滨市疾病预防控制中心网站等。哈尔滨市防控突发性传染病的医疗建筑网络现状调研结果统计见表 5.18。

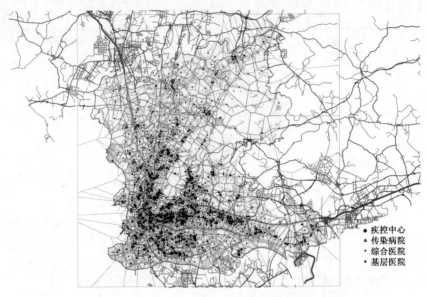

图5.15　广州市防控突发性传染病的医疗建筑主体现状分布图

表5.18　哈尔滨市防控突发性传染病的医疗建筑网络评价指标表

目标	指标	医疗建筑防控能力测量结果
传染病监测 （B11）	监测预报终端(C111)	温度监测、部分水质质量检测
	监测预报网点(C112)	综合医院、疫控中心、社区医院、动物检疫
	系统反应频率(C113)	平时每周汇报一次、两会期间每天汇报一次
	监测台网密度(C114)	按照每0.5 km 1个站点设计、实际只能达到4 km(网点未达到监测效果)
	辅助监测部门(C115)	街道、幼儿园
传染病预警 （B12）	信息的传递路径(C121)	医院(内网)、政府(内网)、部队专线(沈阳军区23军驻地直升机团)、民用网络、民用电信
	信息的实验辨识(C122)	生物试验室建筑面积与城市人口规模比值:50 m²/万人哈尔滨市疾病预防控制中心实验室部分建筑面积、哈尔滨兽医研究所、哈尔滨制药集团
	信息的分析中心(C123)	病毒样本库、专家研讨中心、病毒数据库、信息分析计算中心、信息共享平台
	信息的发布路径(C124)	政府内部专用路径、政府媒体、社会媒体、民用网络、医疗系统信息管理
传染病准备 （B13）	应急培训场地(C131)	培训教室建筑面积与城市人口规模比值:100 m²/万人(可利用民用小学教育资源,小学校分布均匀)
	应急物资储备(C132)	物资储备建筑面积与城市人口规模比值:100 m²/万人(全市5万 m² 应急物资储备库)
	救灾演习场地(C133)	演习场地建筑面积与城市人口规模比值:50 m²/万人(可利用民用小学教育资源,小学校分布均匀)
	宣传教育媒介(C134)	政府文件发布、政府媒体、社会媒体、宣传活动、学校教育

续表5.18

目标	指标	医疗建筑防控能力测量结果
传染病反应（B21）	应急改造建设（C211）	改造建设建筑面积与已有应急建筑面积比值:20% 综合医院传染部战时封闭
	指挥协调中心（C212）	指挥中心建筑面积与城市人口规模比值:10 m²/万人 城市应急指挥中心 5 000 m²
	通信系统支持（C213）	政府专用无线电通信系统、民用基于计算机网络的通信系统、民用电信系统、文件传达
	资源储备调配（C214）	民用物资储备(可政府调配)建筑面积与城市人口规模比值:50 m²/万人(部分城市大型超市物流现有建筑面积)
	交通运输控制（C215）	交通部门交通组织与管制能力以交警部门业务用房建筑面积与汽车保有量比值:100 m²/万辆
	城市区域隔离（C216）	区域隔离可控单元人数:20 000 人(社区医院数量远不足,应急隔离需要按照街道办事处行政区划隔离)
	社会秩序控制（C217）	警察局建筑面积与城市人口规模比值:500 m²/万人
	城市生命线（C218）	基本保障系统(水电通信交通油气排水热网)
传染病救援（B22）	救援队伍集合（C221）	救援队伍可用安全生活区建筑面积与城市人口比值(包含消毒、生活、检验):500 m²/万人
	志愿者组织（C222）	志愿者可用安全生活区建筑面积与城市人口比值(可利用民用建筑转换):100 m²/万人
	救援安置场地（C223）	应急避难场所建筑面积与城市人口比值:5 000 m²/万人。哈尔滨市现有应急避难场所243 处,在建200 处
	医疗资源调配（C224）	应急物流的城市覆盖率:60%
	医疗网点联动（C225）	医疗体系专用线路、政府专用线路、民用网络、民用电信系统
	医疗搜救末端（C226）	通信指挥车、救治型急救车、医疗转运车、救援直升机
传染病治疗（B23）	传染病医院（B231）	传染病医院和结核病院医疗建筑面积与城市人口规模比值:5 千人/床。哈尔滨市传染病医院 460 床、哈尔滨市结核病医院 400 床
	现场处置（C232）	现场消毒、疫苗接种、预防宣传
	传染源隔离（C233）	医患分离、部分气流组织技术、废物废水处理
	患者住院救治（C234）	按照传染病医院住院处床位数与城市人口规模比值:7.5 千人/床(包含封闭生活所需配套设施)。传染病院与综合医院传染科病床
	接触者观察（C235）	医院发热门诊建筑面积与城市人口规模比值:10 m²/万人。综合医院发热门诊数量和
	医疗主体转换（C236）	可转换为传染病治疗建筑面积与城市人口规模比值:50 m²/万人。传染病院与综合病院传染科面积和

续表 5.18

目标	指标	医疗建筑防控能力测量结果
传染病事后评估(B31)	信息汇集路径(C311)	医院专用线路、政府专线、民用电信
	数据分析中心(C312)	病毒样本库、专家研讨中心、病毒数据库
	应急技术应用(C313)	无
传染病恢复重建(B32)	城市生命线恢复(C321)	基本保障系统(水电通信交通油气排水热网)、应急保护恢复、临时设施修复
	医疗系统逆转换(C322)	改造建设建筑可逆转换回复的比值:100%
	灾后补偿重建(C323)	灾后补偿重建组织机构:政府组织、保险机构组织、社会企业组织
	灾后心理救治(C324)	精神病院与综合医院心理科建筑面积与城市人口规模比值:20 m²/万人

在建筑空间大小的数据采集同时,将哈尔滨市防控突发性传染病的医疗建筑主体现状落实在城区地图上,得到哈尔滨市医疗主体建筑现状分布情况如图 5.16 所示,据此进行城市防控突发性传染病医疗建筑空间分布情况的分析。

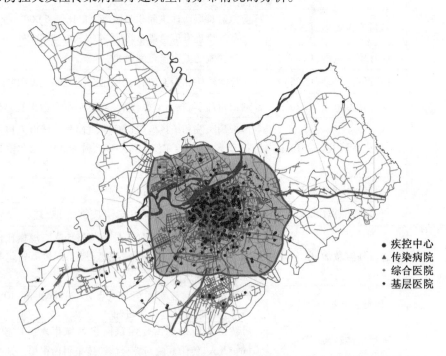

图 5.16　哈尔滨市防控突发性传染病的医疗建筑主体现状分布图

3.苏州市评价指标数据采集

苏州市城区常住人口 416.71 万人,城区面积 1 649.72 km²。

苏州市防控突发性传染病的医疗建筑网络评价指标数据采集信息统计基础数据来源于国家疾病监测信息报告管理系统、江苏卫生、苏州统计调查公众网、苏州市政府信息公开网应急管理、药品资讯网。统计结果见表 5.19。

表 5.19　苏州市防控突发性传染病的医疗建筑网络评价指标表

目标	指标	医疗建筑防控能力测量结果
传染病监测 (B11)	监测预报终端(C111)	温度监测、部分空气污染物监测、水质质量检测、部分网络监测(苏州环境监测网)
	监测预报网点(C112)	综合医院、疫控中心、动物检疫
	系统反应频率(C113)	每天汇报一次
	监测台网密度(C114)	全市共 1 454 个监测网点,每 1.14 km1 个站点
	辅助监测部门(C115)	小学、幼儿园、街道网络直报
传染病预警 (B12)	信息的传递路径(C121)	医院(内网)、政府(内网)、部队专线(南京军区 1 军装甲 10 师)、民用网络、民用电信
	信息的实验辨识(C122)	生物试验室建筑面积与城市人口规模比值:100 m²/万人。 江苏省感染免疫重点实验室 2 000 m、苏州市五院感染与免疫重点实验室 1 000 m、苏州大学医学生物技术研究所 3 000 m、苏州市疾病预防控制中心实验室 3 500 m、出入境检验检疫局综合技术中心 3 000 m、流动体检车、吴中生命科学园 12 万 m² 制药研究园区
	信息的分析中心(C123)	病毒样本库、专家研讨中心、病毒数据库、信息分析计算中心、信息共享平台
	信息的发布路径(C124)	政府内部专用路径、政府媒体、社会媒体、民用网络、医疗系统信息管理
传染病准备 (B13)	应急培训场地(C131)	培训教室建筑面积与城市人口规模比值:100 m²/万人 全市设置 50 个健康教育园
	应急物资储备(C132)	物资储备建筑面积与城市人口规模比值:10 m²/万人 一个省级物资储备中心 3 000 m、一个地区级 250 m,可与江苏省大系统联动
	救灾演习场地(C133)	演习场地建筑面积与城市人口规模比值: 10 m²/万人。 缺乏社区级宣传教育基地,城市发展迅速、普通百姓应急意识薄弱
	宣传教育媒介(C134)	政府文件发布、政府媒体、社会媒体、宣传活动、学校教育

续表 5.19

目标	指标	医疗建筑防控能力测量结果
传染病反应 （B21）	应急改造建设（C211）	改造建设建筑面积与已有应急建筑面积比值:50% 苏州大学附属第一医院、南通大学附属医院和徐州医学院附属医院为江苏省综合性紧急医学救援基地
	指挥协调中心（C212）	指挥中心建筑面积与城市人口规模比值:50 m²/万人。 苏州市应急指挥大楼6万 m²
	通信系统支持（C213）	政府专用无线电通信系统、民用基于计算机网络的通信系统、民用电信系统、文件传达
	资源储备调配（C214）	民用物资储备(可政府调配)建筑面积与城市人口规模比值:10 m²/万人
	交通运输控制（C215）	交通部门交通组织与管制能力以交警部门业务用房建筑面积与汽车保有量比值:200 m²/万辆
	城市区域隔离（C216）	区域隔离可控单元人数:5 800人。市区设置721个街道办事处(社区医院数量远不足,应急隔离需要按照行政区划隔离)
	社会秩序控制（C217）	警察局建筑面积与城市人口规模比值:200 m²/万人 正式警察编制1.2万人,辅警3.5万人
	城市生命线（C218）	基本保障系统(水电通信交通油气排水热网)
传染病救援 （B22）	救援队伍集合（C221）	救援队伍可用安全生活区建筑面积与城市人口比值(包含消毒、生活、检验):200 m²/万人(实际未达到)苏州市综合应急队伍13支3 000人,专项应急队伍287支11 814人
	志愿者组织（C222）	志愿者可用安全生活区建筑面积与城市人口比值(可利用民用建筑转换):200 m²/万人(实际未达到)苏州市每万人百名志愿者
	救援安置场地（C223）	应急避难场所建筑面积与城市人口比值:1.1万 m²/万人 全市21个应急避难场所462万 m²
	医疗资源调配（C224）	应急物流的城市覆盖率:100%
	医疗网点联动（C225）	联动设施设备、医疗体系专用线路、政府专用线路、民用网络、民用电信系统
	医疗搜救末端（C226）	通信指挥车、监护型急救车、救治型急救车、医疗转运车
传染病治疗 （B23）	传染病医院（B231）	传染病医院和结核病院医疗建筑面积与城市人口规模比值:1.0千人/床。苏州市第五人民医院418床
	现场处置（C232）	现场消毒、疫苗接种、预防宣传、隔离筛查
	传染源隔离（C233）	医患分离、废物废水处理(现有综合医院缺少负压病房)
	患者住院救治（C234）	按照传染病医院住院处床位数与城市人口规模比值:1.6千人/床。全市传染病床662个
	接触者观察（C235）	医院发热门诊建筑面积与城市人口规模比值:58 m²/万人 全市177个发热门诊
	医疗主体转换（C236）	可转换为传染病治疗建筑面积与城市人口规模比值:20 m²/万人。苏州市第五人民医院2.4万 m²,可应急改扩建为7.4万 m²,增加600至700床

续表 5.19

目标	指标	医疗建筑防控能力测量结果
传染病事后评估（B31）	信息汇集路径（C311）	医院专用线路、政府专线、民用电信
	数据分析中心（C312）	小规模病毒样本库、专家研讨中心、小规模病毒数据库、信息分析计算中心、信息共享平台
	应急技术应用（C313）	苏州市紧急救援基地
传染病恢复重建（B32）	城市生命线恢复（C321）	基本保障系统（水电通信交通油气排水热网）、应急保护恢复、临时设施修复
	医疗系统逆转换（C322）	改造建设建筑可逆转换回复的比值：100%
	灾后补偿重建（C323）	灾后补偿重建组织机构：政府组织、保险机构组织、社会企业组织、福彩（灾后重建网）
	灾后心理救治（C324）	精神病院与综合医院心理科建筑面积与城市人口规模比值：65 m²/万人。苏州市精神卫生中心 2.7 万 m²

在建筑空间大小的数据采集的同时,将苏州市防控突发性传染病的医疗建筑主体现状落实在城区地图上,得到苏州市医疗主体建筑现状分布情况如图 5.17 所示,据此进行城市防控突发性传染病医疗建筑空间分布情况的分析。

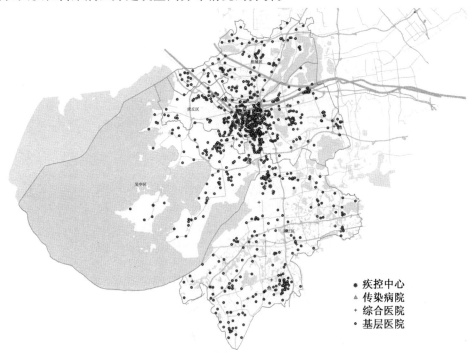

　　※　疾控中心
　　▲　传染病院
　　＋　综合医院
　　•　基层医院

图 5.17　苏州市防控突发性传染病的医疗建筑主体现状分布图

5.3.2 典型城市医疗建筑网络评价实测分析

1. 广州市评价模型实测分析

广州市医疗建筑网络对突发性传染病的防控能力评测根据防控突发性传染病的医疗建筑网络模糊综合评价模型的指标项目量化取值，录入数据进行评价数值计算。

广州市防控突发性传染病的医疗建筑网络评价模型 SPSS 的数据汇总处理如图 5.18 所示。

*实测模型1 .sav [数据集1] - IBM SPSS Statistics 数据编辑器

文件(F) 编辑(E) 视图(V) 数据(D) 转换(T) 分析(A) 直销(M) 图形(G) 实用程序(U) 窗口(W) 帮助

30 : 单项得分B .1134 可见：13 变量的 13

	广州	层级A	权重A	层级B	权重B	层级C	权重C	单项得...	单项得分B	单项得分A	单项得分O	层级得分B	层级得分A	变
1	4.00	1	.26	11	.43	111	.23	.9200	.3956	.1029	.08	2.85	3.59	
2	4.00	1	.26	11	.43	112	.23	.9200	.3956	.1029	.08	2.85	3.59	
3	2.00	1	.26	11	.43	113	.23	.4600	.1978	.0514	.03	2.85	3.59	
4	1.00	1	.26	11	.43	114	.23	.2300	.0989	.0257	.01	2.85	3.59	
5	4.00	1	.26	11	.43	115	.08	.3200	.1376	.0358	.03	2.85	3.59	
6	5.00	1	.26	12	.43	121	.10	.5000	.2150	.0559	.04	4.50	3.59	
7	3.00	1	.26	12	.43	122	.25	.7500	.3225	.0839	.08	4.50	3.59	
8	5.00	1	.26	12	.43	123	.55	2.7500	1.1825	.3075	.27	4.50	3.59	
9	5.00	1	.26	12	.43	124	.10	.5000	.2150	.0559	.04	4.50	3.59	
10	1.00	1	.26	13	.14	131	.10	.1000	.0140	.0036	.00	3.10	3.59	
11	3.00	1	.26	13	.14	132	.55	1.6500	.2310	.0601	.06	3.10	3.59	
12	1.00	1	.26	13	.14	133	.10	.1000	.0140	.0036	.00	3.10	3.59	
13	5.00	1	.26	13	.14	134	.25	1.2500	.1750	.0455	.03	3.10	3.59	
14	1.00	2	.63	21	.26	211	.06	.0600	.0156	.0098	.00	3.10	1.95	
15	4.00	2	.63	21	.26	212	.28	1.1200	.2912	.1835	.15	3.10	1.95	
16	5.00	2	.63	21	.26	213	.06	.3000	.0780	.0491	.04	3.10	1.95	
17	1.00	2	.63	21	.26	214	.06	.0600	.0156	.0098	.00	3.10	1.95	
18	2.00	2	.63	21	.26	215	.06	.1200	.0312	.0197	.01	3.10	1.95	
19	3.00	2	.63	21	.26	216	.14	.4200	.1092	.0688	.07	3.10	1.95	
20	3.00	2	.63	21	.26	217	.06	.1800	.0468	.0295	.03	3.10	1.95	
21	3.00	2	.63	21	.26	218	.28	.8400	.2184	.1376	.14	3.10	1.95	
22	1.00	2	.63	22	.11	221	.08	.0800	.0088	.0055	.00	2.48	1.95	
23	1.00	2	.63	22	.11	222	.08	.0800	.0088	.0055	.00	2.48	1.95	
24	2.00	2	.63	22	.11	223	.25	.5000	.0550	.0347	.02	2.48	1.95	
25	1.00	2	.63	22	.11	224	.25	.2500	.0275	.0173	.01	2.48	1.95	
26	5.00	2	.63	22	.11	225	.25	1.2500	.1375	.0866	.07	2.48	1.95	
27	4.00	2	.63	22	.11	226	.08	.3200	.0352	.0222	.02	2.48	1.95	
28	1.00	2	.63	23	.63	231	.40	.4000	.2520	.1588	.11	1.39	1.95	
29	4.00	2	.63	23	.63	232	.04	.1600	.1008	.0635	.05	1.39	1.95	
30	2.00	2	.63	23	.63	233	.09	.1800	.1134	.0714	.04	1.39	1.95	
31	1.00	2	.63	23	.63	234	.19	.1900	.1197	.0754	.04	1.39	1.95	
32	3.00	2	.63	23	.63	235	.09	.2700	.1701	.1072	.11	1.39	1.95	
33	1.00	2	.63	23	.63	236	.19	.1900	.1197	.0754	.04	1.39	1.95	
34	3.00	3	.11	31	.25	311	.20	.6000	.1500	.0165	.02	4.00	4.62	
35	5.00	3	.11	31	.25	312	.60	3.0000	.7500	.0825	.06	4.00	4.62	
36	2.00	3	.11	31	.25	313	.20	.4000	.1000	.0110	.00	4.00	4.62	
37	5.00	3	.11	32	.75	321	.49	2.4500	1.8375	.2021	.17	4.83	4.62	
38	5.00	3	.11	32	.75	322	.17	.8500	.6375	.0701	.05	4.83	4.62	
39	4.00	3	.11	32	.75	323	.17	.6800	.5100	.0561	.04	4.83	4.62	
40	5.00	3	.11	32	.75	324	.17	.8500	.6375	.0701	.05	4.83	4.62	
41														

数据视图 变量视图

IBM SPSS Statistics Processor 就绪

图 5.18 广州市医疗建筑网络评价模型数据计算

使用 SPSS 数据描述功能，分级输出防控突发性传染病的医疗建筑网络评价模型计算结果，见表 5.20 ~ 5.22。

表 5.20　描述统计量

	N	和	方差	偏度		峰度	
	统计量	统计量	统计量	统计量	标准误	统计量	标准误
单项得分 O	40	2.13	0.003	2.055	0.374	5.518	0.733
单项得分 C	40	26.250 0	0.508	2.021	0.374	3.950	0.733
单项得分 B	40	10.171 5	0.124	2.999	0.374	10.677	0.733
单项得分 A	40	2.674 4	0.004	1.949	0.374	5.093	0.733
有效的 N(列表状态)	40						

表 5.21　报告(单项得分 C)

层级 B	N	均值	合计
11	5	0.570 000	2.850 0
12	4	1.125 000	4.500 0
13	4	0.775 000	3.100 0
21	8	0.387 500	3.100 0
22	6	0.413 333	2.480 0
23	6	0.231 667	1.390 0
31	3	1.333 333	4.000 0
32	4	1.207 500	4.830 0
总计	40	0.656 250	26.250 0

表 5.22　报告(单项得分 B)

层级 A	N	均值	合计
1	13	0.276 500	3.594 5
2	20	0.097 725	1.954 5
3	7	0.660 357	4.622 5
总计	40	0.254 288	10.171 5

　　使用 SPSS 数据单因素方差分析功能,对医疗建筑网络评价模型数据的各层级影响进行分层统计,并运用均值图分层描绘数据特点(图 5.19)。

　　根据均值分析图可以清晰地掌握广州市医疗建筑网络应对突发性传染病防控能力情况:广州市防控能力基本系统具备,但系统中医疗建筑网络资源配置极不均匀。

　　具体分析:首先,图表显示 A 层级数据中医疗建筑网络的救治子系统数据明显偏低,表明在突发性传染病的防控过程中,医疗建筑网络体系救治能力不足,使医疗建筑网络体系防控能力处于不利状态。然后,图表显示 B 层级数据随层级数值波动明显,表明在突发性传染病的 B 级防控子系统中,医疗建筑网络体系防控能力不均,其中 B23 项目数值过低,即针对传染病的治疗专项能力极为不足。最后,图表显示 C 层级数据随层级数值变化强烈,表明在突发性传染病的 C 级防控子系统中,医疗建筑网络体系防控能力极不平均,使医疗建筑网络体系防控能力处于不利状态。在突发性传染病发生过程中应加强对于突发性传染病的救治能力建设。具体表现在传染病医院(C231)、患者住院救治(C234)及医疗主体转换(C236)3 个单项的建设指标过低。

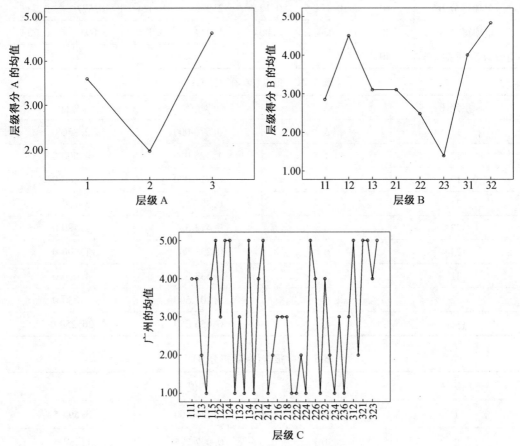

图5.19 广州市各层级数据均值线图

广州市的评测结果集中表明了特大型城市的传染病救治中心建设量不足的现状。广州市防控突发性传染病的医疗建筑区域管控范围示意图(图 5.20)也同时显示出:专业传染病医院与普通综合医院相比配比不足,且分布不均,对城区边缘区域辐射管控明显不足。

目前城市对于突发性传染病的集中救治多数集中于单独的传染病医院和综合医院的传染科。由于单独的传染病医院平时使用频率低,因此多数城市只按照传统的传染病医院建设标准配套建设少数专业传染病医院,这就造成了特大型城市的人均传染病医院建设指标明显偏低,综合医院的传染科又存在与其他科室的有效隔离问题,因此针对广州市,这项的权重比例的指标严重拉低了城市总分,直接造成广州市总分值的偏低。近年来,已经对于大型和特大型城市进一步划分了城市级别,医院建设标准也应根据实际需要深化建设规模配置标准,为人口集中的特大型城市配套医疗资源。

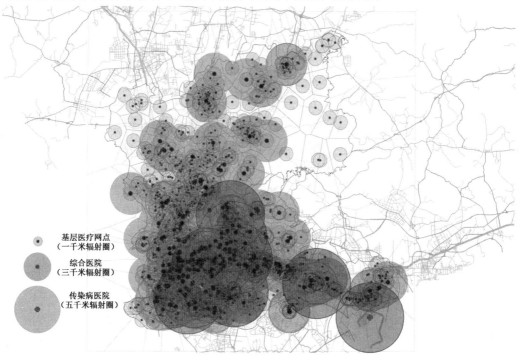

图 5.20　广州市防控突发性传染病的医疗建筑区域管控

2. 哈尔滨市评价模型实测分析

哈尔滨市医疗建筑网络对突发性传染病的防控能力评测根据防控突发性传染病的医疗建筑网络模糊综合评价模型的指标项目量化取值,录入数据进行评价计算。

哈尔滨市防控突发性传染病的医疗建筑网络评价模型 SPSS 的数据汇总处理如图 5.21 所示。

使用 SPSS 数据描述功能,分级输出防控突发性传染病的医疗建筑网络评价模型计算结果,见表 5.23 ~ 5.25。

表 5.23　描述统计量

	N	和	方差	偏度		峰度	
	统计量	统计量	统计量	统计量	标准误	统计量	标准误
单项得分 O	40	2.22	0.004	1.998	0.374	4.132	0.733
单项得分 C	40	25.590 0	0.422	1.914	0.374	3.394	0.733
单项得分 B	40	9.761 6	0.116	3.309	0.374	12.964	0.733
单项得分 A	40	2.748 2	0.004	1.864	0.374	3.830	0.733
有效的 N(列表状态)	40						

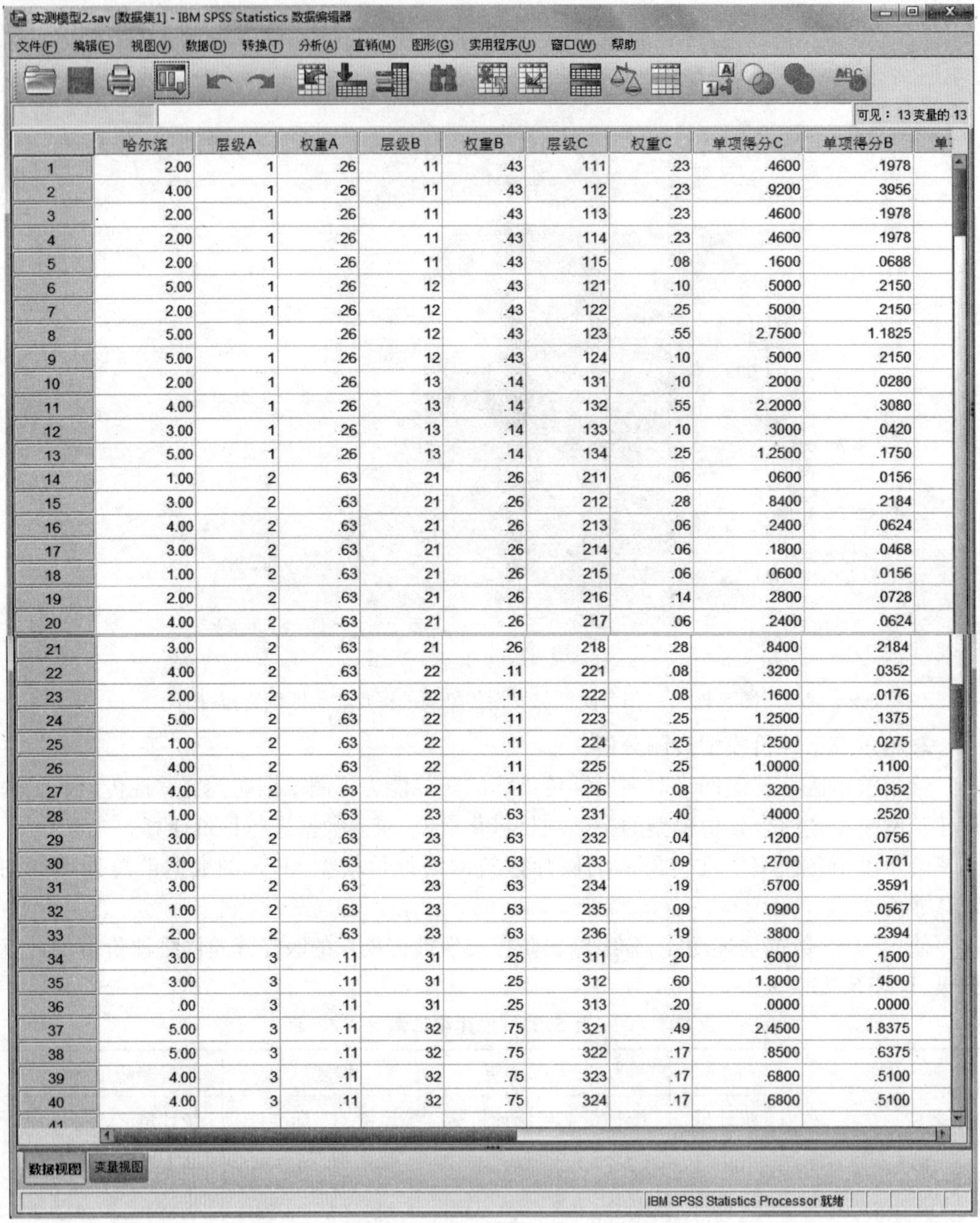

	哈尔滨	层级A	权重A	层级B	权重B	层级C	权重C	单项得分C	单项得分B	单:
1	2.00	1	.26	11	.43	111	.23	.4600	.1978	
2	4.00	1	.26	11	.43	112	.23	.9200	.3956	
3	2.00	1	.26	11	.43	113	.23	.4600	.1978	
4	2.00	1	.26	11	.43	114	.23	.4600	.1978	
5	2.00	1	.26	11	.43	115	.08	.1600	.0688	
6	5.00	1	.26	12	.43	121	.10	.5000	.2150	
7	2.00	1	.26	12	.43	122	.25	.5000	.2150	
8	5.00	1	.26	12	.43	123	.55	2.7500	1.1825	
9	5.00	1	.26	12	.43	124	.10	.5000	.2150	
10	2.00	1	.26	13	.14	131	.10	.2000	.0280	
11	4.00	1	.26	13	.14	132	.55	2.2000	.3080	
12	3.00	1	.26	13	.14	133	.10	.3000	.0420	
13	5.00	1	.26	13	.14	134	.25	1.2500	.1750	
14	1.00	2	.63	21	.26	211	.06	.0600	.0156	
15	3.00	2	.63	21	.26	212	.28	.8400	.2184	
16	4.00	2	.63	21	.26	213	.06	.2400	.0624	
17	3.00	2	.63	21	.26	214	.06	.1800	.0468	
18	1.00	2	.63	21	.26	215	.06	.0600	.0156	
19	2.00	2	.63	21	.26	216	.14	.2800	.0728	
20	4.00	2	.63	21	.26	217	.06	.2400	.0624	
21	3.00	2	.63	21	.26	218	.28	.8400	.2184	
22	4.00	2	.63	22	.11	221	.08	.3200	.0352	
23	2.00	2	.63	22	.11	222	.08	.1600	.0176	
24	5.00	2	.63	22	.11	223	.25	1.2500	.1375	
25	1.00	2	.63	22	.11	224	.25	.2500	.0275	
26	4.00	2	.63	22	.11	225	.25	1.0000	.1100	
27	4.00	2	.63	22	.11	226	.08	.3200	.0352	
28	1.00	2	.63	23	.63	231	.40	.4000	.2520	
29	3.00	2	.63	23	.63	232	.04	.1200	.0756	
30	3.00	2	.63	23	.63	233	.09	.2700	.1701	
31	3.00	2	.63	23	.63	234	.19	.5700	.3591	
32	1.00	2	.63	23	.63	235	.09	.0900	.0567	
33	2.00	2	.63	23	.63	236	.19	.3800	.2394	
34	3.00	3	.11	31	.25	311	.20	.6000	.1500	
35	3.00	3	.11	31	.25	312	.60	1.8000	.4500	
36	.00	3	.11	31	.25	313	.20	.0000	.0000	
37	5.00	3	.11	32	.75	321	.49	2.4500	1.8375	
38	5.00	3	.11	32	.75	322	.17	.8500	.6375	
39	4.00	3	.11	32	.75	323	.17	.6800	.5100	
40	4.00	3	.11	32	.75	324	.17	.6800	.5100	
41										

图 5.21 哈尔滨市医疗建筑网络评价模型数据计算

表 5.24 报告(单项得分 C)

层级 B	N	均值	合计
11	5	0.492 000	2.460 0
12	4	1.062 500	4.250 0
13	4	0.987 500	3.950 0
21	8	0.342 500	2.740 0
22	6	0.550 000	3.300 0
23	6	0.305 000	1.830 0
31	3	0.800 000	2.400 0
32	4	1.165 000	4.660 0
总计	40	0.639 750	25.590 0

表 5.25 报告(单项得分 B)

层级 A	N	均值	合计
1	13	0.264 485	3.438 3
2	20	0.111 415	2.228 3
3	7	0.585 000	4.095 0
总计	40	0.244 040	9.761 6

使用 SPSS 数据绘图功能,对医疗建筑网络评价模型数据的分布特点进行分组统计,并运用条形图分组描绘数据特点(图 5.22)。

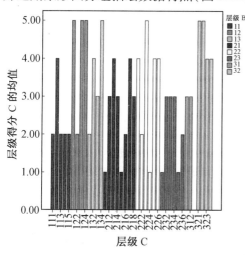 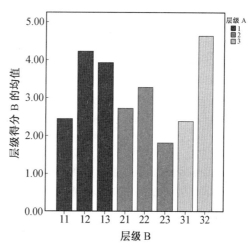

图 5.22 哈尔滨市各层级数据分布条形图

根据成绩分布图可以清晰地掌握哈尔滨市医疗建筑网络应对突发性传染病防控能力情况:哈尔滨市防控能力基本系统具备,但系统中 25% 的专项评价指标出现预警。

　　具体分析:首先,评测结果中 C111、C113、C114、C115、C122、C131 共 6 项出现预警,且 C123、C124、C134 共 3 项表现充足,说明哈尔滨医疗建筑网络对于突发性传染病的预防能力不平衡。其中反应监测预报终端的指标偏低,而应急中心建设的指标偏高,说明哈尔滨医疗建筑网络对于突发性传染病的初期监测能力不足,而过分强调应急中心建设规模的扩大,而在突发性传染病的发生初期,如不能及时发现疫情,就会错过控制疫情的最好时机;其次,评测结果中 C211、C216、C222、C224、C235、C236 共 6 项出现预警,其他指标表现相对正常,说明哈尔滨医疗建筑网络对于突发性传染病发生过程中的救治能力中医疗设施的建设规模基本具备,但医疗设施的临战转换和适应能力不足,直接导致医疗机构传染病救治过程中的救治和隔离能力不足,以致感染其他医疗区域。

　　对哈尔滨市的评测结果表明未经历过大型传染病城市的传染病监测预报能力低下的现状。哈尔滨市防控突发性传染病的医疗建筑区域管控范围示意图(图 5.23)也同时显示出:基层医院设置密度低,且对城区边缘区域的辐射管控明显不足。

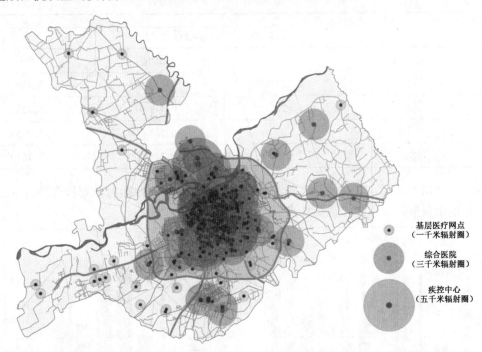

基层医疗网点
(一千米辐射圈)

综合医院
(三千米辐射圈)

疾控中心
(五千米辐射圈)

图 5.23　哈尔滨市防控突发性传染病的医疗建筑区域管控
注:图中表现出的城市边缘大量缺乏医疗管控的区域,是由于行政区划中大量的农用地纳入城市导致的,测评集中在城市主城区范围内

　　根据评测结果分析,在突发性传染病发生前应强化网点监测以加强医疗建筑网络的预防能力。在加强社区对于本区域的监测控制能力方面,社区监测网点与对相关数据收集方法可在以下方面加强:社区药品零售商销售数据统计,社区幼儿园、小学流行病数据统计,公共交通系统体温统计收集等。同时还建议在突发性传染病发生过程中加强系统联动和功能转换能力,以加强医疗建筑网络的救治能力。具体体现在确定突发性传染病暴发后,城市医疗系统分级隔离的转换设置,医疗建筑主体的医疗战时转换和医疗资源在

医疗系统内调配功能的完善。

3. 苏州市评价模型实测分析

苏州市医疗建筑网络对突发性传染病的防控能力评测根据防控突发性传染病的医疗建筑网络模糊综合评价模型的指标项目量化取值,录入数据进行评价数值计算。计算结果见表 5.26~5.28。

表 5.26　描述统计量

	N	和	方差	偏度		峰度	
	统计量	统计量	统计量	统计量	标准误	统计量	标准误
单项得分 O	40	2.32	0.003	1.907	0.374	4.449	0.733
单项得分 C	40	26.970 0	0.486	2.077	0.374	4.285	0.733
单项得分 B	40	10.455 1	0.123	2.964	0.374	10.545	0.733
单项得分 A	40	2.870 4	0.004	1.771	0.374	3.787	0.733
有效的 N(列表状态)	40						

表 5.27　报告(单项得分 C)

层级 B	N	均值	合计
11	5	0.646 000	3.230 0
12	4	1.125 000	4.500 0
13	4	0.525 000	2.100 0
21	8	0.422 500	3.380 0
22	6	0.591 667	3.550 0
23	6	0.263 333	1.580 0
31	3	1.266 667	3.800 0
32	4	1.207 500	4.830 0
总计	40	0.674 250	26.970 0

表 5.28　报告(单项得分 B)

层级 A	N	均值	合计
1	13	0.278 300	3.617 9
2	20	0.113 235	2.264 7
3	7	0.653 214	4.572 5
总计	40	0.261 377	10.455 1

苏州市防控突发性传染病的医疗建筑网络评价模型 SPSS 的数据汇总处理如图 5.24 所示。

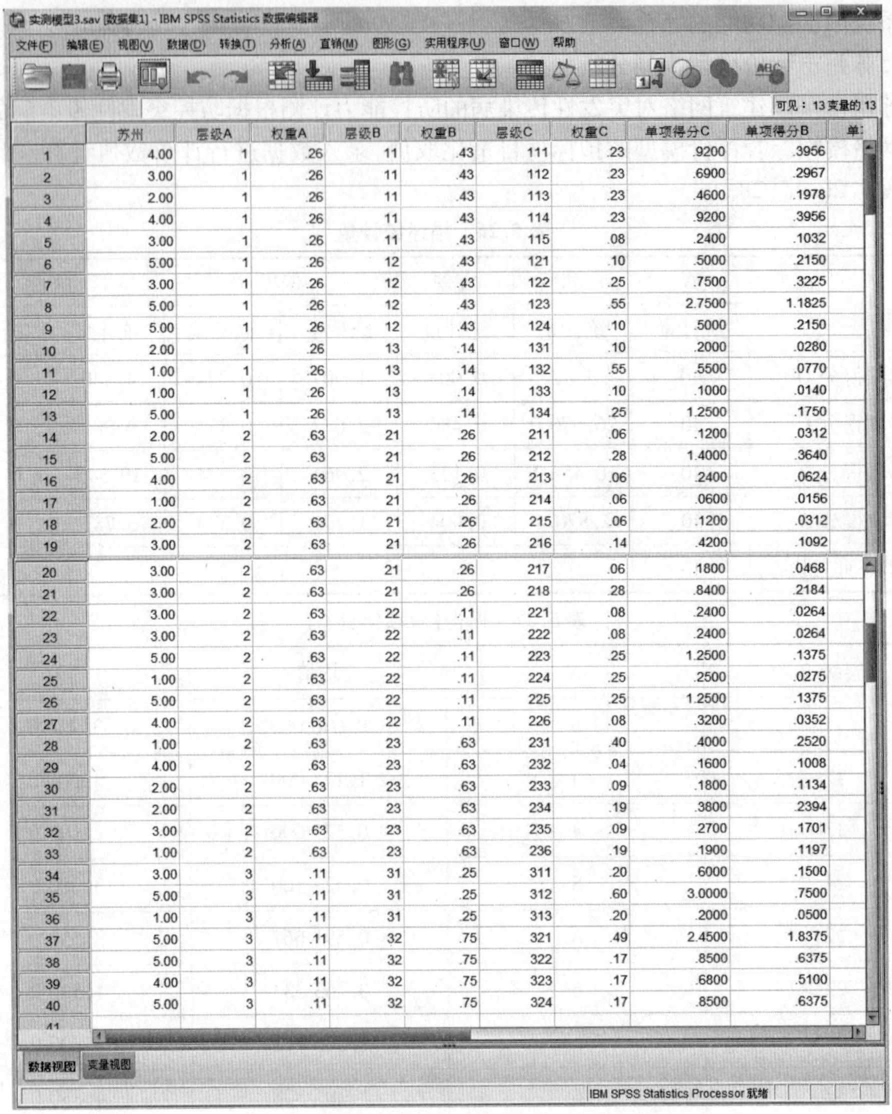

	苏州	层级A	权重A	层级B	权重B	层级C	权重C	单项得分C	单项得分B
1	4.00	1	.26	11	.43	111	.23	.9200	.3956
2	3.00	1	.26	11	.43	112	.23	.6900	.2967
3	2.00	1	.26	11	.43	113	.23	.4600	.1978
4	4.00	1	.26	11	.43	114	.23	.9200	.3956
5	3.00	1	.26	11	.43	115	.08	.2400	.1032
6	5.00	1	.26	12	.43	121	.10	.5000	.2150
7	3.00	1	.26	12	.43	122	.25	.7500	.3225
8	5.00	1	.26	12	.43	123	.55	2.7500	1.1825
9	5.00	1	.26	12	.43	124	.10	.5000	.2150
10	2.00	1	.26	13	.14	131	.10	.2000	.0280
11	1.00	1	.26	13	.14	132	.55	.5500	.0770
12	1.00	1	.26	13	.14	133	.10	.1000	.0140
13	5.00	1	.26	13	.14	134	.25	1.2500	.1750
14	2.00	2	.63	21	.26	211	.06	.1200	.0312
15	5.00	2	.63	21	.26	212	.28	1.4000	.3640
16	4.00	2	.63	21	.26	213	.06	.2400	.0624
17	1.00	2	.63	21	.26	214	.06	.0600	.0156
18	2.00	2	.63	21	.26	215	.06	.1200	.0312
19	3.00	2	.63	21	.26	216	.14	.4200	.1092
20	3.00	2	.63	21	.26	217	.06	.1800	.0468
21	3.00	2	.63	21	.26	218	.28	.8400	.2184
22	3.00	2	.63	22	.11	221	.08	.2400	.0264
23	3.00	2	.63	22	.11	222	.08	.2400	.0264
24	5.00	2	.63	22	.11	223	.25	1.2500	.1375
25	1.00	2	.63	22	.11	224	.25	.2500	.0275
26	5.00	2	.63	22	.11	225	.25	1.2500	.1375
27	4.00	2	.63	22	.11	226	.08	.3200	.0352
28	1.00	2	.63	23	.63	231	.40	.4000	.2520
29	4.00	2	.63	23	.63	232	.04	.1600	.1008
30	2.00	2	.63	23	.63	233	.09	.1800	.1134
31	2.00	2	.63	23	.63	234	.19	.3800	.2394
32	3.00	2	.63	23	.63	235	.09	.2700	.1701
33	1.00	2	.63	23	.63	236	.19	.1900	.1197
34	3.00	3	.11	31	.25	311	.20	.6000	.1500
35	5.00	3	.11	31	.25	312	.60	3.0000	.7500
36	1.00	3	.11	31	.25	313	.20	.2000	.0500
37	5.00	3	.11	32	.75	321	.49	2.4500	1.8375
38	5.00	3	.11	32	.75	322	.17	.8500	.6375
39	4.00	3	.11	32	.75	323	.17	.6800	.5100
40	5.00	3	.11	32	.75	324	.17	.8500	.6375

图 5.24　苏州市医疗建筑网络评价模型数据计算

使用 SPSS 数据描述功能,分级输出防控突发性传染病的医疗建筑网络评价模型计算结果。

使用 SPSS 数据相关分析功能,对医疗建筑网络评价模型数据的各层级数据进行分层统计,并运用均值散点图描绘数据特点(图 5.25)。

根据均值散点图可以清晰地掌握苏州市医疗建筑网络应对突发性传染病防控能力情况:苏州市防控能力基本系统具备,但系统中的医疗建筑网络资源配置不均匀。根据评测结果分析,在突发性传染病发生过程中应加强对于突发性传染病的救治能力建设。具体表现在传染病医院(C231)和医疗主体转换(C236)两个单项的建设指标过低。

具体分析:根据图表分析,城市数据与各层级明显非线性关系,层级得分 B 也与其层级项目线性关系不明显,说明在突发性传染病的各级防控子系统中,医疗建筑网络体系防控能力不平均,且不是规律性变化,医疗建筑网络体系防控能力处于不利状态。

　　苏州市的评测结果集中表明了迅速扩张的城市中传染病医疗救治设施分布不均的现状。苏州市防控突发性传染病的医疗主体建筑区域管控范围示意图(图 5.26)中也同时显示出:在城市快速发展的新区中,各层级医院均进行了配套建设,但建设密度远不及城市主城区,形成医疗救治设施分布不均的现状。

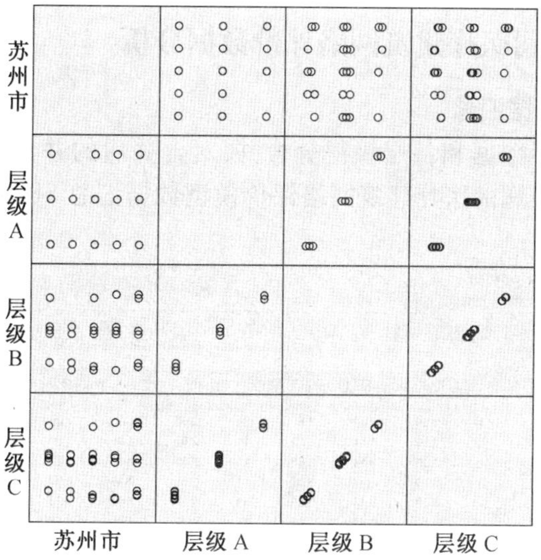

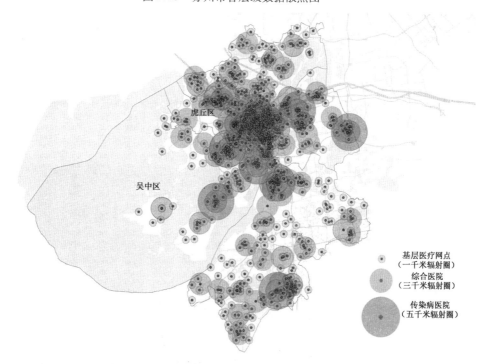

图 5.25　苏州市各层级数据散点图

图 5.26　苏州市防控突发性传染病的医疗建筑区域管控

苏州市近年城市扩张规模大、速度快,在城市扩张过程中,新区建设吸取城市规划的最新成果,城市功能配比较老城区更加科学合理,兴建的城市突发事件的综合指挥中心,包含集中的训练中心,为城市应对突发性传染病提供可靠保障,但城市的传染病专科医院规模相对于急剧扩张的城市人口和土地规模相比仍然明显不足,导致城市对于突发性传染病的救治能力配备不足,亟待加强。

5.3.3　城市之间医疗建筑网络评价数据分析

1.3 个城市评价数据汇总

将 3 个城市的指标数据和各层级得分合并,对合并后的并数据库进行横向评价。3 个城市防控突发性传染病的医疗建筑网络评价模型数据汇总 SPSS 的数据汇总处理如图 5.27 所示。

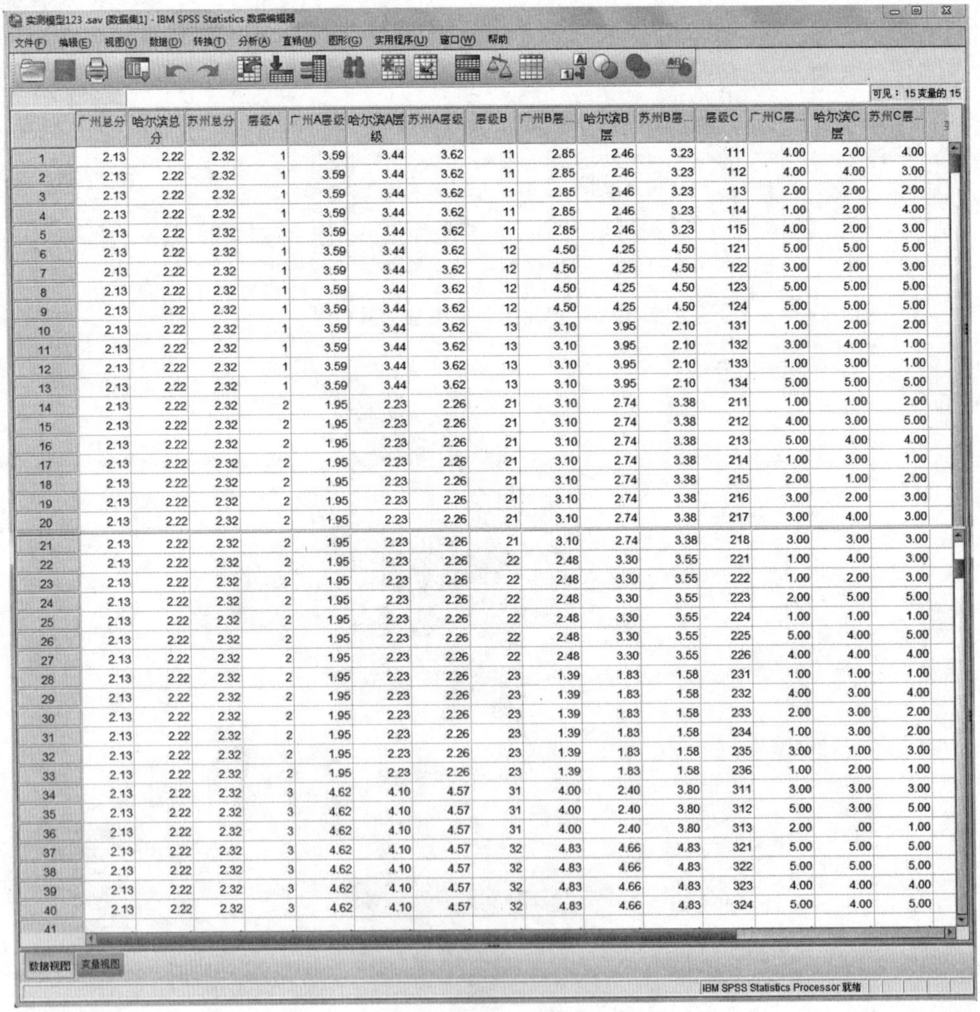

	广州总分	哈尔滨总分	苏州总分	层级A	广州A层级	哈尔滨A层级	苏州A层级	层级B	广州B层	哈尔滨B层	苏州B层	层级C	广州C层	哈尔滨C层	苏州C层
1	2.13	2.22	2.32	1	3.59	3.44	3.62	11	2.85	2.46	3.23	111	4.00	2.00	4.00
2	2.13	2.22	2.32	1	3.59	3.44	3.62	11	2.85	2.46	3.23	112	4.00	4.00	3.00
3	2.13	2.22	2.32	1	3.59	3.44	3.62	11	2.85	2.46	3.23	113	2.00	2.00	2.00
4	2.13	2.22	2.32	1	3.59	3.44	3.62	11	2.85	2.46	3.23	114	1.00	2.00	4.00
5	2.13	2.22	2.32	1	3.59	3.44	3.62	11	2.85	2.46	3.23	115	4.00	2.00	3.00
6	2.13	2.22	2.32	1	3.59	3.44	3.62	12	4.50	4.25	4.50	121	5.00	5.00	5.00
7	2.13	2.22	2.32	1	3.59	3.44	3.62	12	4.50	4.25	4.50	122	3.00	5.00	5.00
8	2.13	2.22	2.32	1	3.59	3.44	3.62	12	4.50	4.25	4.50	123	5.00	5.00	5.00
9	2.13	2.22	2.32	1	3.59	3.44	3.62	12	4.50	4.25	4.50	124	5.00	5.00	5.00
10	2.13	2.22	2.32	1	3.59	3.44	3.62	13	3.10	3.95	2.10	131	1.00	2.00	2.00
11	2.13	2.22	2.32	1	3.59	3.44	3.62	13	3.10	3.95	2.10	132	3.00	4.00	1.00
12	2.13	2.22	2.32	1	3.59	3.44	3.62	13	3.10	3.95	2.10	133	1.00	3.00	1.00
13	2.13	2.22	2.32	1	3.59	3.44	3.62	13	3.10	3.95	2.10	134	5.00	5.00	5.00
14	2.13	2.22	2.32	2	1.95	2.23	2.26	21	3.10	2.74	3.38	211	1.00	1.00	2.00
15	2.13	2.22	2.32	2	1.95	2.23	2.26	21	3.10	2.74	3.38	212	4.00	3.00	5.00
16	2.13	2.22	2.32	2	1.95	2.23	2.26	21	3.10	2.74	3.38	213	1.00	3.00	4.00
17	2.13	2.22	2.32	2	1.95	2.23	2.26	21	3.10	2.74	3.38	214	1.00	3.00	1.00
18	2.13	2.22	2.32	2	1.95	2.23	2.26	21	3.10	2.74	3.38	215	2.00	1.00	2.00
19	2.13	2.22	2.32	2	1.95	2.23	2.26	21	3.10	2.74	3.38	216	3.00	2.00	3.00
20	2.13	2.22	2.32	2	1.95	2.23	2.26	21	3.10	2.74	3.38	217	3.00	4.00	3.00
21	2.13	2.22	2.32	2	1.95	2.23	2.26	21	3.10	2.74	3.38	218	3.00	3.00	3.00
22	2.13	2.22	2.32	2	1.95	2.23	2.26	22	2.48	3.30	3.55	221	1.00	4.00	3.00
23	2.13	2.22	2.32	2	1.95	2.23	2.26	22	2.48	3.30	3.55	222	1.00	2.00	2.00
24	2.13	2.22	2.32	2	1.95	2.23	2.26	22	2.48	3.30	3.55	223	2.00	5.00	5.00
25	2.13	2.22	2.32	2	1.95	2.23	2.26	22	2.48	3.30	3.55	224	1.00	1.00	1.00
26	2.13	2.22	2.32	2	1.95	2.23	2.26	22	2.48	3.30	3.55	225	5.00	4.00	4.00
27	2.13	2.22	2.32	2	1.95	2.23	2.26	22	2.48	3.30	3.55	226	4.00	4.00	4.00
28	2.13	2.22	2.32	2	1.95	2.23	2.26	23	1.39	1.83	1.58	231	1.00	1.00	1.00
29	2.13	2.22	2.32	2	1.95	2.23	2.26	23	1.39	1.83	1.58	232	4.00	3.00	4.00
30	2.13	2.22	2.32	2	1.95	2.23	2.26	23	1.39	1.83	1.58	233	2.00	3.00	2.00
31	2.13	2.22	2.32	2	1.95	2.23	2.26	23	1.39	1.83	1.58	234	1.00	2.00	1.00
32	2.13	2.22	2.32	2	1.95	2.23	2.26	23	1.39	1.83	1.58	235	3.00	1.00	3.00
33	2.13	2.22	2.32	2	1.95	2.23	2.26	23	1.39	1.83	1.58	236	1.00	2.00	1.00
34	2.13	2.22	2.32	3	4.62	4.10	4.57	31	4.00	2.40	3.80	311	3.00	3.00	1.00
35	2.13	2.22	2.32	3	4.62	4.10	4.57	31	4.00	2.40	3.80	312	5.00	3.00	5.00
36	2.13	2.22	2.32	3	4.62	4.10	4.57	31	4.00	2.40	3.80	313	2.00	.00	1.00
37	2.13	2.22	2.32	3	4.62	4.10	4.57	32	4.83	4.66	4.83	321	5.00	5.00	5.00
38	2.13	2.22	2.32	3	4.62	4.10	4.57	32	4.83	4.66	4.83	322	5.00	5.00	5.00
39	2.13	2.22	2.32	3	4.62	4.10	4.57	32	4.83	4.66	4.83	323	4.00	3.00	5.00
40	2.13	2.22	2.32	3	4.62	4.10	4.57	32	4.83	4.66	4.83	324	5.00	4.00	5.00
41															

图 5.27　三城市医疗建筑网络评价模型数据汇总

2. 三城市评价分值比较

(1)使用 SPSS 数据均值分析功能,对 3 个城市医疗建筑网络评价模型数据的各层级数据进行分层统计比照,并运用条形图描绘数据特点。

MEANS TABLES=广州总分 哈尔滨总分 苏州总分

/CELLS MEAN COUNT STDDEV.(表 5.29)

表 5.29　报告

	广州总分	哈尔滨总分	苏州总分
均值	2.130 0	2.220 0	2.320 0
N	40	40	40
标准差	0.000 00	0.000 00	0.000 00

3 个城市防控突发性传染病的医疗建筑网络评价总体数据特点条形图如图 5.28 所示。

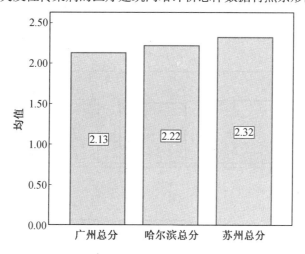

图 5.28　3 个城市防控突发性传染病的医疗建筑网络评价总体数据特点条形图

总分层级报告显示 3 个城市防控能力基本系统具备,苏州略高,哈尔滨其次,广州最低。

(2)使用 SPSS 数据均值分析功能,对 3 个城市医疗建筑网络评价模型数据的 A 层级数据进行分层统计比照,并运用条形图描绘数据特点。

MEANS TABLES=广州 A 层级 哈尔滨 A 层级 苏州 A 层级 BY 层级 A

/CELLS MEAN COUNT STDDEV.(表 5.30)

表 5.30　报告

层级 A		广州 A 层级	哈尔滨 A 层级	苏州 A 层级
1	均值	3.594 5	3.438 3	3.617 9
	N	13	13	13
	标准差	0.000 00	0.000 00	0.000 00

续表5.30

层级 A		广州 A 层级	哈尔滨 A 层级	苏州 A 层级
2	均值	1.954 5	2.228 3	2.264 7
	N	20	20	20
	标准差	0.000 00	0.000 00	0.000 00
3	均值	4.622 5	4.095 0	4.572 5
	N	7	7	7
	标准差	0.000 00	0.000 00	0.000 00
总计	均值	2.954 4	2.948 2	3.108 4
	N	40	40	40
	标准差	1.071 79	0.762 82	0.914 50

3 个城市防控突发性传染病的医疗建筑网络评价 A 层级数据特点条形图如图 5.29 所示。

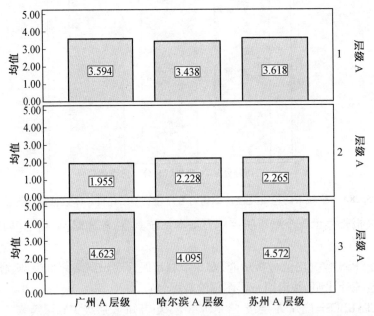

图 5.29　3 个城市防控突发性传染病的医疗建筑网络评价 A 层级数据特点条形图

A 层级报告显示在突发性传染病的 3 个阶段中,广州市的救治水平差,哈尔滨市的预防和恢复水平稍差,苏州市的综合水平稍高。

(3)使用 SPSS 数据均值分析功能,对 3 个城市医疗建筑网络评价模型数据的 B 层级数据进行分层统计比照,并运用条形图描绘数据特点。

MEANS TABLES=广州 B 层级 哈尔滨 B 层级 苏州 B 层级 BY 层级 B

/CELLS MEAN COUNT STDDEV.(表 5.31)

表 5.31　报告

层级 B		广州 B 层级	哈尔滨 B 层级	苏州 B 层级
11	均值	2.850 0	2.460 0	3.230 0
	N	5	5	5
	标准差	0.000 00	0.000 00	0.000 00
12	均值	4.500 0	4.250 0	4.500 0
	N	4	4	4
	标准差	0.000 00	0.000 00	0.000 00
13	均值	3.100 0	3.950 0	2.100 0
	N	4	4	4
	标准差	0.000 00	0.000 00	0.000 00
21	均值	3.100 0	2.740 0	3.380 0
	N	8	8	8
	标准差	0.000 00	0.000 00	0.000 00
22	均值	2.480 0	3.300 0	3.550 0
	N	6	6	6
	标准差	0.000 00	0.000 00	0.000 00
23	均值	1.390 0	1.830 0	1.580 0
	N	6	6	6
	标准差	0.000 00	0.000 00	0.000 00
31	均值	4.000 0	2.400 0	3.800 0
	N	3	3	3
	标准差	0.000 00	0.000 00	0.000 00
32	均值	4.830 0	4.660 0	4.830 0
	N	4	4	4
	标准差	0.000 00	0.000 00	0.000 00
总计	均值	3.099 7	3.091 0	3.277 3
	N	40	40	40
	标准差	1.042 74	0.911 23	1.010 38

3 个城市防控突发性传染病的医疗建筑网络评价 B 层级数据特点条形图如图 5.30 所示。

B 层级报告显示在突发性传染病的 B 层级防控项目中,广州市对传染病的准备、救援和治疗水平低,哈尔滨市对传染病的监测、反应和评估水平低,苏州市对传染病的准备水平低。

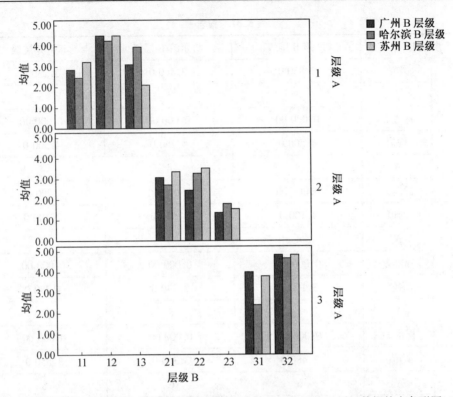

图 5.30　3 个城市防控突发性传染病的医疗建筑网络评价 B 层级数据特点条形图

（4）使用 SPSS 数据均值分析功能,对 3 个城市医疗建筑网络评价模型数据的 C 层级数据进行分层统计比照,并运用条形图描绘数据特点。

MEANS TABLES=广州 C 层级　哈尔滨 C 层级　苏州 C 层级 BY 层级 C

/CELLS MEAN.（表 5.32）

表 5.32　报告（均值）

层级 C	广州 C 层级	哈尔滨 C 层级	苏州 C 层级
111	4.000 0	2.000 0	4.000 0
112	4.000 0	4.000 0	3.000 0
113	2.000 0	2.000 0	2.000 0
114	1.000 0	2.000 0	4.000 0
115	4.000 0	2.000 0	3.000 0
121	5.000 0	5.000 0	5.000 0
122	3.000 0	2.000 0	3.000 0
123	5.000 0	5.000 0	5.000 0
124	5.000 0	5.000 0	5.000 0
131	1.000 0	2.000 0	2.000 0

续表 5.32

层级 C	广州 C 层级	哈尔滨 C 层级	苏州 C 层级
132	3.000 0	4.000 0	1.000 0
133	1.000 0	3.000 0	1.000 0
134	5.000 0	5.000 0	5.000 0
211	1.000 0	1.000 0	2.000 0
212	4.000 0	3.000 0	5.000 0
213	5.000 0	4.000 0	4.000 0
214	1.000 0	3.000 0	1.000 0
215	2.000 0	1.000 0	2.000 0
216	3.000 0	2.000 0	3.000 0
217	3.000 0	4.000 0	3.000 0
218	3.000 0	3.000 0	3.000 0
221	1.000 0	4.000 0	3.000 0
222	1.000 0	2.000 0	3.000 0
223	2.000 0	5.000 0	5.000 0
224	1.000 0	1.000 0	1.000 0
225	5.000 0	4.000 0	5.000 0
226	4.000 0	4.000 0	4.000 0
231	1.000 0	1.000 0	1.000 0
232	4.000 0	3.000 0	4.000 0
233	2.000 0	3.000 0	2.000 0
234	1.000 0	3.000 0	2.000 0
235	3.000 0	1.000 0	3.000 0
236	1.000 0	2.000 0	1.000 0
311	3.000 0	3.000 0	3.000 0
312	5.000 0	3.000 0	5.000 0
313	2.000 0	0.000 0	1.000 0
321	5.000 0	5.000 0	5.000 0
322	5.000 0	5.000 0	5.000 0
323	4.000 0	4.000 0	4.000 0
324	5.000 0	4.000 0	5.000 0
总计	3.000 0	3.025 0	3.200 0

　　3 个城市防控突发性传染病的医疗建筑网络评价 C 层级综合数据条形图如图 5.31
所示。

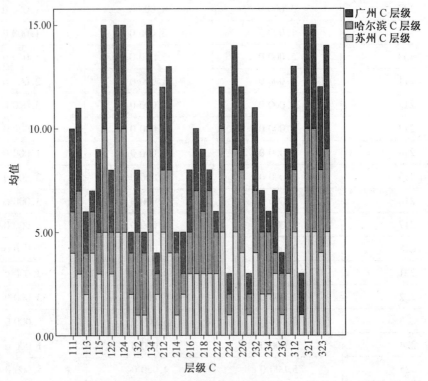

图 5.31　3 个城市防控突发性传染病的医疗建筑网络评价 C 层级综合数据条形图

　　堆积面积统计得出 5.31 条形图显示 C 层级各单位项目数据分布极不均匀,数值范围
跨度大,表明现阶段城市防控突发性传染病医疗建筑网络的各项指标配置不平衡,资源浪
费严重,导致总体水平低下。

　　堆积面积统计图表同时显示 C 层级指标:C211、C224、C231 综合数值过低,表明各城
市在医疗建筑应急改造、医疗资源应急调配、传染病医院救治能力方面处于过低水平。

3.3 个城市评价结果分析

　　一方面,由于医疗建筑网络各项建设由不同部门分别管理配置,长期存在大量项目在
不同部门中重复建设的问题;另一方面,由于各部门受计划调拨制约,每年建设力量有限,
直接导致重复建设的项目普遍在低水平徘徊,而针对特殊要求的项目又设置不足,因此造
成数据的不平衡状态。医疗建筑网络各项建设指标的不平衡危害极大:单项指标数值过
高,证明存在资源浪费现象;单项指标过低,证明出现了医疗建筑防控网络的缺口。在防
控突发性传染病过程中,会在这一个步骤里出现防控的漏洞,使整体防控能力大大削弱。
建议加强宏观调控对于各部门之间的协调作用,集中城市有限力量均衡配备资源,除去突
发性传染病防控中的短板项目。

　　在数据的统计和比较过程中也体现出以下现实问题:城市综合医院,包括一些大城市
中医疗水平高的医院,普遍存在医疗分区穿插、医院内部气流组织不合理、传染区域与非

传染区域不能实现有效隔离的状况,一旦携带突发性传染病源的患者在大型综合医院就诊,医院整体都处于危险状态;城市医疗资源分布不均匀,且处于各部门分头管理状态之下,一旦突发性传染病大规模暴发,城市医疗资源的调配很容易到达过载状态。由于综合医院的隔离转换能力不可靠,传染病医院对于病患的救治尤为重要,但现阶段城市传染病专科医院以个数单位配置,单个传染病院以建设标准配置,不能完全体现城市面积规模、人口规模、经济活动强度等现实指标的调整作用,形成城市传染病医院配置不均匀的现状。

第6章　应急网络体系中的医疗建筑设计策略

6.1　医疗建筑一体化预防策略

　　面向突发性传染病的医疗建筑一体化防控网络,是虚拟空间网络层级在宏观的全国范围内的信息网络化呈现。其中包含的病症监测意味着持续搜集、核查、剖析某类疾病的分布及其干扰要素的相关信息,通过对它们进行实时整理及汇报,可以在最短的时间之内采取相应的对策。

　　突发性传染病的监测系统包含法定传染病监测、疾病监测点、专病报告系统等。常规的疫情报告有两条路线:一是以各级疾病预防控制中心为第一信息出发点,依所属关系报告至各级别卫生主管部门,再报告给各级政府,为横向上报;另一条路线,则是由乡镇级别医院将疫情向上一级疾病预防控制机构上报,为纵向上报。常规的疫情报告路线模式如图 6.1 所示。

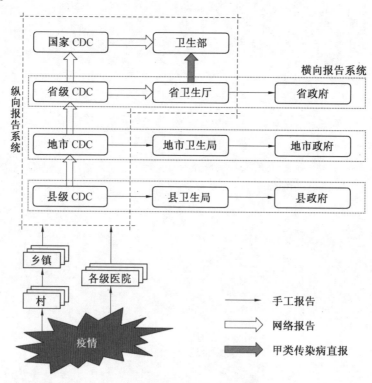

图 6.1　常规的疫情报告路线模式

在 SARS 疫情中,面对着汹涌的疫情压力,我国临时改变了这种按行政级别逐级上报的模式,启动了网络直报模式(图 6.2),该模式在 SARS 疫情之后的甲型 H1N1 疫情中对信息的畅通化与透明化也起到了关键作用。

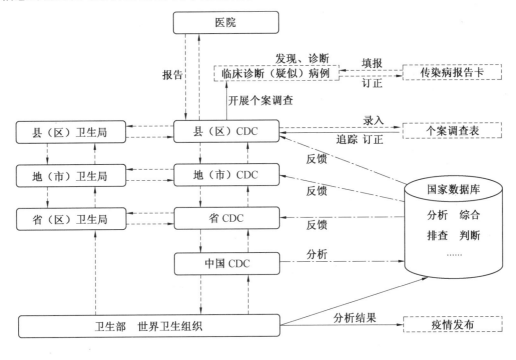

图 6.2 疫情网络直报路线模式

网络直报系统相对于之前的行政报告模式,具有一定的优势:

(1)网络传播的即时性大大提高了对疫情的敏感性。网络直报系统减少了繁杂的行政处理流程,有效缩短了病人从发病到入院再到确诊的时间。实例显示,在 SARS 疫情中,病人从发病到入院再到确诊的平均天数为 9.1 天,比常规检测下的平均天数 16.9 天缩短了近一半的时间。

(2)借助网络信息词典的整理以及分析,能够得到针对不同时间周期的多种类型的汇报图表,从而有利于在疫情中进行资料的统计分析,为疫情预警提供了指引。

(3)网络的便捷性特点提高了疫情报告的准确性。疫情报告直接来源于现场,并在网络传播过程中得到了反复核对,因此准确性更高。

(4)由于直报体系的理念是"分级负责、区域管理",责任上报的部门是医治单位、疫情检测机构等,因此当基础机构健全且人员均相对固定时,网络直报系统将提高疫情信息的实效性,有利于疫情的防控决策。

但网络直报模式也存在着一定的问题:

(1)医治部门现阶段借助疫情汇报卡手动输入数据,导致医疗服务单位报告疾病的负担很重。

（2）现存的不同直报体系互相之间无法兼容，从而在很大程度上造成了资源的浪费，同时体系搜集的信息不够完善，汇报的周期也相对较长。

（3）监测信息系统和社区健康档案系统存在不一致性，如监测信息和免疫登记、传染病控制、现场处理等系统难以整合。

（4）医院急诊室、实验室、药房等征兆监测薄弱。

针对以上这些问题，结合防控突发性传染病的医疗建筑虚拟空间网络体系的特点，可以从建设目标、建设模式、建设预期与建设方法4个方面有针对性地提出医疗建筑一体化预防网络的改进策略。

6.1.1　医疗建筑配置目标明晰化

对于一体化预防网络的建设，只有明晰目标，才能有的放矢，避免资源与精力的过度浪费。

1. 强化系统

依托国家公用数据网和医药卫生科学信息管理及服务系统，将信息化的建立延伸至各级卫生管理机构、防控中心及社区卫生院等各级部门，使这些机构或组织能够快速、高效地处理系统信息；扩大建立范围至社区和乡卫生院，同时加强法制和信息标准化建设，使公共卫生体系的数据搜集更加完善，并且使数据信息能够应用于系统分析及救治过程，从而提高整个系统的质量。

2. 完善平台

建立中央、省、市三级疫情和突发公共卫生事件预警和应急指挥系统平台，完善疾病监测系统建设，加强卫生监督和医疗救治系统建设，提高公共卫生管理、事件预警、医疗救治、科学决策和应急指挥能力。

3. 集聚资源

加强公共卫生领域信息资源的采集、开发和利用，确定公共卫生系统的数据搜集标准、传输标准及应用规范等，从而建立完善的公共服务、疾病预防、妇幼保健等平台和系统。利用公共卫生信息网为所涵盖范围内的百姓提供信息咨询、健康教育等服务，进一步扩大信息资源的使用，发挥信息资源的作用，从而更好地为人们服务。

4. 拓展范围

通过我国的医疗健康网站，不断扩大网站规模，使网站触及基层的广大群众；依托国家公用数据网，不断完善预防、保健机构的网络功能。在基层条件足够好的情况下，逐步把网络信息的"触角"延伸到乡村；在市区，把疾病预防、健康保障部门连接起来，使它们和医疗部门、卫生管理部门互相联通、信息共享，形成一体化预防网络建设模式。

6.1.2　医疗建筑发展模式立体化

在明晰的建设目标的指引下，一体化预防网络的建设模式可以立体化地分为两个层级：纵向到底，横向到边。

1. 纵向到底

纵向到底是指按照国家行政级别设5个级别的网站、3个级别的平台：依靠我国公众大数据网站,建设从国家到地方,即国家、省、地市、县区、乡,5 个级别的医疗部门之间的上下级数据传输网络,实现国家公共卫生信息系统的网络化;设立国家、省、市 3 级网络信息平台。

2. 横向到边

横向到边是指设立地区的公用医疗数据网站:依照地区的医疗规划和地方监管要求,通过国家公用数据网络,把地方各个医疗管理机构、疾病预防与控制中心、社区卫生信息系统等各个级别的卫生管理系统依照规范的统一标准连接到地市级的公共卫生信息网络平台,使之形成地区内卫生信息网络,从而实现信息共享。

6.1.3　医疗网络建设预期系统化

对于一体化预防网络的建设,预期产生以下 4 个方面系统化的成果,这也是建设目标的延伸。

1. 在线直报系统

利用当前大数据、云网络等方面的先进技术和国家级计算机中心的优势,建立具备大吞吐量的在线直报系统,保证基层医院信息及时通过网络直接上报,保证信息采集的多渠道来源。同时,介入适当的数据分析技术,对直报的信息进行排查与筛选,使得有效信息更为集中、明显,也规避了信息冗余的问题。

2. 安全监测系统

在线直报系统保证了信息的有效畅通,但如何安全有效地采集信息也是不容忽视的问题,故应辅助建立安全监测系统,变以往的被动检测为主动监测。如可以将原有的发热门诊、肠道门诊、呼吸道门诊等与传染病相关的科室进行整合,统一为感染性疾病科,并加强科室的基础建设;可以在医疗建筑中建设多级别的监测点,多点布控;可以在易感人员密集的大学及中、小学校建立因病缺勤报告机制,提升在这些区域的传染病早期发现及预警能力等;可以建立流感、H7N9 禽流感等的专病网络实验室,并进行监测等。

3. 模型处理系统

针对安全监测系统和在线直报系统所获得的信息,很多都未经处理,无法直接影响防控措施的产生,这就需要建立针对传染病信息的模型处理系统,对信息数据进行分析与研究。同时,在无疫情或疫情苗头出现时,适当的模型处理系统也可以对疾病进行预测,这也是被动预防转向主动预防的重要环节。目前,已有多个理论对模型处理提供直接支持,如回归模型理论、时间序列模型理论、灰色模型理论、Markov 模型理论、神经网络模型理论、组合预测模型理论等。

4. 网络业务系统

为了保证以上系统的有效运转,需要一定的业务支撑,包括建立网络直报业务、信息审核业务、信息共享业务等,也包括健康教育业务与公共卫生业务等。这也是使整个一体化预防系统可以适应长期变化的有效举措。

6.1.4　医疗网络建设方法多极化

一体化预防网络具体建设措施可分为国家级、省级、市级、县区级、乡镇级 5 个层次,且分别体现出不同的特征,具体见表6.1。

表6.1　一体化预防网络具体建设措施一览表

行政级别		建设方法	备注
中国		构建公共卫生信息网络平台以及指挥中心	
国家级	疾病预防控制中心	构建疫情与突发公共卫生事件报告与监测数据中心	
	卫生监督中心	构建卫生监督执法数据中心	
	统计信息中心	构建卫生资源和医疗救治信息数据库	
	国家卫生健康委员会	国家突发公共卫生应急指挥中心	
省级	卫生厅	构建省级公共卫生信息系统网络平台	涵盖本省、市范围内的相关数据库以及指导机构的构建,具备信息输送、预测、实时指导以及消息发布等一系列的功能
市级	卫生局	构建市级公共卫生信息系统网络平台	
		构建专用局域网	由专门的线路接至国家专用数据库,和下层单位互相关联起来,构建区域范围内的消息网络
县区级	卫生局	构建计算机工作站与专用局域网	拨号或专线方式接入国家公用数据网络
乡镇级	卫生院或基层医疗卫生单位	构建计算机工作站	接至国家专用数据库,和上级单位互相关联,构建区域范围内的消息网络。依照国家的相关规定,实时汇报本地出现的疫情以及卫生事故

6.2　医疗建筑网络应急化救治策略

　　面向突发性传染病的医疗建筑应急救治网络,是真实空间网络层级在传染病暴发区域内的信息网络呈现,决定着在疫情暴发时,实际的医疗建筑空间应急救治的组织与联系。

　　这样的应急救治网络也可以分为偏向于虚拟的网络部分和偏向于实质空间的救治场所部分。虚拟的网络部分包括医疗救治信息系统,承担应急救治专家调度、医疗资源管理、病情统计分析、应急培训、医学情报检索、日常管理、信息发布等业务功能,其中包含了网络数据处理部门,分国家、省级和市级3个级别,它们汇总各自级别的医药工作进行疾病防治使用的网络数据资源;包括一套辅助运行的网络系统,用来进行数据交换、保障信息安全、实现网络管理等。而偏向实质空间的救治场所部分,则可以根据应急医疗救治活动参与者的不同以及医疗救治业务流程的不同(图6.3),分为院前急救场所、院内急救场所和院内隔离场所 3 部分。

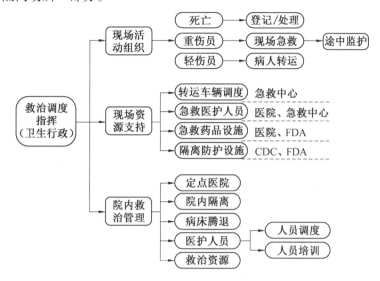

图 6.3 突发性传染病应急医疗救治业务流程

6.2.1 医疗网络危机管理高效化

我国在对 SARS 疫情的防治和对禽流感的防控方面都获得了非常大的成效,当然也有一些深刻的教训,值得关注的是,需要尽快建立医疗建筑网络体系,提高危机管控的能力。如果发生突发事件,我们是否可以进行高效的应对与处置,主要取决于平时的防控机制与准备的程度,这些问题正是我们的薄弱环节。

(1)建立高度的医疗建筑网络危机风险意识。

在危机管理领域学者的理念中,向来把预防当作至关重要的一环。各相关部门应当具备风险预防的意识,从大众乃至国家的生存层面上明确危机管理的重要性,时刻保持敏感的状态,确保一旦出现苗头,能够及时发觉、判别相关的信息,将各类不易辨别的风险评估纳入到我们的日常工作里。同时还要紧盯国际和国内形势的变换,时刻观察非传统威胁的潜在危险、危害程度及发生概率,建立一套完善的危机管控机制,设计危机的处理方法,对危机做出可实时调整和更新的处置方式与应对策略,快速提升对突发疫情事件的反应效率。进行决断时,应当借助民主的手段,避免武断或是盲从局面的出现,要从源头之处断绝威胁暴发的可能;面对危机,需要进行紧急决策时,应当在前期明确而又高效的管理方案基础上,依照实时的情况进行合理的判断。

(2)建立常设的医疗建筑网络危机管理机构。

成立一个既精炼简便又高效的应对危机的管理机构,是当前国际范围内面对以及处理威胁的过程中共同形成的核心理念。我国并没设置专门应对危机的常设管理部门。不论是 1998 年的抗洪救灾还是 2003 年的 SARS 防治以及对禽流感的防控,均都成立了临时的应急指挥部,这种指挥部在当时确实起到了其应有的作用,可是使用这样的模式对危机事件进行管理会存在以下几种缺陷:①没有延续性,在危机进行处置以后,不能很好地保留应对这种事件的各种经验及教训,一些非常有成效的工作也很难继续保持、延续或巩固;②对于这一类事件的处置一般都要有多个部门互相配合,故而需要在前期投入较多的精力去进行磨合,以确保后续工作的顺畅无阻;③作为一个临时的部门,在事前无法制定一套高效的应对危机的处置计划与可操控的方案。因此我们应成立一个国务院常设的应对危机的管理部门,它的主要职责应有以下几个方面:一是收集危机的信息;二是明确应对危机的战略,并对此做出规划;三是针对各种类型的危机出现的概率进行预测,并评估其产生的危害;四是制定防范危机的措施;五是对危机管理实施日常监督;六是开展应对危机的培训以及相关知识的普及活动;七是在危险暴发之后,进行合理的资源配置,使得各个相关部门通力合作,确保实现高效的处理。这一机构需要担负协调各个领域反应的任务,其中包含消防、交通、公众救护等诸多行业。该常设的部门必须有真正的法律授权,当出现紧急事件的时候,从横向方面可以紧急调度与协调同一级别的政府部门,实施统一的指挥和领导,实现各个部门之间的沟通与合作;从纵向方面,可以指挥其同类组织的下属成员,而下属机构也有权进行越级请示,缩减中间的步骤,从而大幅度提升处理的效率。借助精简高效的指挥体系,实现整个过程的尽早发现、从容处理以及全面无疏漏,进而使得我们应对危机时能够更加主动。设立专门部门的重要性在《突发公共卫生事件应急条例》已经显现,在该文件的第 3 条当中指出,在紧急事件出现之后,国务院应当构建指挥总部,由相关单位以及军队机关组成,总管理者需要担负其对全局统一管理的重任,避免地方出现混乱无序的状况。然而,现阶段的此类指挥部毕竟还是临时性的,其演化趋势应当是逐渐走向专业化的,因此建立负责此项事务的专门单位,并为其提供相关的制度以及法律层面的保障是必要的。

(3)建立健全的医疗建筑网络法律支持体系。

毫无疑问,医疗建筑网络法律支持体系是政府在应对危机过程中所倚仗的核心工具,因此有必要构建并完善与之相关的法律体系。在发达国家针对危机管理的最主要成就在于立法方面,诸如美国、加拿大等国均已制定了对应的法律。对于它们的有效经验,中国应当积极学习,尽快颁布我们的紧急事态法,为危机的预测、处理以及善后带来法律层面的保证。这部法律应包括政府危机管理系统的建立和运行的总体规划,以及当危机出现时公开信息的制度和机制等方面的条款,同时借鉴《突发公共卫生事件应急条例》的经验,相对于社会活动中容易出现危机风险的领域制定专门的法律,对各种潜在的危机风险应对做到有法可依。还要实现严格执法,对于那些在危机事件里没有按照法律履行其责任和义务的相关人员要追究其法律责任。

(4)建立灵活快捷的医疗建筑网络危机信息反应体系。

在应对危机的过程中,灵活而快捷的信息系统是不可或缺的。对危机来说,其最为突出的特点在于具有可变动性及紧迫性,因此很难对其进行准确的预判。从发达国家的相应机制来看,提升信息的精确程度以及处理效率是改善这方面水平的核心因素。唯有构建起完善、有效且网络化的体系,借此搜集传染病、灾害等方面的实时资料,并且将相关结果呈现到指挥部门,方能为做出合理的决策提供保障,并为政府依照当前的情况确定与之对应的预警级别带来参考。要建立起检测报告的体系和制度,建立起应对体系及其计划系统,如应对危机的战略规划与方案等,增强预见性。依照制定的规范和计划组织教育和训练,为应对危机提供知识和经验储备。不管危机是否暴发,均要持续借助新闻或者网络等方式向大众进行前期的警示教育,并且对各个媒体呈现的内容进行严谨监督,避免发生误导,借助良好的交流来妥善处理各方之间的关系。一旦危机暴发,要用最短的时间公布各项确切的信息,避免大众出现集体恐慌。同时提升立法的速度,尽早出台与之对应的条例,确保社会安定。信息系统要保持流畅无阻,确保实时信息的准确输送,应当将电力体系出现问题的预备举措归纳到要考虑的范围。在禽流感检测报告系统中,因为费用和技术等方面的因素,基层防疫单位的疫情报告大多数使用手工报表,有的是用电话报告,还没有使用电子及互联网系统,这些对于疫情的数据收集、传输、统计和分析都会造成很大的麻烦,存在很大的弊端,而信息体系漏洞较多、报告延迟高、沟通不畅、数据误差大等都是现阶段尚存的缺陷,唯有将其解决,才能确保有效地开展应对危机的工作。加快进行信息化的建设,把应对危机的信息体系建设当作一项关键的步骤来做,让信息在危机事件处理上为决策者提供服务。

(5)建立稳定的医疗建筑网络国际协作机制。

当今的世界越来越显现全球化和一体化,突发事件,如对 SARS 的防治及对禽流感的防控,已不再是一个国家的单打独斗,而成为整个世界共同的责任和义务。来自 WHO 的布伦特兰在 2003 年的演讲中表示,SARS 疫情的暴发警示我们,虽然技术的迅猛发展能够令某些绝症得到医治,部分疫苗又能阻止传染病的传播,但是我们仍然面临着诸多未知的威胁,因此在世界范围之内进行合作,共同应对危机是必不可少的。我国政府对于进行国际合作非常重视。2003 年 6 月 1 日,北京召开了“中国-东盟非典型肺炎出入境检疫管理会议”,我国的出入境检疫检测部门和参会的其他国家的有关机构代表相互学习和交流,表示要进一步增强协调和扩大合作,会上通过了《中国政府和东盟国家政府关于控制非典型肺炎传播的出入境检疫管理行动计划》。到了 2004 年 1 月,防控禽流感形势部长级会议在曼谷召开,我国农业部副部长齐景发领团参加了会议。一个稳定而有效的国际交流协作机制在危机管理中具有非常重要的政治和现实意义。

(6)构建成熟的医疗建筑网络心理救治教育体系。

突发事件和传染性疾病的每一次暴发,都会给人们造成非常大的心理阴影,甚至造成心理上的恐慌。我们要构建心理层面的应对体系,强化相关教育,使大众在面对紧急情况的时候做到从容应对,这对于降低灾害的威胁至关重要。如果没有危机教育,大众很难形成相关的意识,一旦出现紧急事件,就会不可避免地陷入恐慌状态,从而引发更大的损伤。而借助心理干预的方式来进行相关的模拟及训练,对于社会的安稳和危机的高效处理大有裨益。

(7)建立高效的医疗建筑网络资源保障体系。

建立资源保障机制也具有关键的意义。突发事件出现以后,财物和应用技术的保障要快速地从平时状态变化为危机的管理和处置状态。特别是在处理危机的初始时期,对财物和技术的需要是巨大的,这要求政府的各个机构不但要尽力供应更多的财物和技术,而且还要提升财物和技术的应用效率与功效,而后者更为关键。有些地方迫切地需要集中供应财物和技术来弥补危机造成的破坏,只有高效快速的财物和技术的保障,才能高效和快速地控制危机。

(8)建立高水平的医疗建筑网络专家链接。

在北京 SARS 暴发及流行时,由于首批救治医院的医护人员对患者的医疗救护工作知识和技能储备不足,造成了巨大损失。在这种情况下,传染病专家是不可或缺的,因为需要由他们对广大医务人员进行知识的传输及操作的培训。现阶段,北京市的大多数医院已经配备了一类以上的紧急事件处理专家。

6.2.2　医疗网络组织模式层级化

医疗建筑的防控体系建设应符合医疗机构对突发公共卫生事件的防控处置方式。对于突发公共卫生事件的预防、处理和救治而言,应当使相关部门在统一高效的指挥下,协同采取应对措施。担负相关任务的部门应当用最快的速度进行合理的应对,并且高效地协调各项资源,使之发挥最大的作用。在每一个担负着应急任务的单位中,医院无疑是给予医治以及相关服务的核心场所,所以只有实现了医院的高效运转,才能实现及早感知、及时隔离和安全救治。医疗机构应对能力的强弱直接关系到整个公共卫生事件防控工作的成败。

目前我国医疗建筑防控突发公共卫生事件的网络组织模式是以政府对公立医疗卫生机构管理为主导,军队、各个行业卫生部门管理为补充,政府对医疗卫生机构实行宏观调控的多体系、多部门的混合管理模式。这种模式是以区域行政管理为主的垂直型组织模式,从而形成了我国城市三级医疗卫生服务网络体系(图6.4)。

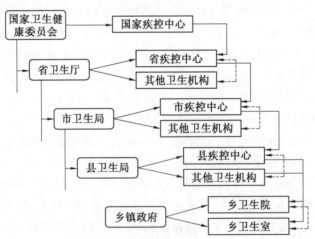

图6.4　城市医疗卫生服务网络体系

当前,中国城市医疗卫生机构系统形成了以人群健康为目标的决策、管理和服务单元。防控突发公共卫生事件的防控网络基本形成了相对独立的城市卫生服务系统和农村卫生服务系统,前者包含了以三级医院为核心的防治系统。其中,正在发展完善中的社区卫生服务体系成为目前中国城市医院系统防控突发性传染病的重要组成部分。

6.2.3　医疗应急救治场所联动化

1.院前急救系统

在急救医疗学中,急救流程分成 3 个时期:进院前急救时期、紧急诊断时期和重症监护观察时期。对突然出现的传播传染疾病的患者来说,进院前急救时期指的是患者进入第一个疫病场地后,仅做一些基本的和必需的隔离,一直到救护车或隔离车进入场地进行疫病防治处理,而后把患者或疑似患者移送到专业的防治传染病的部门之间的这段时间。进院前急救相当关键,尤其是对于突然发生的传染性疾病来说。这不仅涉及患者的生命存活问题,也涉及对疫病的把控和处置工作问题。

目前,我国仍没有完全针对突发性传染病的院前急救系统,而是由传染病医院以及一些大型综合医院的院前急救系统所构成。但当前我国已构成了基本的省级、地市级、县级的三个级别的进院以前的急救服务体系,而且还在不断地发展壮大中;同时还在慢慢地加大急救规模和覆盖面,进院以前的急救服务人员、通信、救护车和设备都有了加强和改善,它们的功效和能力已经从单一地进行运送改变为医治与快速送治为一体的紧急救助治疗,一些地区还把有隔离功效的救护车及移动实验室进行了专业配备,为把患者尽快地隔离和运送离开疫病场地带来便利。

例如,在笔者及团队针对青海玉树市囊谦县等地区的高发肺鼠疫疫情所设计的传染病防控装置“肺鼠疫隔离单元”中,以改装后的卡车作为可移动的诊疗主体,通过在卡车两侧用加装当地牧民常用的毡房式结构,形成一个在闭合时可以快速转运患者,展开时又能就地诊疗的传染病防控单元(图 6.5 和图 6.6)。

与此同时,也可借助局部协作的方式,为疫情感染者带来适时、适地且持续的医治服务,使得救治过程在空间以及时间层面上实现最大程度的一致,最终得到良好的救治以及隔离结果。努力追寻以时空救助理论为核心的紧急疫情救治模式,利用地区协同作为核心方式,借助网络、云计算等一系列手段,达成整个流程的标准管理,将医院内部数据体系的构建延伸到医院间的合作,并且辅之以远距离的专家会诊以及指导。

2.院内急救系统

相对于院前急救系统,院内急救系统建设包括综合性医院的急诊科建设和对区县以上综合性医院分批完成急诊科改扩建。充分利用综合性医院的专科优势,建立各种专业抢救中心,如呼吸性传染病隔离急救中心、消化道传染病急救中心和其他未明传染病急救中心等。

对于突发性传染病的防控来说,除了院前急救在现场的紧急防控职能之外,“院前”和“院内”的有效联系与转换非常重要。实践证明,急救医疗服务体系是目前实施这一工作的最佳形式。

对于急救医疗服务体系而言,其最为核心的责任在于及时地进行现场救治、高效地分配救治资源、合理地转输患者并且和临近医院形成紧密的关联。急救医疗服务体系是通信、调配和指挥的中枢所在,其必要组成部分是信息通信设施、全方位分析体系以及救治人员、医疗设备,同时将几个达标的医院结合成急救网络。

　　在我国,急救医疗服务体系主要包括:院前急救组织,如急救中心、急救分中心、急救站组成的院前急救网络等;院内急救组织,如各类具有急救能力的医院和其他专业医疗机构等;以及一些具有急救功能的社会组织和具有急救能力的个人设施。急救医疗服务体系可使病人得到更加快速的救治,并能在关键的时间内获得有效的治疗。

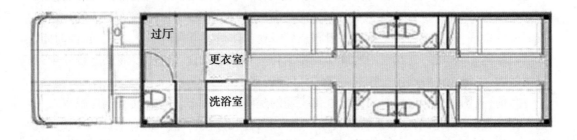

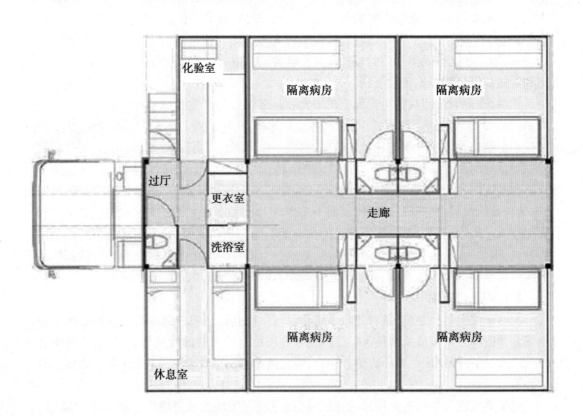

图6.5　"肺鼠疫隔离单元"闭合与展开时的平面图

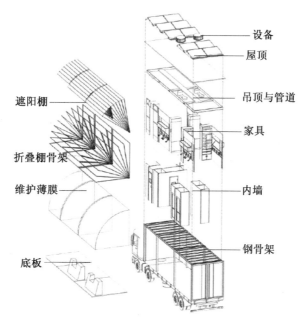

设备
屋顶
吊顶与管道
家具
内墙
钢骨架
遮阳棚
折叠棚骨架
维护薄膜
底板

图 6.6　"肺鼠疫隔离单元"结构展开图

6.3　医疗建筑协同化控制策略

面向突发性传染病的医疗建筑协同化防控网络,是中介空间层级在区域性范围内的信息网络呈现。这里的协同化控制网络有两层含义:一是指应用区域公共卫生信息网,避免信息死角;二是基于协同学原理,利用信息网络平台,使区域内各种医疗机构间相互协作。

6.3.1　组织协同的医疗网络系统

应用协同学原理构建传染病医疗建筑网络模型首先应确定协同学的传染病事件含义:
(1)传染病暴发涨落。
传染病事件存在于复杂的社会系统中。传染病的突发具有各种偶然因素,这些偶然因素将会使得疾病的传播更加随机,进而导致传染病事件中始终存在涨落和波动性。当系统处于平衡状态附近时,小规模涨落不会对系统的稳定性产生较多影响,是为"微涨落";而当系统远离平衡状态时,涨落的影响就可能很大,甚至会破坏系统原有结构和功能,使系统发生新的变化,这就是所谓的"巨涨落"。涨落在传染病事件不同进程中对整个系统的影响是不同的。临界点的微小涨落可能导致严重的后果,如在 SARS 暴发初期,对感染患者信息的失误处理,导致了 SARS 大范围传播,并给整个社会带来巨大恐慌。
(2)传染病事件的相和相变。
在传染病事件中,社会系统处于的不同状态称为不同的相,如传染病暴发状态与未暴发状态便是不同的相。相变则指社会系统不同状态间的变化,如国家进入应对传染病战时状态便是重大的相变。传染病暴发事件中的潜伏期、发病期、暴发期、恢复期等也是不同的相。

（3）传染病事件的各种参量。

在传染病事件中存在各种因素，从协同学观点出发，可将这些因素分为快弛豫参量和慢弛豫参量。前者参量多，持续时间短；后者参量少，在支配快弛豫参量的同时还决定系统的演化方向，故也称为序参量。随着系统在相变，序参量大小及方向可以不同，序参量本身也可以变化。传染病暴发初期，序参量是区域范围内传染病患者的密度；传染病暴发后期，序参量是病患密度的变化的快慢，即密度变化的加速度指标。

（4）防控传染病医疗机构的自组织结构。

协同学创始人哈肯教授曾经说过："现在我们能看到的很多个体，不管是原子、分子、细胞还是动物和人，都以其集体行为间接地决定自己的命运，抑或竞争，抑或合作。"协同学认为，一个系统从无序向有序转化的关键不在于它是否处于平衡状态，而在于系统内部的子系统在某种条件下，利用非线性作用使各部分都能够独立运行或相互合作，从而使系统的工作有序开展。

于是，一个完整的区域级的防控突发性传染病信息网络系统，建成后应该具有以下特性：本身趋向于一个自组织系统，具备一定的自稳定性以及自调节性。具体体现为一个基于各类传染病医疗信息标准、具有统一接口的子系统集成。在一定地域范围内，传染病医疗卫生信息主要来源于区域内基层医疗机构、各级综合医院、各级传染病医院、各级疾病预防控制中心、卫生监督部门及卫生统计部门的协同。其协同化控制策略如下：

若假定区域内的疾病控制信息是一个复合系统 P，那么各级子系统定义为 $\{P_1, P_2, \cdots, P_n\}$，它们之间的相互作用构成复合系统协同机制。在这种机制下会出现一定的未知性、随机性等特征，从而决定着系统的状态及后续发展，使其发生复杂变化。为使问题简化，当仅考虑一级异构子系统 $P_n (n=1,2,3,4,5,6)$ 时，系统的协同方式可简化为

$$P = V(P_1, P_2, P_3, P_4, P_5, P_6) \tag{6.1}$$

式中　P_1——基层医疗机构一级子系统；

　　　P_2——综合医院一级子系统；

　　　P_3——传染病医院一级子系统；

　　　P_4——防控中心一级子系统；

　　　P_5——卫生监督部门一级子系统；

　　　P_6——卫生统计部门一级子系统；

　　　V——这些子系统之间的协同因子，V 值越大，协同性越高。

协同机制的关键在于，基于符合系统的结构特征，寻求关键协同因子 V，然后在 V 的作用下，使得符合系统 P 的总体效能 $E(P)$ 大于各子系统效能之和且取最大值，即

$$E(P) = V(P_1, P_2, P_3, P_4, P_5, P_6) > P_1 + P_2 + P_3 + P_4 + P_5 + P_6 \tag{6.2}$$

随着子系统内部从无序到有序，其价值大于区域内医疗子系统价值之和，各个子系统之间的自组织运动维系整体系统的有序状态。

在区域协同传染病医疗卫生信息系统中，医疗卫生信息是各个子系统和医疗卫生业务部门协同作用的基础。区域医疗信息的共享在突发性传染病的防控过程中是实现医疗资源互通互联，提高救治效率和质量的关键。区域卫生信息的共享除了医疗卫生行业各

部门之间的共享,还包括构筑平台与卫生管理和其他行业部门进行的信息共享传递。虽然区域医疗信息共享是一个复杂的巨系统,但是可以被明确地划分为纵向信息共享和横向信息共享。横向信息共享是区域内基层医疗机构、各级综合医院、各级传染病医院等针对突发性传染病的基本医疗子系统间疫情信息的共享;纵向信息共享是区域内医疗子系统、各级疾病预防控制中心、卫生监督部门及卫生统计部门子系统,乃至其他相关行业业务数据的共享与交换。纵向信息共享和横向信息共享将同时应用于突发性传染病监测、突发性传染病预警、突发性传染病联防联控及突发性传染病应急处置过程中。

6.3.2　控制协同的医疗网络模式

区域协同传染病医疗卫生信息系统 P,在突发性传染病的防控过程中其主要协同模式可以归纳为如下几类:

(1)突发性传染病防控协作模式。

系统之间相互配合的主要方式之一就是协作。为了促进区域内各级传染病医疗机构的协作,应该搭建稳定的协作平台,更好地促进各医院之间在突发性传染病联防联控、突发性传染病应急处置、突发性传染病基础信息处理等方面的协同工作。协作模式在突发性传染病的防控工作中可以包括传染病防控科室间的专业性协作,传染病防控管理机构间的协同管理等多层面的协作。例如,在传染病的应急处置过程中,在协作模式下可以建立"姊妹"协作传染病医院。"姊妹"协作传染病医院可以是同等级医院也可以是不同等级医院。"姊妹"协作传染病医院可以是固定组合也可以是在传染病疫情期间由疾病预防控制中心以及卫生管理机构成立的临时组织,从而拓展任一传染病救治医院的救治能力和医疗水平,达到传染病防控效率的最优化。

(2)突发性传染病防控同步模式。

同步模式指在同一区域的系统医疗信息系统中的同构子系统在传染病防控层次上的同步优化。同步模式不仅可以使整个系统和子系统相互配合,还能发挥整体最佳效率,产生更大的效益。例如,在区域内如果个别医疗卫生机构的突发性传染病监测水平不足,或者脱离了公共的基础数据标准和数据交换标准,将难以和同区域其他子系统相互衔接,出现"信息孤岛"。如果不能实现信息的同步发展,在突发性传染病的防控过程中势必会出现防控真空、死角,降低整个系统的防控效率。

(3)突发性传染病防控协调模式。

协调模式可以加强系统内各子系统在每个层次外的协调与发展。这种模式实施的策略是将传染病的控制在每个系统中都和与其对应的子系统保持通信,从而传递出重要的数据。依据协同学理论,体系内各个重要元素在整个过程里的作用各不相同,它们有的要占主要的位置,起主导作用,其中有主要功能的一个或多个元素起主导作用。如果其中有一个元素的功能增强了,就需要多个子体系的系统共同协调反应,它们要协同起来让全部体系处于一个有秩序的工作状态。在前文中提到,根据突发性传染病暴发点的不同,不同的基层医疗机构可以转化为二级联系枢纽,也就意味着在这一系统中,在不同时期、不同类别突发性传染病暴发过程中,个别医院或个别医疗子系统在整个系统中的重要性会根据疫情有所调整。当其中一个医院或医疗子系统的主要位置提高时,要求系统内其他医院或医疗子系统予以协调,寻找应对突发性传染病疫情的最优子系统的变化。

（4）突发性传染病防控互补模式。

突发性传染病防控互补模式主要指子系统之间的动作在功能上可以实现相互补充,并进行完善。例如,应用前文的中介空间网络的医疗建筑规划模式中提到的联营模式,把综合实力最强的哈尔滨医科大学附属第一医院划分出传染病房楼,该楼为区域内无疫情以及疫情初现时的救治中心;区域内临近的其他两所医院内不设专门的传染病病房,这就是从传染病救治能力考虑,运用互补模式的典型方式。

6.3.3　分析协同的医疗网络技术

1. 基于大数据构建疫情广泛分析平台

2012 年以后,"大数据"这一词汇受到了普遍的关注,并且得到了频繁的引用,人们常借助它来表示和阐述信息巨量扩增过程中衍生出来的众多数据,并且利用它来命名与其关联的科技革新。

大数据指的是由数量众多、构成繁复、各种层面的信息构建的组合(图 6.7),其建立的基础是云计算所带来的处理以及应用方式。大量相关数据的集中以及分享,形成一种强大而丰富的服务资源,以供查询。就某种角度而言,大数据是分析过程当中形成的一类先进方式,而大数据技术就是从各种各样类型的数据中,快速获得有价值信息的能力。

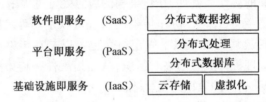

图 6.7　大数据与云计算

一般认为,大数据具备"4V"特点,即 Volume（大量）、Velocity（高速）、Variety（多样）、Value（价值）。从这样的特性出发,可以将大数据技术应用于针对突发性传染病疫情的广泛分析。虽然当前面向突发性传染病的公共卫生信息网络已经在大数据的道路上初见端倪,但现实的情况仍是以专业医疗部门上报传染病信息为主。虽然这种方式的专业性强、信息准确,但是速度慢且数据不够全面。如果能进一步拓展大数据及云数据库的应用,用辅助公共卫生信息网络的方式来搜集与评估新闻、博文、邮件以及其他一切可见的或者能被网络爬虫程序找到的信息,则可以平衡信息的不足并做出预测。现阶段,在全球范围内,几家搜索巨头用来进行传染病分析的方式均为大数据分析,如百度、谷歌等。

美国资深健康记者马琳·麦肯纳曾经写过一篇文章《大数据迎战传染病》,文中提到:"新型监测系统的研发人员都赞同,合并地区报告将是系统发展的必要步骤;而这可能是挑战最大的,即业余人士收集的数据可能有更多的错误或无关信息。但是这对没有官方疾病监控的地区或对疾病报告有严格政治控制的地区,也许是唯一与世界分享的途径。"进而她举了一个现实的例子,即 20 世纪 90 年代后期世界卫生组织与加拿大卫生部合作的项目——"全球公共健康情报网"（Global Public Health Intelligence Network, GPHIN）,网站综合了数据搜索与挖掘、自动翻译与过滤等多项技术来发现、跟踪重大公共卫生事件,并利用软件来实现基于国际互联网的实时、早期预警系统。网站利用全世界两大主流新闻采集器,对医疗信息自动采样并自动翻译为 8 种语言;并由特定人员来进一步核查搜集到的资料,通过输送至提供订阅服务的网站的方式,为需要获取相关信息的人士传输此类内容。2002 年 11 月,该网站上就出现了一份关于呼吸道疾病增加的中文叙述,SARS 迹象的发现就归功于它。

与发达国家建有相对完善的公共卫生信息网络的情况有所不同,大多发展中国家都很难在第一时间发现传染病患者,并进行相应防控措施。如 2014 年在西非的埃博拉疫情,其大规模暴发的主要原因之一就是没有及时的预警机制。在很多偏原始的村落,居民在出现疫情后,恐慌之余又迷信在神明的传说之中,既没有人主动上报病情,也没有完善的信息网络,往往等到疫情已经蔓延整个村庄时才被 WHO 等组织发现,造成难以挽回的局面。

借助大数据的方式,可以使现在的情况出现一定程度的改变,从而加快医治部门对相关传染病的了解速度,避免上面提到的悲剧局面再次发生。事实上,早在 2007 年 12 月的一次"呼吁行动"中,就有来自 23 个国家的公共卫生系统人员呼吁发达国家来帮助改进非洲疾病报告体系。而对于大数据技术在传染病的防控中的应用,已经在很多国家都开始了。在印度,人们可以用手机短信向省级动物卫生机构报告疑似禽流感病例。名为"紧急事件、疾病与灾难的创新支持"的新型非营利组织已经得到了洛克菲勒基金会和谷歌预测与预防计划的拨款,旨在把快速汇报疾病的工具带到东南亚湄公河流域的村庄中去。而在美国,疾病预防控制中心已逐步使用大量的数据来了解疫情,如应用大数据来确认不同地区的流感病毒株,进而研制生产更好的疫苗来控制流感疫情。美国的公共健康协会还同斯科尔全球性威胁基金合作,推出了用于收集流感症状发展信息的疫情广泛分析平台 FluNearYou,用于监测流感的蔓延程度(图 6.8);每个星期一次的数据汇集能够辅助相关专家及卫生部门的人员,为其提供足够的信息,从而有时间进行充足的准备。更为关键的是,借助这一平台能够对未来可能出现传染病的区域进行预测以及分析,这对于避免传染病暴发具有至关重要的作用。与此相仿,谷歌也研发出了一个名为 Flu Trends 的流感探测装置,能够对相关的线索进行搜集,并借此描述出各个地区之间的疾病情况,同时也可以用经过汇总的 Google 搜索数据来估测流感疫情(图 6.9)。

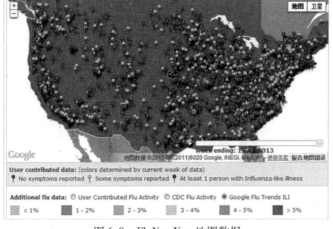

图 6.8　FluNearYou 地图数据

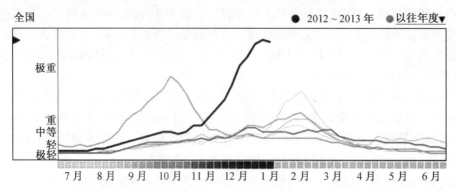

图 6.9　Flu Trends 数据统计结果

在 2014 年 6 月,利用新型大数据的手段,我国的百度在线网络技术有限公司也研发出了针对大众的病症预测系统,这意味着该公司也将数据的分析汇总纳入到了医学范围中。在数据整合以及梳理的基础上,可以为使用者带来肝炎、流感、性病以及肺结核 4 类病症的前期估测(图 6.10、图 6.11),这对于大众的提前预防无疑是大有裨益的。除此之外,对于涵盖的范围而言,百度病症估测已涵盖了我国 300 多个市以及近 3 000 区县,而且还在进一步的细化过程中,有关人士指出:在将来有可能精确到每一个人的程度。而针对数据建模的方法,是以城市为单位进行的,并且借助信息量的增大和准确程度的提升来确保估测的效果。目前,百度的疾病预测系统涵盖了流感、肝炎、肺结核和性病 4 种疾病,而据其网站说明,未来还会增加更多的常见传染病和慢性病。

图 6.10　全国各市 2014 年 11 月 4 日的流感流行趋势百度预测结果

从以上案例能够发现,大数据在公共卫生事件的防治当中起到了极为关键的作用,并且是未来的趋势所在。因此,很有必要投入更多的资源对其进行更为深入的研发,使其发挥不可估量的作用。故从大数据构建疫情广泛分析平台的特点出发,防控突发性传染病的医疗建筑网络也应跟上趋势,进行相应的策略性调整。

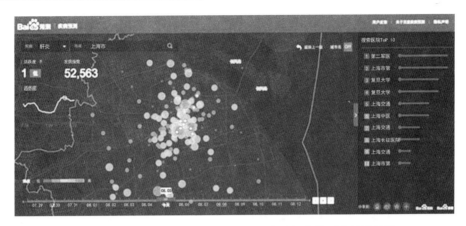

图 6.11　上海市 2014 年 8 月 2 日的肝炎流行趋势百度预测结果

2. 基于 GIS 算法构建疫情精确控制平台

自 20 世纪 80 年代互联网的兴起开始,人类社会已经步入了一个崭新的以数字化为特征的信息时代,随着地理信息系统、空间信息系统、计算机信息与交流技术等在社会各个领域的应用,影响设计的诸多数字技术因素被人们重新认识。

地理信息系统(Geographic Information System, GIS),是借助具备信息体系空间特定形式的数据系统(图 6.12)。更为准确地说,这是个具备汇总、梳理、储存、运行以及显现地理位置功能的计算机体系。它可以依照其在数据库里面所占据的空间对其进行有效的辨识。此外,借助高效的信息管理能力,GIS 又被认作一类策略支撑体系,借助齐全的地理数据,对空间当中存在的信息进行有效的辨识、搜集、整合、梳理、储存、运行以及输出。同时,采用地理模型分析方法,可以实时、适时地提供多种空间和动态的地理信息,用以支持在科学调查、资源管理、财产管理、发展规划、绘图和路线规划等方面的决策。

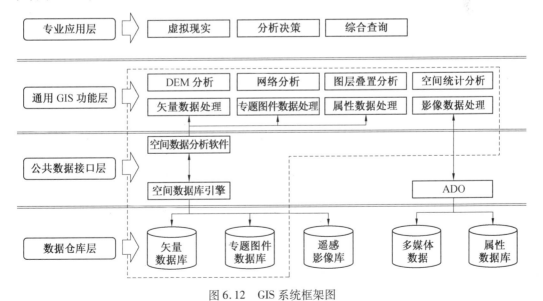

图 6.12　GIS 系统框架图

目前,GIS 系统可以全面应用于医疗卫生系统对疾病的预防、监控、救治反应等方面,如对于大规模的疾病暴发的检测和反应,包括进行快速定位、即时信息发布、应用流行病多源管理传播快速扩散分析等。GIS 系统应用于医疗卫生系统具体有以下几方面优势:

(1)将 GIS 和 RS(遥感技术)加以融合,能够令专业人员高效地从繁复的数据中找到有用的部分,并借此来达到疾病的防控需求,形成极为突出的整合以及剖析能力,从而大幅度地压缩所要花费的金钱以及时间,如可以将公共卫生与人口密度等信息进行地理叠加,分析传染病易感区域(图 6.13)。除此之外,借助 GIS 还能够利用不同的方式来展现调查的信息,诸如表格、饼图等。公众可以通过电子地图随时了解医疗信息,如目前国家公共卫生科学数据中心已经开放的热点传染病预警与追踪系统就在 2014 年广州的登革热疫情中已经发挥了一定的作用(图 6.14)。

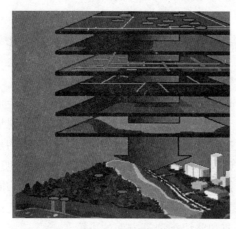

图 6.13　公共卫生、人口密度等信息进行地理叠加

图 6.14　GIS 系统对登革热疫情的追踪

(2)GIS 不仅是在原 OA(办公自动化)的基础之上引进了位置显示,而且还在之前 OA 体系中融入了地图信息,可以说 GIS 将数据以及图表进行了很好的整合,使其变成各个机构以及分支间实现数据分享的理想平台。在医治紧急指挥体系中,GIS 是基本设备的核心构成之一,担任着极为关键的角色。

在疫情防治工作方面,大量的信息都和地理位置的分布密不可分,如各种医治机构、药店、防疫点、繁华区域、病源、传输方式等分布的位置都和传染性病症的传播以及扩散存在着一定的关联。如果将这些数据都加入到城市的 GIS 系统中,将对突发性传染病的控制大有益处。

借助 GIS 我们还能够检索到对应单位法人的资料、医院的饱和情况、医务人士状况以及器材设备的拥有情况等一系列的信息,此类数据经过整合以及梳理还会对疫情的防控形成帮助。在拥有数据的前提下,GIS 将位置以及相关数据有效地融合到一起,为公共卫生体系的构建奠定了基础,并且确保了对应资源的透明化管理以及高效监管。

(3)在某些医疗条件不够好的地区,其医疗卫生服务相对落后,建立社区卫生服务点是一种有效的解决方法,但是在服务网点设置方面,只考虑地域因素是不够的,还应该利用 GIS 系统将该地区的人口分布与经济发展情况调查清楚并显示到地理位置系统中,借助定位系统来查看人员分布情况及资金的流向,在综合各种情况后,选择最佳的设定点,从而实现合理选址,为大众的生活提供最大化的便捷。除此之外,还能够借助网络在位置信息的基础之上加入紧急防治手段的公布,诸如隔离地带设置及堵车严重区域的查询等。

在水平整合模式构建中,就相应地利用了 GIS 技术对哈尔滨市的相关信息进行研究,如将城市公共卫生情况中的基层医疗机构分布情况(图6.15)与城市居民点分布(图6.16)进行对应,从而建立基层医疗机构泰森多边形体系(图6.17)来反映基层医疗对疫情的控制情况等。同时,也利用了 GIS 系统中的最小化阻抗原理对哈尔滨市的主力医院的疫情控制能力进行了相应的分析。

 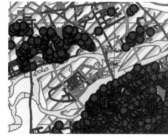 

图6.15　基层医疗机构分布(局部)　图6.16　城市居民点分布(局部)　图6.17　泰森多边形体系(局部)

3. 基于空间信息构建疫情优化救治平台

对于空间信息体系而言,它是将计算机、地理、通信等多个领域融合为一的新型学科,其具体的机理是借助软硬件的支撑,利用各个领域所涉及的相关理论,高效管理以及全面剖析具备空间意义的各类数据,进而为后续的设计、制定策略以及深层探讨提供有效信息。在这一系统下,空间信息通过当代的"3S"技术[遥感技术(RS),地理信息系统技术(GIS)、全球卫星定位系统技术(GPS)]和计算机技术、计算机网络技术等各种技术手段的集成,实现了有效、快捷的信息采集、提取、存储、分析、管理等。

信息时代,对突发性传染病的防控效率的实现基于"软件"和"硬件"两个方面。医院建筑实体作为医疗卫生事业的"硬件"部分,受技术、管理方式等"软件"部分发展的推动而发生着变化。

突发性传染病的疫情分布有典型的空间特征,采用现代化的空间信息采集与空间分析技术,能够在对突发性传染病疫情的防控处理过程中,高效地实现相关数据采集、疫情判定、决策分析、命令部署、实时沟通、联动指挥、资源支持等功能,以便对突发性传染病疫情做出最快、最有效的反应。基于空间信息构建疫情优化救治平台将根据突发性传染病的疫情分布特点、发生过程,在突发性传染病的防控过程中起到重要作用。

研究突发性传染病疫情的分布、聚集性是空间信息系统在突发性传染病防控、救治过程中的重要任务,也是构建疫情救治平台的基础。其首要任务是掌握并精确表述出紧急疫情的布局特点,明确其呈现的范围,从而为后续的救治以及防扩散奠定基础。此外,借助对集中情况的了解能够得知传染病的布局差异,进而探讨引发此状况的医治能力、社会因素等综合的原因,为疾病的防治以及医治资源的分配带来足够的支持。

在疫情防治的过程中,先要借助空间数据的搜集来为后续提供支撑,然后再进行更深层次的整合以及梳理,进而转移到数据库中,最终借助相关的软件来得到较为精准的剖析结论。分析结果是开展疫情防控和救治的根本依据。其中,数据的搜集涵盖了基础地图、疫情相关数据、人口分布、气候状况等。例如,针对突发性传染病的暴发数据,主要按照发病地区、发病率、感染率、病死率等进行整理建立发病数据库;针对地理信息数据,主要按照地区的国际代码、地形特征、海拔高度等内容建立地理数据库。基于空间信息的疫情统计数据系统结构如图 6.18 所示。

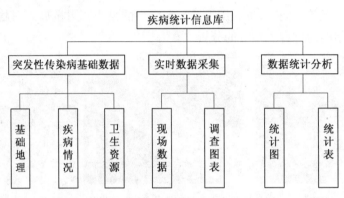

图 6.18　疫情统计数据系统结构

在紧急疫情的医治过程中,在"3S"手段的强有力支撑之下,对各项医务资源进行高效的配置与运用,是进一步完善整个平台的关键所在。空间技术在防治疫情的过程中最为核心的问题在于最短路径,它并不单纯指的是地理方位层面上的路途最近,还能够延伸到相关的指标中,诸如医治物资输送最为便捷、紧急路线可选性、医治机构辐射范围等,在此基础上还能够延伸出最快速度问题。因此空间信息技术在防控突发性传染病的医疗网络中可以被用来优化医疗资源分配、寻找最短救治路径、确定最近医疗卫生服务设施、生成最佳救治方向、确定医疗服务范围等。空间信息技术在突发性传染病的救治过程中具体可以表现为最近救治医院的选择和最优救治路线的选择两个方面。

如今,我国许多大中城市都建立了医疗急救指挥中心,并安装了基于全球定位技术或地理信息技术的指挥系统。当收到病人需要救治的信息时,便可以利用 GPS 对病人进行定位,确定病人的具体位置,再利用 GIS 显示周围道路状况和医疗机构,并分析最佳路径,通知相应的救护设施、人员到达求救位置。同理,如果出现更大范围的医疗救治需求,我们也能利用空间信息系统进行分析,将疫情所在区域的所有机构全部找出,便于诊断与控制疫情,并且显示在针对突发性传染病的空间信息系统中;接着通过最佳路径分析,通知相应的医疗机构沿最短的路线到达救治区域。空间信息系统运用在医务资源分配当中能够大幅度地降低抢救所要花费的时间,在此基础之上最大限度地减小损失。

在基于空间信息的突发性传染病救治平台中,需要结合无线通信的功能,使疫情位置、急救设施位置、医院状态等成为实时信息,这样才能实现通信系统、GIS 以及 GPS 的有效结合,促进针对突发性传染病的快速救治。

例如,英国 SHAPE 是一个通过网络使用、基于实证,应用于整个医疗经济领域内医疗服务和设施战略规划的工具,由 GIS 支持,是结合既有的全国医疗活动数据、人文地理和医疗地产资源进行战略规划的辅助工具,可以帮助重构医疗服务,更好地整合医疗和社会服务。

另外,在突发性传染病的救治层面,也可以结合 GPS 定位系统,将急救设施、设备的位置与疫情地点周边的重要信息叠加在地图上清晰地显示出来供指挥调动使用(图 6.19)。

图 6.19 GIS 控制急救车辆调配

6.4 医疗建筑系统整合化策略

防控突发性传染病的医疗建筑网络评价结果集中体现了中国医疗建筑网络各部分发展不均衡的现象。这种现象上的不均衡根源在于医疗建筑网络系统的紊乱。要从根本上解决医疗建筑网络均衡问题需要建立医疗建筑网络的整合系统,首先要建立医疗建筑网络对于公共医疗救治的层级体系。在突发性传染病防控的过程中,根据传染病的预防、暴发、救治和恢复不同阶段所涉及的医疗空间进行系统整合。

防控突发性传染病的医疗建筑网络子系统之间需要协同作战,应以现有的基本医疗建筑空间为基础,以传染病的应急防控方法为导向,以城市公共防灾系统为依托,协调系统各元素间的关系,完善协同机制,实现防控体系的整合;防控突发性传染病的医疗建筑网络系统内部需要平衡配置,应在社会资源总量一定的条件下,整合城市不同区域的医疗资源,平衡城市各级别医疗建筑的资源配置,平衡平时和战时的医疗资源配置,从而使得系统内部达到资源配置的优化;防控突发性传染病的医疗建筑网络子系统之间需要优势互补,城市不同医疗建筑在自身领域发展优势的同时,应兼顾不同建筑功能之间医疗资源、医疗空间、医疗技术、医疗信息等要素的衔接,从而加强医疗建筑功能的互利互补。

根据对现有医疗建筑网络的调研评测,分析医疗建筑系统和应急防控设施的组织构成和规划建设指标,整合现有的城乡医疗卫生设施,建立面向突发性传染病的医疗建筑防控网络整合框架(图 6.20)。在这一框架下,对防控突发性传染病的医疗建筑网络的建筑层面、规划层面和技术层面进行系统整合。

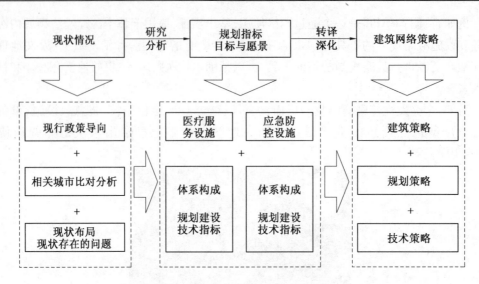

图 6.20　　医疗建筑防控网络整合框架

6.4.1　资源整合的医疗建筑规划

1. 远期发展策划

随着我国人民生活水平的不断提高和医疗卫生事业的迅速发展,医疗建筑作为医疗卫生工作的载体和硬件平台,其发展对深化医疗体制改革、优化医疗护理流程、提高救治质量、改善就医环境、降低运行成本、提高后勤保障效率、推动医疗机构的可持续发展等方面产生了深远的影响,越来越受到医疗机构管理者们的关注。其中规划与建筑设计作为医疗机构建设中不可缺少的重要环节,更应该引起我们的高度重视。

近年来我国应对突发公共卫生事件的医疗体系建设发展迅速。据 2005 年《政府工作报告》所述:"以建设全国疾病预防控制体系和突发公共卫生事件医疗救治体系为重点,加快公共卫生事业发展。1 410 个县级和 250 个省、市(地)级疾病预防控制中心基本建成,290 所紧急救援中心陆续开工。"在这样的大量建设过程中,正确构建城市卫生服务体系、合理科学地进行总体规划,是保证我国公共卫生事业健康发展的必要条件。无论是新建还是改扩建,在建设之前做好总体规划是至关重要的。如果说每个医疗建筑是一个点,那么总体规划就是一个面。科学的规划还要重视其可延续性,必须坚持"统一规划,分步实施,留有余地,着眼未来"的原则,使之在一个良性循环中得到可持续性发展。

在疾病预防控制中心建设的前期策划过程中,较为重要的环节是对拟建疾病预防控制中心进行区位分析,这是疾病预防控制中心建设成败的第一影响要素。在整体规划过程中,选址要遵循内在客观规律,应综合考虑城市规划、法规政策、使用者因素、交通条件、城市医疗设施分布及地形地貌等诸多宏观层面因素。

经过区位分析,确定目标定位,结合所在区域的所辖人口、行政区域面积等社会要素,从而确定拟建疾病预防控制中心的建设规模、功能设置、规划布局等。区位分析是先行于建筑设计的一个决定性的步骤。

省会城市或承担疾病预防控制任务较重的地区,可增加 5% ~ 10%;承担科研教学任务的,可增加 5% ~ 10%。疾病预防控制机构卫生专业技术人员规模见表6.2。

表 6.2　疾病预防控制机构卫生专业技术人员规模

类别		服务人口/万人	人员标准/人
市(地)级	一类	>500	106 ~ 150
	二类	300 ~ 500	96 ~ 105
	三类	<300	71 ~ 95
县级	一类	>80	51 ~ 70
	二类	40 ~ 80	36 ~ 50
	三类	<40	15 ~ 35

2. 系统资源配置

防控突发性传染病的医疗建筑网络中那些分散的空间元素,借助特定的手段链接起来形成系统,信息共享、协调工作。整合的本质是将分散的空间要素联结起来,构建成具有高价值、高效率的医疗建筑网络系统。传统的医疗建筑系统是将医疗建筑按照级别划分,均质地分散于建筑中,而城市其他应急系统和辅助系统也在本系统内均质分布,各部门分别规划,独立管理。但在应急事件发生过程中,临时组建的应急指挥中心却要统一调配、资源共享,此时往往出现单项资源过多、特殊资源不足的情况,这经常是由低水平、易实现的资源的重复建设导致的。因此,防控突发性传染病的医疗建筑网络应首先在规划层面实现整合:

(1)整合城市救助系统。

医疗建筑的网络整合应根据城市规模、交通状况、经济条件、应急储备等因素来统筹医疗建筑空间的规划,使医疗建筑与城市其他应急系统协调运作。

(2)整合城市医疗系统。

医疗建筑的网络整合应根据医疗建筑级别来统筹医疗建筑空间的规划,使医疗建筑层层设防、分级救助、层级管控。同时,医疗建筑的网络整合应根据医疗建筑产业发展方向来统筹医疗建筑空间的规划,使医疗建筑的防控规划具备可持续性,便于产业的发展和升级。在规划设计的初期应将医疗建筑网络未来的发展方向纳入设计的范畴之中。

(3)整合城市防控单元。

医疗建筑的网络整合应根据突发性传染病的防控半径来统筹医疗建筑空间的规划,使医疗建筑或医疗建筑群在面向突发性传染病时依据防控半径所形成圆形空间进行管控,同时根据交通条件、区域边界条件等因素进行封闭,实现隔离控制疫情。

3. 功能目标定位

我国前期设置的卫生防疫站、职业病医院等有关疾病预防和控制的医疗机构由于分工凌乱、各项功能分散等问题不利于统一管理,而在突发公共卫生事件的应对上凸显不足。因此国家在 1999 年前后开始组建新的疾病预防控制中心,以满足现今社会大环境的要求,并适应医学发展的新趋势。

我国现行的行政管理体制分为国家、省、市、县 4 级,为了明确每一行政级别在突发公共卫生事件应急反应中的职责,强调应急处理时统一领导和分级负责的原则。与之相对应的突发公共卫生事件也分为4级,依据突发公共卫生事件将会造成的危害程度、发展情况和紧迫性等因素,将其分为蓝、黄、橙、红4个级别。

各级疾病预防控制机构无论在日常业务处理上,还是在紧急事件发生时,都要保持较高的警惕性。由于工作性质的原因,每一项工作都具有较高的危险性和重要性,直接关系国计民生,所以各级机构应有较为完善的组织机构,统筹兼顾、配合协作。

在我国的疾病预防控制体系中,各级疾病预防控制中心均有自己的职责和任务,各自服务于不同群体。社会的需求就是疾病预防控制中心建设的最根本的原因,所以对于目标服务市场需求的研究与考察是必要的。针对拟建疾病预防控制中心的级别,研究考察内容包含:服务对象的市场情况;服务区域内的基本状况,包括区域内所辖的行政区划面积,所辖范围内居住人口总数及健康状况,区域内现有医疗机构、工厂、食品工业等有关单位的数量和基本情况,区域内各项职业病防治状况等和疾病预防能够控制相关因素等方面,对应的业务用房面积指标见表6.3。研究考虑后确定其建设规模。

表6.3　业务用房面积指标

类别		服务人口/万人	建筑面积/m²
市(地)级	一类	—	5 801 ~ 7 000
	二类	300 ~ 500	4 701 ~ 5 800
	三类	<300	3 501 ~ 4 700
县级	一类	>80	4 101 ~ 6 150
	二类	40 ~ 80	2 451 ~ 4 100
	三类	<40	1 250 ~ 2 450

省会城市或承担疾病预防控制任务较重的地区,可增加5% ~ 10%;承担科研教学任务的,可增加5% ~ 10%。

在疾病预防控制中心选址时,首先可根据不同级别的区域管辖行政范围控制建设规模;其次应根据人口数量、服务范围等进行统计推算,得出疾病预防控制中心的面积指标。疾病预防控制中心面积的规模主要应取决该疾病预防控制中心经营服务的区域范围、服务对象数量及基地面积等几方面要求。疾病预防控制机构业务用房用地指标见表6.4。

表6.4　疾病预防控制机构业务用房用地指标　　　　　　　　　m²

类别	市级			县级		
	一类	二类	三类	一类	二类	三类
用地指标	>19 200	>15 500	>11 600	>13 500	>8 100	>4 100

省会城市或承担疾病预防控制任务较重的地区,可增加5% ~ 10%;承担科研教学任务的,可增加5% ~ 10%。

6.4.2　功能整合的医疗建筑设计

防控突发性传染病的医疗建筑根据疫情发展的不同阶段,应具备应急动态转化、灵活适应的建筑整合能力。在传染病的潜伏阶段,医疗建筑以"防"为主状态应对;在传染病的暴发初期,医疗建筑以"控"为主状态应对;在传染病的救治阶段,医疗建筑以"治"为主状态应对。防控突发性传染病的医疗建筑以平时医疗建筑救治能力为基础,最大限度地发挥医疗建筑对突发性传染疾病的预防控制,并充分发挥平灾结合的能力,有效利用医疗能力,合理配置社会资源,充分发挥医院基础设施的效用。防控突发性传染病的医疗建筑网络应在建筑设计层面实现整合:

(1)建筑医疗功能整合。

医疗建筑功能的整合应首先根据规划整合的目标确定建筑单体的性质、规模、等级、位置等基本控制指标,然后从平战结合角度出发,实现"防""控""治"3方面内容的转化和整合。同时,医疗建筑单体的功能空间设置还要对应所在防控单元内层级附属的其他医疗建筑的功能系统来相应配置,使医疗单体建筑有效链接成为医疗建筑防控网络,发挥集群效应,实现优势互补。

(2)建筑医疗效率整合。

医疗建筑效率的整合是在医疗建筑单体内部协调组织各元素,使各功能单元协调运转,实现动态高效的内部机制。在经济投入定额、资源利用充分、能源消耗降低的条件之下,达到医疗建筑的经济效益、社会效益和环境效益的平衡。医疗建筑内部的单元划分是否合理、流线安排是否高效、气流组织是否安全、物流通道是否通畅等方面都直接影响着医疗建筑的空间效率。

(3)建筑医疗效益整合。

医疗建筑效益的整合是社会发展过程中的问题。如果提高医疗建筑设施的社会投入,那么医疗建筑的防控能力必然会在某种程度上有所提高。医疗建筑的效益整合要求在平衡各方面投入的基础之上,充分发挥既有资源的优势,避免资源的局部匮乏或局部闲置。在医疗建筑空间的建设标准上分级别、分区域设置最低建设标准和最高建设限度双向控制指标,采用定性和定量相结合的方法配置医疗建筑设施规模。

1. 医院功能的应急储备空间储备

医院建筑空间应有一定的储备,在患病数量超出医院容量的时候,要能在最短的时间内提供应急医疗设施,满足应对突发公共卫生事件的需要。首先,医院要预留足够的建设用地;其次,应考虑到增建应急设施的可能性,预先做好相关设计并铺设水电管线等设施,以期届时能用最短的时间建成所需医疗设施,收治病人。预留用地平时可以作为景观性的草坪使用,既可以防患于未然,又可避免平时病床数过多造成空置浪费。如上海市公共卫生中心(图6.21)占地0.333 km²,其中央地带有一片面积约达5万 m²的巨大草坪作为预留应急医疗设施的建设用地,其面积相当于两个病区的总和,同时在草坪下预留有管线,根据需要可在7~10天的短时间内紧急扩充600张临时床位,加上常设500张病床,使医院最大容量达到1 100床。

医院的医疗空间应有应对突发公共卫生事件的扩大收容预案,包括现有病房(床)集中扩大收容,转出其他患者空出现有病房(床)扩大收容和临时增加病房(床)扩大收容等,未设传染科的医院要建立相对独立的楼(院)隔离病区,以备传染性疾病的隔离收治和管理。突发公共卫生事件发生后会有大批传染性或重症患者入院治疗,为避免其他住院患者被感染，或为了腾出病情较轻患者的床位，医院应建立住院患者紧急疏散预案，包括疏散一个或几个科室患者到相近专科；同一层楼、中间层收治传染患者，留出上下楼隔离层；疏散整栋楼甚至医院所有患者到相近专科医院或转院（或出院）。

图 6.21　上海市公共卫生中心

医院建筑也要有应急临时医疗储备空间。灾难性的突发公共卫生事件往往需要大量扩充医院的护理和治疗空间，所以在医院建筑的医疗空间设计时，可以采取以下 4 个方面的措施：

（1）预留一定应急床位。

这种方式不需要建筑改造，可以直接投入使用，具有应急反应迅速的特点，是最高效的空间储备手段。但我国目前的医疗体系以市场体系为主，各医院为了增加效益不可能预留太多的空置床位，这大大影响了医院应急处置能力。为了在应急事件发生时增加医院的床位数量，也可以考虑应用公共走道等空间增设临时床位或在院床位空间改设多层病床，安置临时患者和护理人员。

（2）预留医院公共空间和共享空间以作应急使用。

现代综合医院通常配置医院街、中庭、康体室、活动室、餐厅、宽通道等大型共享空间和公共空间。这些空间不但可以满足平时患者的生活、治疗需求，是现代人性化医院的重要标志，而且在应对突发公共卫生事件时，更能发挥不可估量的作用。大型共享空间和公共空间在灾难期间可以容纳大量临时急救患者，通过简单的隔断和帘幕分割，即可组成具有一定私密性的护理、医疗空间。医院共享、功能空间的应急使用要求在这些空间中预留一定医疗气体和电源接口，如在顶棚、墙壁和地面夹层中预留氧气、压缩空气、二氧化碳等医疗气体和临时医疗设备的用电接口。这样做既可以保证预留的应急功能还能够节省医院的工程造价和运营成本。

（3）通用空间的储备利用。

医院的各护理单元在空间设计上要尽力保持通用性和可替代性。在一些流行性疾病暴发之时，可以保证患者跨科、跨护理单元住院接受护理和治疗。

当前医院的设计已经注意到了护理单元共用医疗辅助空间和通用平面设计的重要性，如当前同层双护理单元和护理层理念的提出都是医院通用空间思想的直接实践成果。但在应急过程中，以上设计的通用性还是不够的，因为在突发公共卫生事件中，护理空间往往是最重要和最急需的，如果能做到医院其他空间与护理空间的通用性设计，将会在灾难中提供更高的应急治疗能力。

　　美国国家健康部(NIH)在马里兰的 Bethesda 校园临床研究中心举办了建筑设计竞赛,参赛方案均是由世界著名的事务所和建筑师所做,入选方案不乏奇思妙想的高超之作,而最后却是 ZHF 事务所做的看似平庸的方案一举中标[图6.22(a)]。观其奥妙不难发现,富有专业经验的评委正是看中了这个方案的实验室与病房可以互换使用,为医院将来的灵活使用和应急能力创造了良好条件,才使这个方案脱颖而出。

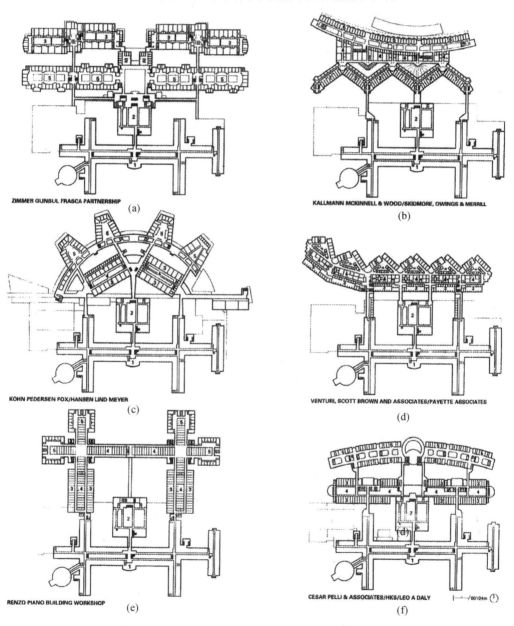

图 6.22　Bethesda 校园临床研究中心投标方案

（4）其他公共建筑空间的借用。

突发公共卫生事件尤其是大灾降临时，应保障伤者和患者的最高空间使用权限。旅馆、学校、体育场馆、社区活动中心等这类建筑空间可作为核心医院的储备空间，并服从政府灾害管理部门的统一安排和征用，在应对突发公共卫生事件中发挥医疗救助作用。

旅馆建筑最适合在紧急状态下作为病房使用，因为客房与病房的空间类似、组织布局相当，又可以为护理人员和志愿者提供临时住处；学校的教室稍加分割，可提供灵活的患者住处和治疗室，其中音体室、风雨操场则在临时患者吞吐量和存放大型医疗设备上有先天优势；体育场馆地面开阔，可容纳大量人员，所以也很适合作为临时医疗空间使用；独立设置的社区活动中心，空间布局更接近灾区人群，一般也配置必要的社区卫生防御设施，是应急医疗的理想基层单位。

要想达到以上效果就要在城市规划和医院总图布局中，将这些公共建筑与核心医院在空间布局上紧密联系，这样可以保证在灾害中各类建筑空间形成一个交通便利的连接体系，最大限度地满足灾区患者需求。

以上4个方面应结合应用、统筹安排，才能获得良好的医疗空间储备效果。

2. 人力资源储备

（1）人力资源系统。

医院应有应急的人员组织预案，专业技术人员、医护人员应平战兼顾，平时按专业在不同岗位各司其职，一旦发生突发公共卫生事件即可迅速建立应急救援队伍，到达现场或在医院进行应急救治；建立专家库及专业学术机构，为应急救治储蓄人才，提供咨询和建议。应急反应时，应进行迅速的人力资源整合、动员和教育，同时建立应急状态下的组织体系，并保证应急救治和日常医疗活动的兼顾。

（2）培训科研系统。

应定期组织应急反应体系中的工作人员接受应急反应的理论学习、技术演练，不断积累、充实紧急应对技能，同时加强现场控制专业人员的培养，并建立培训协调机制。组织工作人员学习完善样品采集、保存检测结果、分析等环节的先进技术和方法，组织工作人员在科学体系内开展重大疾病及生物、化学恐怖的病原（因）学、分子生物学、医院感染学、流行病学、临床学定性、质量监测等的研究，为生命救治提供理论支持。

3. 平灾结合的功能转换

现代化的医疗建筑是具备双重功能的运营模式，在日常行使疾病医治、疾病预防、健康保健等公共卫生服务功能，在突发公共卫生事件和灾害发生时及时转换成为突发公共卫生事件应对系统中的重要环节，担负应急救助、减灾复原的职能。

医疗建筑的应急功能，首先体现在指挥组织部门。医院应设立突发公共卫生事件领导小组，院长任组长，小组下设办公室和感染病专家组、流行病调研组、病原学检测组、消毒杀虫指导组、后勤保障组等。各组必须规定相应的责任、权利、义务，制定行动预案，一旦发生事件，各组应迅速反应，按照预案动员和组织力量各司其职、各尽其责。其次是设立应急报告部门。门诊部、急诊科及各相关科室要建立高效、快捷的疫情、不明原因疾病和其他突发事件报告制度，在发现病例后迅速报告领导小组，领导小组接到报告后应立即组织相关部门和人员进行调查，采取相应措施，并迅速向上级卫生行政主管部门报告。同时要严格落实首诊负责制,实行负责人问责制度。最后是设立应急救助医疗部门。一般医院应设急诊部,大型医院应设急救中心,使之具备一定的应急救助能力。急诊科是医院应急救助功能的主要部门,在日常行使对急病患者的救治职能,在突发公共卫生事件中行使对大量伤病人员的抢救职能。急危重伤病员是急诊患者中病情最重、危险性最大、发生医疗纠纷最多的患者群体。此类患者多是由110、120急送至医院的,往往没有亲人或陪护人,有的经济困难或为无主病人,必须及时救治,才能挽救生命。急救绿色通道是救治这些患者最有效的机制。

医院建筑是一种更新变化比较快的建筑类型,其变化的动因复杂。影响因素涉及国家政策、社会经济、医学模式、健康观念、生活方式等诸多方面。新的社会卫生状况、医学模式和医疗技术也为医院建筑的功能拓展提出了新的需求和实现的可能性。原有疾病的变异与新疾病的产生再一次对医院建设中的规划和布局等方面产生新的要求和影响。现代医院不仅要完成疾病医治,还要行使疾病预防和突发公共卫生事件的应急救治等职能。因此现代医院的功能设置应充分考虑社会的多元需求,兼顾平时医疗活动和应对突发事件两个方面。设置具有灵活性、适应性的功能体系,在一定的范围内和条件下适时转换,使应急救助体系高效运转。

正在建设中的广东省第二人民医院应急备用病区充分体现了平灾结合的理念。在总体布局上将新建的应急病区大楼与原有病区大楼之间进行明确的分区与隔离,以便在突发公共卫生事件发生时迅速转换为独立的隔离病房。

在护理单元设计中考虑了平时与灾时两种使用模式。外走廊病房间由折叠开关的百叶窗分隔,平时关闭作为每间病房的独立阳台,应急时打开分隔形成病人通道,中间走廊则改为医护人员的洁净走廊,功能转换简单快速。这种充分考虑平时与灾时功能转换的设计方法是构建应急救助体系的有效途径。

6.4.3 信息整合的医疗建筑技术

对多个城市的评测指标进行数据统计的结果表明,经历过突发性传染病侵袭的城市不断总结经验教训,发展出了多种应对突发性传染病的技术策略。这些策略有些是政策和理论层面需要进一步落实的,有些是现有资源需要进一步组织的,有些是具体技术需要应用推广的,它们的整合从实践中发展而来,在应对突发性传染病的过程中成果显著。

1. 整合信息共享系统

医疗建筑信息共享系统的整合是对突发性传染病防控数据的交换和共享,以实现合理配置医疗资源,实现医疗建筑网络的有效链接。通过医疗建筑信息共享系统的整合可快速掌握突发性传染病的疫情分布的空间特征,可以高效地进行疫情判定、决策分析、命令部署、实时沟通、联动指挥、资源支持等,在突发性传染病的防控过程中起到关键作用。建立中国卫生信息共享系统,囊括现有医院信息管理系统、临床实验室信息管理系统、社区卫生信息系统、疾病预防控制信息系统与国家突发公共卫生事件应急指挥信息系统,将防控突发性传染病的疾病监测、卫生监测、医疗救治、指挥决策纳入统一的信息体系。

2. 整合基层防控系统

医疗建筑基层防控的整合是将防控触角分布于居民区中,与大众紧密联系,形成多触点式医疗网络布局,实现医疗"神经末梢"的防控。作为应对突发性传染病的第一道防御,它有利于全范围查筛疫情,在疫情初期发现传染源;有利于有效划分隔离单元,在疫情发展期控制传染源;有利于医疗救治与现场救援的对接,在疫情救治期消灭传染源。医疗建筑基层防控的整合包含平时的预防保健、监督管理、院外救助、院内救治及信息共享,在疫情发生时成为医疗站点、避难场所、物资发放等社区单元医疗控制终端。

3. 整合医疗技术应用

防控突发性传染病的医疗建筑设计技术措施的使用在抗击突发性传染病的实践过程中得到检验和提高,需要在医疗建筑的建设和改造中进一步完善和推广。

(1)负压病房与负压病区技术。

为了避免、防止医疗部门出现感染甚至扩散的情况,对应的建筑手段以及对策不可或缺,通常涵盖了以下 3 个层面:

①在对患者进行诊断、医治的基础上,兼顾预防传播、扩散的措施。

②防护技术,也就是依照病原体传输形式的区别,制定对应的防治策略。

③建筑布局上的隔离预防,用于切断传播途径。

目前,对于在突发性传染病疾病谱中占主流的呼吸道类疾病来说,最有效的技术措施仍是控制空气流动,体现在建筑设计中,即设置负压病房与负压病区。

负压技术,指的是借助特殊通风设备,使得气流依照特定的方向行进流动,并且经过过滤之后最终排出的技术。其中,排风量至少应高于送入量 10%,这样才能确保其中出现足够的负压。负压病房通常分成两大类,一类是要求相对较低的类型,其负压的具体数值并无准确的要求,仅需确保总排出量高于送入量,同时保证其中污染的气流不会漫延到医务人员所处的位置即可;另一类则是高等级负压病房,此环境对温度、湿度、风口风速、静压差等均有着极为严苛的要求。世界卫生组织 2003 年针对 SARS 推荐了一种典型的负压隔离病房布局,如图 6.23 所示。

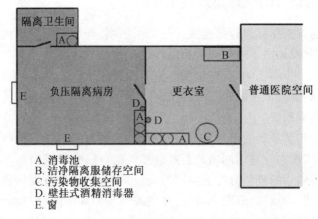

　　A. 消毒池
　　B. 洁净隔离服储存空间
　　C. 污染物收集空间
　　D. 壁挂式酒精消毒器
　　E. 窗

图 6.23　负压隔离病房典型布局

在 SARS 疫情过后,国内大部分医院都开始设计、建造负压病房。由于其特别适用于对通过空气传播感染的病人的隔离,因此在后来的 H7N9 疫情中的病患隔离控制中,起了重要的作用。

对于此类病房而言,其空气流动应设定达到定向流动模式,具体为:从病房顶端的高效过滤器送风口送出来洁净的空气,并压迫病患呼出的带病菌的空气往下端流动,同时在病人的头下也要安置排风口,吸收污染的空气并通过排风管道排出去。这样组织空气流向的效果就会很好。在这样的病房中,医护人员可以站在送风口下工作,在洁净空气的范围之内,尽可能减少了病患呼出的气体对他们的影响。这样形成的相对洁净的区域,称为主流工作区。其中,负压病房顶棚如图 6.24 所示。

图 6.24　负压病房顶棚示意

在此类房间中,为了确保稳定的风压,除去必备的进出口外,全部门窗都要处于关闭状态。其中,送、排风口的布局对气流能够产生较大的影响。对于负压通气而言,通常借助的是上送下排的模式,气流的入口设定于屋顶位置,而出口则在墙的底部,和地面的距离大于 10 cm,而且两者之间应当保持一定的水平距离,防止出现死角,如此气流自上而下向地面漂移,最终由房间的下端流出。此外,病房中还应当设立单独的卫生间,并配备流动的盥洗设备。为了方便观测,在一边的墙上可以安设玻璃窗,如果条件允许还可设立对讲装置。

负压病区则是在负压病房的基础上,整合隔离室、缓冲间、护士服务站等功能,形成在医院内部的、专门的、可控制的负压区域,可用于对传染病病患的整体防控,是负压病房的升级版(图 6.25)。

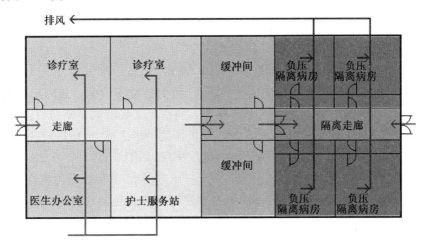

图 6.25　负压病区布局模式

2004 年,广州医学院第一附属医院急诊科设立了全国首个急诊负压病区。病区面积为 150 m²,包括了 2 间监察室、1 间监护室和 1 间隔离室,这些房屋共同构成了“7”的形状,环绕在护士站周围,共含 11 个床位。护士站设有控制台,负责各间病房及病房外病区的压力、温度等的调节。在负压病区中,每个房间将门关闭都会变成独立的负压室,其中的空气流动为单一方向。从病区以外到护士站再到隔离病房相对大气压分层递减负压，使气体仅能够从外而内流动，却无法肆意的流出。排出的空气要流经特定的管道并且经过高强度的过滤，方能最终排出，有效避免污染气流进入外部环境进而对周遭的安全形成威胁。2013 年 7 月，大同市第五人民医院御东新院落成开诊，其急诊部分也预留了负压病区（图 6.26）。

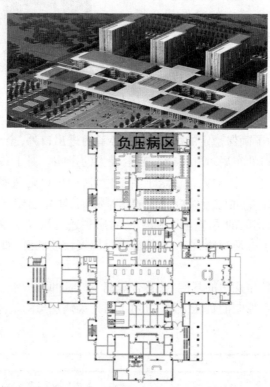

图 6.26　大同市第五人民医院御东新院门诊部

通常来说，负压病区和正常的病区差异不大，因为通常不设窗户或窗扇保持关闭状态，屋内的抽气装置要持续运行，并且要依照病人的情况来实时调整病房负压的状况，以确保屋内的空气新鲜，如图 6.27 和图 6.28。在负压的情形之下，将负压病区的大门以及其中每个房屋的门关闭就会变成相对独立的负压病房，如图 6.27 和图 6.28 所示。各房间的压力数值应依照具体的情况进行调节：对于护士站而言，其负压压力应在 0 ~ 5 Pa 的范围之内；隔离室这一参数值是 25 ~ 30 Pa；监察室则通常设定为 10 Pa。

目前负压病房和负压病区的设置面临着一些窘境。一方面，因为负压控制的严格要求，病房内很少设置窗户，即使设置了窗户也无法开启，在这样的环境中，虽在常压状态下有抽风机的持续抽风，但在病人的生理层面仍会感觉到一定程度的憋闷；另一方面，在心理层面，大部分病患更为习惯有窗户、可以自然通风的病房，其在负压病房的环境下心理压力会骤增。目前，对于这种情况还未有"鱼与熊掌兼得"的更好的解决办法，只能通过增设更为人性化的设施，使患者在其他方面感觉良好，并积极通过物理控制，保持室内空间清爽。

 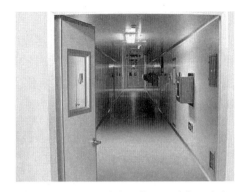

图6.27　南宁市甲型H1N1流感定点医院隔离病房　图6.28　温州医学院附属第一医院负压病房

　　如在上文提到的可移动的"肺鼠疫隔离单元"中,针对高危、高传染性的疾病,在狭小的空间内也进行了全封闭隔离,将卡车及其展开体分为污染区、半污染区和洁净区(图6.29);医生在病房之外通过"机械手套"操作,最大程度减少污染的可能;在医生和病患之间设置缓冲间,供医生消毒更衣。同时,室内新风主要通过外部送风机将室外空气抽入获得,抽入空气一般在调节温度后送入医生及病人房间;排风则分两种方式,病房单元内空气通过柜子下方抽风机及空气净化器排出,卫生间空气则由车顶无动力风帽排出,这种利用负压分开排风的方式可使新风在室内充分停留,同时也避免了卫生间污浊空气对室内的影响(图6.30)。

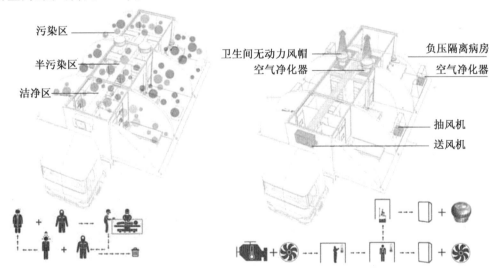

图6.29　肺鼠疫隔离单元洁污分区　　　　　图6.30　肺鼠疫隔离单元负压通风分析

　　(2)移动防控与救治技术。

　　移动救治技术措施也是突发性传染病中突发性防控的主要技术手段之一,其关键作用在于可以快速地对疫情暴发地进行防控,大大降低了病患转移过程中的安全隐患。此类设备通常是在紧急情况出现之前,由政府予以调配,并且分成几个区域进行筹备,一旦出现危急状况,可以及时调配,不管是时间还是资源消耗方面都具有较大的优越性。移动救治技术措施也是一个国家或地区防控突发性传染病的医疗建筑网络体系是否完善的评价因子之一。

　　1967 年越战期间美军在西贡建成的充气结构战地医院,2003 年伊拉克战争期间美军调动的医院船(图 6.31),2003 年阿尔及利亚地震后德国提供的战地医院移动式应急设施,以及 2008 年汶川地震后俄罗斯救援队搭建的充气战地移动医院(图 6.32),都属于移动救治技术措施范畴。

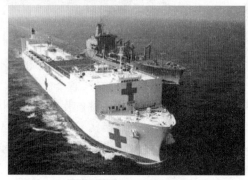

图 6.31　美国医院船

图 6.32　俄罗斯充气战地移动医院

　　前面所说的 P3 实验室,在近些年也出现了移动版。2004 年 9 月,广东省疾病预防控制中心引进了全世界最先进的移动三级生物安全防护(简称 BSL-3)实验室。这套两部车的"集装箱"实验室将在重大突发烈性传染病发生时,第一时间到现场检测试验,并保证安全密闭排放生物污染物。与传统的 P3 实验室相比,移动 BSL-3 实验室具有移动灵活、快速反应、安全可靠、经济实用等特点,能为现场提供多种检测功能。移动 BSL-3 实验室是集装箱类型的装置,能够奔赴离城区较远的偏远地区进行工作,行动快捷而灵巧,尤其适合紧急行动。移动 BSL-3 实验室如图 6.33 所示。

(a) 实验室展开状态

(b) 实验室收起状态

图 6.33　移动 BSL-3 实验室

　　在 2014 年的埃博拉疫情中,由于疫情暴发地西非等国的防控体系均较为薄弱,故世界各国在援助时大量应用的就是移动救治技术措施。因为在与埃博拉、SARS 或者其他突发性传染病病毒做斗争的过程中,医疗组织机构本身必须迅速启动识别、诊断、隔离和治疗的相关程序,但是这在许多国家和地区是一件难以实现的事情,尤其是在发展中国家和一些边远地区,因为他们本身的医疗资源就相当匮乏。综上所述,一个灵活高效的、经济成本可行的、可及时应对传染病的设施是十分必要的。

　　可喜的是,全世界范围内的医疗界和建筑界已经开始越来越重视可移动的防控与救治技术。2015 年的 UIA-PHG 国际设计竞赛,就将"可移动式传染病诊疗单元设计"作为竞赛主题,希望全球范围内的参赛者根据所选取的公共卫生威胁的暴发区域的严重程度、属性特征、传播特征(空气传播、水体传播或接触性传播)等,来设计和开发一种可移动式单元载体,如公交车、飞机、火车车厢、船舶或集装箱等。空间功能可以包括医疗供应和设施设备所需空间、去污区(净化区)、诊疗区、患者休息观察区等,并包含一定的气压控制系统以及污染物管理和处理计划。本次竞赛旨在促进快速应对埃博拉病毒或其他典型传染病的诊断、治疗、隔离,并且可以安全地将已经感染的患者转移至相关治疗机构技术的发展。具体指可以在移动过程中完成对可能感染患者的检查和基本处理,并兼顾将已经发现的患者用隔离的方式转运至更专业的治疗机构。其目的在于寻求创新性的手法来应对和遏制传染病的暴发,提升人们对于全球化影响下的公共卫生安全的关注意识。

　　如在获奖方案《1-3M. I. CUBE》中,设计团队针对仍存在极大威胁性的 SARS 疫情,借鉴了"战地方舱医院"的概念,设计了可抽拉的,以卡车作为移动载体的三阶单元诊疗体(图 6.34)。当接到 SARS 疑似病例的通知时,一个卡车装载两个诊疗单元接诊,在病患的发现地点实现就地隔离。诊疗单元可以在卡车上进行一阶到二阶的转换,医生可在二阶单元内对病人进行初步诊治。当病患需要转运治疗时,所有的诊疗单元可被卡车装载运输到临时医疗基地。基于模数化设计的考虑,多个诊疗单元可以方便地拼装成病房区,与基地预设的医技区组成临时医院(图 6.35)。在临时医院中,诊疗单元完成从二阶到三阶的转换。在三阶的空间内,可以满足病患治疗、生活的全部需要(图 6.36)。

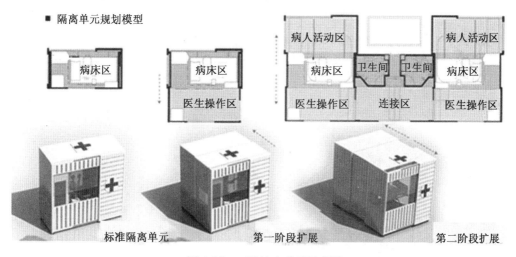

图 6.34　三阶诊疗单元示意图

　　"力求做到零感染率"是可移动诊疗单元的另一特点。患者和医生之间通过玻璃墙隔开,医生通过玻璃墙上预留的医用手套对病人进行查体、输液、抽血等基础治疗(图 6.37);医生进入诊疗单元也要经过风淋消毒系统;医疗垃圾和病人的生活垃圾通过专用管道排出诊疗单元,在预设的消毒空间内进行初步消毒后排出。诊疗单元内的流线分析如图 6.38 所示。

图 6.35　临时医院组建模式示意图

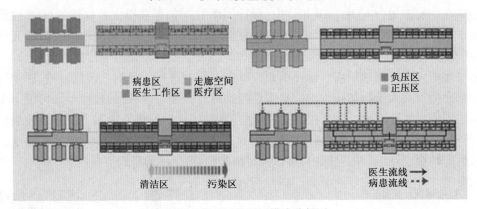

图 6.36　临时医院平面模式分析图

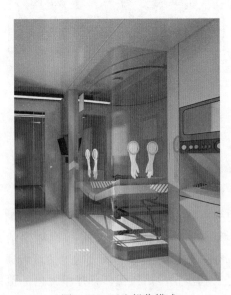

图 6.37　医生操作模式

图 6.38　诊疗单元内流线分析图

参考文献

[1] 苏珊·桑塔格.疾病的隐喻[M].程巍,译.上海:上海译文出版社,2014.

[2] 张玲霞,周先志.现代传染病学[M].2版.北京:人民军医出版社,2010.

[3] 胡玲.英国全民医疗服务体系的改革及启示[J].卫生经济研究,2011(3):21-23.

[4] 甘戈.美国医疗体系演进[J].中国卫生人才,2011(9):16-17.

[5] 工藤征四郎.日本的医疗制度[J].陈小梅,黄富表,译.中国康复理论与实践,2013
    (1):36-41.

[6] 刘波,姚建义.美国疾控中心卫生应急体系探究[J].中国公共卫生管理,2012(12):
    701-705.

[7] 王德迅.日本健康危机管理[J].亚非纵横,2006(1):29-32,64.

[8] 淳于淼泠,程永明,骆兰.日本政府应对突发公共卫生事件的组织创新[J].现代预防
    医学,2007(13):2405-2406,2409.

[9] 王家良.循证医学[M].2版.北京:人民卫生出版社,2010.

[10] 张彩萍.医院感染预防与控制[M].北京:军事医学科学出版社,2013.

[11] 陈翠敏.大型综合医院感染影响因素及对策研究——以某大型综合性医院为研究对
    象[D].重庆:第三军医大学,2011.

[12] 郝晓赛.医学社会学视野下的中国医院建筑研究[D].北京:清华大学,2012.

[13] 侯昌印.疾病预防控制中心设计研究[D].哈尔滨:哈尔滨工业大学,2007.

[14] 张洁.疾控中心实验室可持续设计研究[D].杭州:浙江大学,2010.

[15] 齐奕.基于防控体系的传染病医院设计策略研究[D].哈尔滨:哈尔滨工业大学,
    2011.

[16] 刘玉龙.中国近现代医疗建筑的演进——一种人本主义的趋势[D].北京:清华大
    学,2006.

[17] 齐冬晖.综合医院整建设计策略研究[D].北京:清华大学,2004.

[18] 张玛璐.大型综合医院门急诊楼竖向交通系统设计研究[D].重庆:重庆大学,2013.

[19] 刘淳熙.基于新医改的社区医疗建筑策划与设计研究[D].广州:广州大学,2012.

[20] 吕彩霞.基于SaaS的社区医疗信息化管理模式研究[D].太原:太原理工大学,
    2010.

[21] 赵静.基于物联网发展的智能化社区医疗服务研究[D].秦皇岛:燕山大学,2013.

[22] 费彦.广州市居住区公共服务设施供应研究[D].广州:华南理工大学,2013.

[23] 董晓莉.建筑和住区中疫病传播途径及其控制初探[D].北京:清华大学,2005.

[24] 高树田,祁建城,张晓峰.国内外埃博拉防控装备发展研究[J].医疗卫生装备,2014
    (12):101-104.

[25] 李秀婷,吴瞬,陈燕舒.广东登革热疫情已出现"拐点"——省卫计委负责人做客"民声热线"介绍,新增病例呈持续下降趋势[N].南方日报,2014-10-29(A17).

[26] 许慎.说文解字[M].李伯钦,译.北京:九州出版社,2012.

[27] 夏梦芹,鲁珂,刘念伯,等.计算机网络体系结构研究[J].计算机科学,2005(4):104-106,230.

[28] 雷霆,余镇危.基于复杂网络理论的计算机网络拓扑研究[J].计算机工程与应用,2007(6):132-135,180.

[29] 姚春鹏.黄帝内经[M].北京:中华书局,2010.

[30] 李孝君.应对突发公共卫生事件的机制与政策研究[D].北京:国防科学技术大学,2004.

[31] 杨洁敏.医院与社区双向转诊监控体系的信息化研究[D].武汉:华中科技大学,2010.

[32] 赫尔曼·哈肯.协同学:大自然构成的奥秘[M].凌复华,译.上海:上海译文出版社,2013.

[33] 王宏甲.非典启示录[M].福州:海峡书局,2013.

[34] THACKARA J. Design after modernism:beyond the object[M]. New York: Thames & Hudson Ltd,1988.

[35] NARUSHIGE SHIODE. Urban planning, information technology, and cyberspace [J]. Journal of Urban Technology,2000,7(2):105-126.

[36] LIU NAN,ZHAN SHANSHAN. The evolutions of medical building network structure for emerging infectious disease protection & control[J]. Cell Biochemistry and Biophysics,2014(3):1741-1748.

[37] 宋劲松.突发事件应急指挥[M].北京:中国经济出版社,2011.

[38] Kendall S. Open building: an approach to sustainable architecture[J]. Journal of Urban Technology,1999,6(3):1-16.

[39] 白晓霞.医院建筑空间系统功能效率研究[D].哈尔滨:哈尔滨工业大学,2011.

[40] 杨程方.现代综合医院建筑环境设计探索[D].西安:西安建筑科技大学,2006.

[41] 苏忠鑫,马宁,谢洪彬,等.中国疾病预防控制中心公共职能的界定[J].卫生研究,2005(3):257-260.

[42] 王晖.安全、高效、科学、合理——广州市疾病预防控制中心(迁建项目)建筑设计[J].南方建筑,2010(5):90-91.

[43] 李焱.现代疾病预防控制中心设计浅谈——东莞市疾病预防控制中心方案设计[J].中国水运(学术版),2007(4):79-81.

[44] 方敏."以人为本"的医院设计——宁波市鄞州区疾病预防控制中心设计[J].华中建筑,2008(9):101-103.

[45] 胡志杰.2003～2012年某市传染病医院收治传染病现状分析[D].苏州:苏州大学,2013.

[46] 施建飞.关于传染病医院应对突发公共卫生事件的思考[J].传染病信息,2009(4):

237-240.

[47] 郑毅.传染病医院建设中的几点思考[J].中国医院建筑与设备,2010(10):73-74.

[48] 中华人民共和国住房和城乡建设部,中华人民共和国国家质量监督检验检疫总局. 传染病医院建筑设计规范(GB 50849—2014)[S].北京:中国计划出版社,2014.

[49] 黄锡璆.小汤山医院二部工程概述[J].工程建设与设计,2003(6):3-6.

[50] 郭春雷.大型传染病医院的设计实践[J].建筑学报,2007(10):80-83.

[51] 吴炜.烈性传染病医院设计初探——上海市公共卫生中心的设计实践与思考[J]. 建筑学报,2005(12):76-78.

[52] 郭春雷,潘迪,赵一洋.使命与责任:北京地坛医院迁建工程设计浅析[J].建筑创 作,2011(3):44-59.

[53] 黄锡璆.传染病医院及应急医疗设施设计[J].建筑学报,2003(7):14-17.

[54] 孟建民,侯军,王丽娟.功能与形式的完美结合——浅谈张家港市第一人民医院建筑 创作体会[J].城市建筑,2008(7):41-45.

[55] 王馥.上海华山医院传染科门、急诊病房楼改扩建工程[J].城市建筑,2011(6):61- 64.

[56] 李贵堂,焦卫红.发热门诊管理手册[M].北京:人民军医出版社,2010.

[57] 孙雯波.传染病及其防控的伦理分析[D].长沙:中南大学,2010.

[58] 王荣新.临床医务人员的职业暴露与个人防护[J].河南预防医学杂志,2008(6): 482-483.

[59] BROTO C. Hospitals & Health Facilities[M]. Singapore:Links International,1988.

[60] BROTO C. Today's hospitals and health facilities[M]. Singapore:Links International, 2010.

[61] 张姗姗,刘男.防控突发性传染病的基层医院建筑"联动网络"体系建构[J].城市建 筑,2014(1):116-118.

[62] SUSAN F. Building a 2020 vision:future health care environments[M]. London:Station- ery Office Books (TSO),2001.

[63] 郝飞.社区卫生服务中心功能配置设计研究[D].哈尔滨:哈尔滨工业大学,2013

[64] CHRISTINE N W,HANS N. The new hospital[M]. Florida:Page One Publishing Pri- vate,2001.

[65] LI A H. Hospital design[M]. California:ArtPower International,2013.

[66] 李广林.社区医院研究及欧阳路社区医院设计[D].南京:南京大学,2012.

[67] 皮埃尔·梅兰.城市交通[M].高煜,译.北京:商务印书馆,1996.

[68] 王成新.基于GIS的城市医疗设施布局研究——以长沙市开福区为例[D].长沙:中 南大学,2011.

[69] 中华人民共和国住房和城乡建设部.城市用地分类与规划建设用地标准(GB 50137—2011)[S].北京:中国建筑工业出版社,2011.

[70] 林伟鹏,闫整.医疗卫生体系改革与城市医疗卫生设施规划[J].城市规划,2006 (4):47-50.

［71］让-保罗·拉卡兹. 城市规划方法［M］. 高煜,译. 北京:商务印书馆,1996.

［72］FRIEDMANN J. Planning in the public domain:from knowledge to action［M］. Princeton: Princeton University Press,1987.

［73］方林,林丽玉. 淘大花园 SARS 疫情引发对建筑设计与环境卫生的反思［J］. 海峡预防医学杂志,2003(6):64-66.

［74］章蓓蓓,成虎,毛龙泉. 大型公共建筑全寿命周期设计体系研究［J］. 现代城市研究,2011(7):43-47.

［75］黄丽洁. 信息时代医院建筑医疗服务效率探究［J］. 城市建筑,2008(7):17-20.

［76］马琳·麦肯纳. 大数据迎战传染病［J］. 王琛,译. 中国新闻周刊,2013(17):89.

［77］生甡,孙建中,钱军,等. 空间信息技术在传染病流行病学调查中的应用研究［J］. 军事医学科学院院刊,2007(5):456-459.

［78］眭毅. 医院信息管理系统的设计与实现［D］. 南昌:南昌大学,2012.

［79］刘帅. 临床实验室信息系统的研究与开发［D］. 哈尔滨:哈尔滨工程大学,2008.

［80］梁子敬,黄伟青,曾量波,等. 急诊科平战两用负压病房对突发公共卫生事件的作用［J］. 中华急诊医学杂志,2006(10):951-952.

［81］ROGER U,CRAIG Z. Rethinking healthcare design［J］. Interiors & Sources,2005(12):54-55.

［82］LATEEF F. Hospital design for better infection control［J］. Journal of Emergencies,Trauma & Shock,2009(3):175.

［83］STANWICK S. Thunder bay regional health sciences centre［J］. Architectural Design,2004(6):126-127.

［84］PARTRIDGE L E,GROENHOUT N,Al-WAKED R. Comparative CFD analysis of hospital ward ventilation systems on reducing cross infection rates［J］. Bcolibrium,2005(7):11-13.

［85］BRANNEN D E,MCDONNELL M A,SCHMITT A. Organizational culture on community health outcomes after the 2009 H1N1 pandemic［J］. Journal of Organizational Culture,Communications & Conflict,2013(1):1-18.

［86］MILLER W, RICHARD L. Hospital and healthcare facility design［M］. New York:W. W. Norton & Co Inc,2012.

［87］FACILITY G I. Guidelines for design and construction of hospitals and outpatient facilities 2014［M］. Chicago:American Hospital Association,2014.

［88］SKINNER R, GISP. GIS in hospital and healthcare emergency management［M］. Florida:CRC Press,2010.

［89］MARK L D. Lean healthcare deployment and sustainability［M］. New York:McGraw-Hill Education,2013.

［90］WALLACE J H,WILLIAM S L. Hospital operations:principles of high efficiency health care［M］. Indianapolis:Pearson FT Press,2012.

［91］CYNTHIA S M. Evidence-based design for healthcare facilities［M］. Indianapolis:SIG-

MA Theta Tau International,2009.

[92] CAMA R. Evidence-based healthcare design[M]. Berlin：John Wiley & Sons,2009.

[93] CYNTHIA H. Healthcare facility planning：thinking strategically（ACHE Management）[M]. Washington D C：Health Administration Press,2005.

[94] SHENOLD C,CME R. OSHA and healthcare facilities[M]. New York：CME Resource/NetCE,2014.

[95] GRUNDEN N, HAGOOD C. Lean-led hospital design：creating the efficient hospital of the future[M].Florida：Productivity Press,2012.

[96] 谷口汎邦.医疗设施——建筑规划·设计译丛[M].任子明,庞云霞,译.北京:中国建筑工业出版社,2004.

[97] 孟建民.新医疗建筑的创作与实践[M].北京:中国建筑工业出版社,2011.

[98] 菲利普·莫伊泽.医疗建筑设计:综合性医院和医疗中心[M].范忧,译.武汉:华中科技大学出版社,2012.

[99] 董黎,张南宁.基层医院的整体策划与建筑设计方法[M].北京:科学出版社,2014.

名词索引

后　记

　　编著此书始于朋友的良荐,似乎有些偶然,想来有些愧疚,作为大学老师,著书立说应为本分,这些年真是懈怠了。

　　不想说这本书经历了多久才获面世,也不想说这"多久"之间我们经历了什么。由于内容所限,我们无法尽述灾害与疾病给人类带来的惶恐与无助,也无法用十分优美的文字描述学者和建筑师的思想和实践。文字蕴含的道理是可以领会和触发感悟的,或许读者可以在晦涩的文字和庞杂的信息中看到学术研究背后的点点滴滴,这才是我们的初衷和收获。

　　书稿完成时恰逢新年伊始,心中充满期望和感恩。

　　感谢携手前行的伙伴;

　　感谢志同道合的团队;

　　感谢用辛勤的努力、执着的坚持、热情的鼓励、慷慨的帮助使此书得以面世的所有人。

　　本书由哈尔滨工业大学建筑学院公共建筑与环境研究所团队共同完成。全书由张姗姗统稿,具体编写分工如下:第1、2章由张姗姗、武悦、刘艺撰写;第3章由刘男、王田撰写;第4章由张姗姗、刘男、王田撰写;第5章由张宏哲、周天夫撰写;第6章由张姗姗、张宏哲、周天夫撰写。

　　参与项目的研究人员有:张姗姗、白小鹏、孙澄、晁军、侯昌印、武悦、刘男、张宏哲、蒋伊琳、白晓霞、周天夫、刘艺、王田。